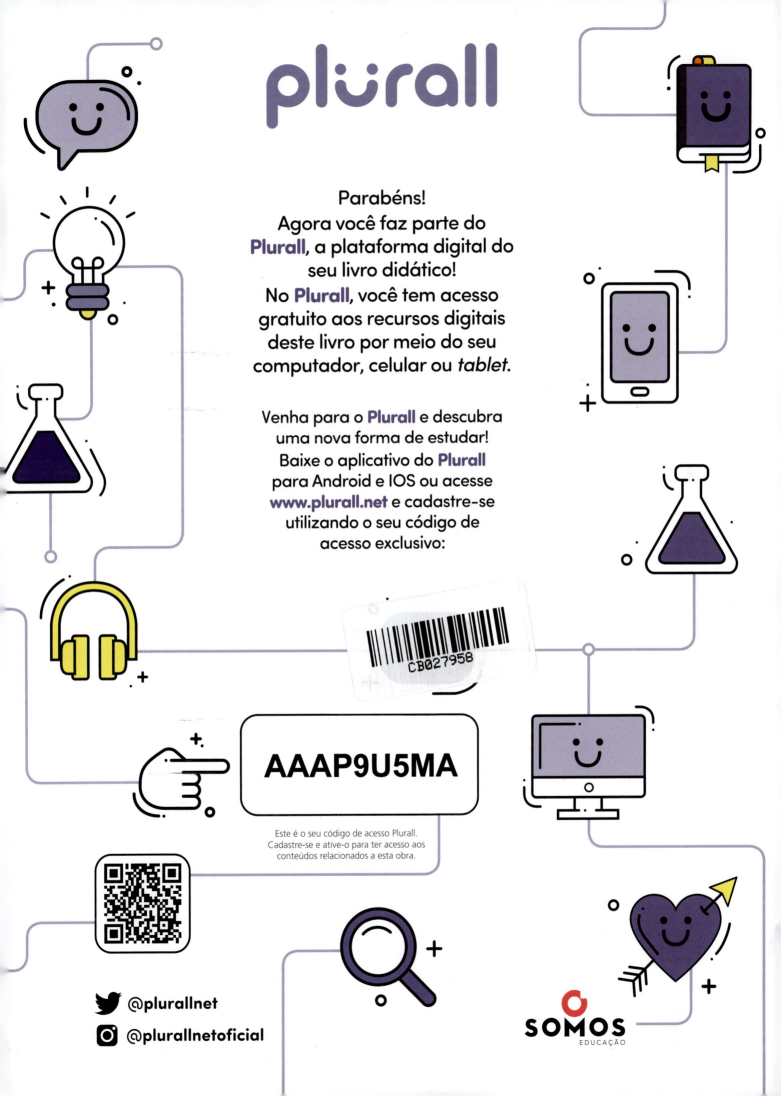

GEO ATLAS

Proibida a reprodução dos mapas de autoria de Maria Elena Simielli.
© 2019, M. E. Simielli.

Reprodução somente com autorização da autora.
Lei 9 610, de 19/2/1998.

Maria Elena Ramos Simielli

Profª Drª em Geografia e Profª Livre-Docente do Departamento de Geografia – Pós-Graduação – Universidade de São Paulo - USP

editora ática

editora ática

Direção Presidência: Mario Ghio Júnior
Direção de Conteúdo e Operações: Wilson Troque
Direção editorial: Luiz Tonolli e Lidiane Vivaldini Olo
Gestão de projeto editorial: Mirian Senra
Edição: Aroldo Gomes Araujo e Bruno Rocha Nogueira
Planejamento e controle de produção: Patricia Eiras e Adjane Oliveira
Revisão: Hélia de Jesus Gonsaga (ger.), Kátia Scaff Marques (coord.), Rosângela Muricy (coord.), Ana Paula Chabaribery Malfa, Arali Gomes, Cesar G. Sacramento, Flavia S. Vênezio, Gabriela Macedo de Andrade, Patrícia Travanca, Sueli Bossi, Vanessa P. Santos; Amanda T. Silva e Bárbara de M. Genereze (estagiárias)
Arte: Daniela Amaral (ger.), Claudio Faustino (coord.), Yong Lee Kim (edição de arte)
Iconografia e tratamento de imagens: Sílvio Kligin (ger.), Denise Durand Kremer (coord.), Thaisi Lima (pesquisa iconográfica), Cesar Wolf e Fernanda Crevin (tratamento)
Licenciamento de conteúdos de terceiros: Thiago Fontana (coord.), Liliane Rodrigues (licenciamento de textos e fonogamas), Erika Ramires, Luciana Pedrosa Bierbauer, Luciana Cardoso Sousa e Claudia Rodrigues (analistas adm.)
Ilustrações: Ingeborg Asbach e Alex Argozino
Cartografia: Eric Fuzii (coord.), Alexandre Bueno, Mouses Sagiorato e Robson Rosendo da Rocha (edit. arte)
Design: Gláucia Koller (ger. e capa), Erik Taketa (proj. gráfico)
Foto de capa: Planet Observer/SPL/Fotoarena

Todos os direitos reservados por Editora Ática S.A.
Avenida das Nações Unidas, 7221, 3º andar, Setor A
Pinheiros – São Paulo – SP – CEP 05425-902
Tel.: 4003-3061
www.atica.com.br / editora@atica.com.br

Dados Internacionais de Catalogação na Publicação (CIP)
(Câmara Brasileira do Livro, SP, Brasil)

```
Simielli, Maria Elena Ramos
    Geoatlas / Maria Elena Ramos Simielli. - 35. ed. - São
Paulo : Ática, 2019.

    Bibliografia.
    ISBN: 978-85-08-19330-1

    1.  Geografia. 2. Atlas. I. Título.

2019-0111                               CDD: 912
```

Julia do Nascimento - Bibliotecária - CRB-8/010142

2019
Código da obra CL 742201
CAE 648307 (AL) / 648306 (PR)
35ª edição
1ª impressão
De acordo com a BNCC.

Impressão e acabamento: Corprint

Uma publicação SOMOS EDUCAÇÃO

Pesquisa e comunicação cartográfica
Rosemeire Morone
Pesquisa cartográfica
Maria Fernanda Zanatta Zupelari
Pesquisa e análise estatística
Lara Simielli

Colaboraram para a elaboração deste Atlas, em diferentes momentos, com entrevistas, dados estatísticos ou informações: Prof. Dr. Ailton Luchiari, Prof. Dr. Alfredo P. Queiroz Filho, Prof. Dr. Antonio Carlos Colângelo, Prof. Dr. Ariovaldo U. de Oliveira, Prof.ª Dr.ª Cleide Rodrigues, Prof.ª Dr.ª Fernanda Padovesi, Prof. Dr. Hervé Théry, Prof. Dr. Jurandyr S. Ross, Prof.ª Dr.ª Larissa Bombardi, Prof.ª Dr.ª Rita Ariza Cruz, Prof.ª Dr.ª Rosely P. Dias Ferreira, Prof. Dr. Wagner Costa Ribeiro – Depto. de Geografia – USP / Prof.ª Dr.ª Yara Schaeffer-Novelli – Instituto Oceanográfico – Pós-Graduação – USP / Prof. Dr. Roberto Boczko, Prof. Dr. Tércio Ambrizzi – Instituto Astronômico e Geofísico-USP / Prof.ª Dr.ª Nidia Pontuschka – FE-USP / Prof.ª Dr.ª Tereza C. Cardoso Higa – UFMT / Prof.ª Dr.ª Salete Kozel – UFPR / Prof. Dr. Paulo Sobreira – UFGO / Prof. Dr. Bernardo Mançano, Anderson Antonio da Silva (geógrafo) – Dataluta-Unesp / Alícia Rolla (geógrafa), Fany Ricardo (antropóloga) – Instituto Socioambiental.

PALAVRA DA AUTORA

A origem do nome *Atlas* remete à Grécia antiga. Segundo a mitologia grega, Atlas foi um gigante que, ao perder, juntamente com outros titãs, uma batalha empreendida contra os deuses do Olimpo, recebeu de Zeus o castigo de carregar o mundo nos ombros para sempre. Desse mito surgiu a imagem do homem carregando o mundo nas costas, tão representada em nossos dias! Com o passar do tempo, a palavra atlas ganhou a conotação que conhecemos: uma coleção de mapas e representações cartográficas ou um conjunto de dados sistematicamente organizados sobre determinado assunto.

Esta nova edição do *Geoatlas*, além de ampliada e atualizada, traz temas novos, atuais e polêmicos. Assim, o diferencial deste atlas está sobretudo no enfoque que procuramos dar aos temas mais presentes nas discussões contemporâneas, selecionando informações e elaborando mapas que representam assuntos destacados da atualidade. E mais: anamorfoses, gráficos, imagens de satélites, fotos, glossário ilustrado e curiosidades geográficas.

O atlas é uma das formas mais simples de conhecer o mundo, além de permitir o exercício do imaginário. Queremos que você, leitor, mergulhe nestas páginas e conheça melhor sua região, seu estado, seu país e o mundo em que vive.

Mais do que possibilitar uma simples viagem imaginária, nosso objetivo é garantir o conhecimento sistematizado para uma discussão mais profunda e elaborada acerca dos problemas atuais do nosso país e do mundo. Com esta ferramenta em mãos, é possível identificar elementos que poderão ser uma alternativa para a solução desses problemas, o que certamente contribuirá para melhorar o mundo em que vivemos.

Boa viagem!

Maria Elena Simielli

GEOATLAS ÍNDICE

GEOATLAS

7-9 GEOATLAS MAPAS ONTEM E HOJE
OUTRAS REPRESENTAÇÕES GRÁFICAS

PLANISFÉRIOS

10-11 PLANISFÉRIO POLÍTICO
Polo Norte; Polo Sul; Partes do mundo; Países mais extensos;
Países mais populosos; Crescimento da população mundial
de 1650 a 2100

12-17 BANDEIRAS PAÍSES DO MUNDO
Síntese geográfico-econômica

18 PLANISFÉRIO IMAGEM DE SATÉLITE (DIURNA)

19 PLANISFÉRIO IMAGEM DE SATÉLITE (NOTURNA)

20 PLANISFÉRIO POLÍTICO
Paralelos; Meridianos

21 PLANISFÉRIOS RELAÇÕES INTERNACIONAIS
Organizações econômicas; Organizações geopolíticas;
Fuso horário – Teórico; Fuso horário – Civil ou político

22 PLANISFÉRIO FÍSICO
Escala Richter

23 PLANISFÉRIOS GEOLOGIA
Placas tectônicas; Zonas sísmicas e vulcões;
Estrutura geológica; Relevo submarino

24 PLANISFÉRIO CLIMA E CORRENTES MARÍTIMAS
Climogramas

25 PLANISFÉRIOS DINÂMICA CLIMÁTICA
Temperatura – Janeiro; Temperatura – Julho;
Precipitação; Massas de ar

26 PLANISFÉRIO VEGETAÇÃO
Fotos de tipos de vegetação

27 PLANISFÉRIOS RECURSOS E AMEAÇAS
Desmatamento e recuperação vegetal; Espaços fragilizados;
Biodiversidade; Pegada ecológica

28 PLANISFÉRIO MEIO AMBIENTE
Escala Saffir-Simpson

29 PLANISFÉRIOS PROBLEMAS AMBIENTAIS
Aquecimento global e chuva ácida;
Acordo de Paris; Pesca e caça marítima;
Poluição das águas

30 PLANISFÉRIO AGROPECUÁRIA
Fotos de diferentes usos da terra

31 PLANISFÉRIOS INDICADORES ECONÔMICOS
População ativa na agricultura;
População subnutrida; Transgênicos e Protocolo
de Cartagena; OMC e protecionismo agrícola

32 PLANISFÉRIO COMÉRCIO GLOBAL E REGIONAL
G-8; G-20

33 PLANISFÉRIOS DINAMISMO ECONÔMICO
Espaços industriais; Petróleo; Turismo internacional; Internet

34 PLANISFÉRIO POPULAÇÃO
Despesas públicas em educação;
Despesas públicas em saúde

35 PLANISFÉRIOS POPULAÇÃO
Crescimento vegetativo; Mortalidade infantil;
População jovem; População idosa

36 PLANISFÉRIO URBANIZAÇÃO
Fotos do Rio de Janeiro – 1850; 1900; 1950; 2000

37 PLANISFÉRIOS AGLOMERAÇÕES URBANAS
Maiores aglomerações em 1850; Maiores aglomerações em 1900;
Maiores aglomerações em 1950; Maiores aglomerações em 2000

38 PLANISFÉRIO MIGRAÇÕES
Segurança das fronteiras; Principais barreiras

39 PLANISFÉRIOS FATORES DE INSTABILIDADE POLÍTICA
Conflitos recentes; Corrupção e liberdade de imprensa;
Regimes políticos; Religiões

40 PLANISFÉRIO ÍNDICE DE DESIGUALDADE DE GÊNERO (IDG)
Taxa de fertilidade total; 40% ou mais de mulheres
não alfabetizadas

41 PLANISFÉRIOS INDICADORES DE DESIGUALDADE DE GÊNERO
Força de trabalho feminina; Fertilidade adolescente;
Participação política feminina; Direito de voto feminino

42 PLANISFÉRIO ÍNDICE DE DESENVOLVIMENTO HUMANO (IDH)
IDH – Os cinco países de IDH mais alto;
IDH – Os cinco países de IDH mais baixo

43 PLANISFÉRIOS INDICADORES BÁSICOS DO DESENVOLVIMENTO HUMANO
Esperança de vida; Anos de escolarização; Rendimento nacional
bruto; Desigualdades na distribuição dos rendimentos

44 PLANISFÉRIOS ANAMORFOSES
População; Produto Interno Bruto (PIB)

45 PLANISFÉRIOS ANAMORFOSES
Exportadores de armas; Importadores de armas

46 PLANISFÉRIOS ANAMORFOSES
População urbana; População rural

47 PLANISFÉRIOS ANAMORFOSES
Crianças na escola; Crianças fora da escola

AMÉRICA

48 AMÉRICA IMAGEM DE SATÉLITE

49 AMÉRICA IMAGENS DE SATÉLITE

50 AMÉRICA FÍSICO

51 AMÉRICA POLÍTICO

52 AMÉRICA DO SUL FÍSICO

53 AMÉRICA DO SUL POLÍTICO

54 AMÉRICA CENTRAL FÍSICO

55 AMÉRICA CENTRAL POLÍTICO

56 AMÉRICA DO NORTE FÍSICO

57 AMÉRICA DO NORTE POLÍTICO

58 AMÉRICA TEMÁTICOS
Estados Unidos – Politico

59 AMÉRICA TEMÁTICOS
Eixos de integração; Línguas em perigo

GEOPOLÍTICA – PERMANÊNCIAS OU MUDANÇAS
Zona de fronteira: cidades gêmeas; Fronteiras vulneráveis

ÁFRICA

60 ÁFRICA IMAGEM DE SATÉLITE

61 ÁFRICA IMAGENS DE SATÉLITE

62 ÁFRICA FÍSICO

63 ÁFRICA POLÍTICO

64 ÁFRICA SETENTRIONAL FÍSICO

65 ÁFRICA SETENTRIONAL POLÍTICO

GEOATLAS ÍNDICE

66 ÁFRICA MERIDIONAL FÍSICO

67 ÁFRICA MERIDIONAL POLÍTICO

68 ÁFRICA TEMÁTICOS
Fronteiras coloniais; Independência dos países;
Riqueza natural e miséria humana

69 ÁFRICA TEMÁTICOS
Potencial turístico

GEOPOLÍTICA – PERMANÊNCIAS OU MUDANÇAS
Hostilidades à vida humana

EUROPA

70 EUROPA IMAGEM DE SATÉLITE

71 EUROPA IMAGENS DE SATÉLITE

72 EUROPA FÍSICO

73 EUROPA POLÍTICO

74 EUROPA OCIDENTAL FÍSICO

75 EUROPA OCIDENTAL POLÍTICO

76 EUROPA DE SUDESTE FÍSICO

77 EUROPA DE SUDESTE POLÍTICO

78 EUROPA CENTRAL FÍSICO

79 EUROPA CENTRAL POLÍTICO

80 EUROPA SETENTRIONAL FÍSICO

81 EUROPA SETENTRIONAL POLÍTICO

82 EUROPA ORIENTAL E CENTRO-NORTE DA ÁSIA FÍSICO

83 EUROPA ORIENTAL E CENTRO-NORTE DA ÁSIA POLÍTICO

84 EUROPA TEMÁTICOS
Formação da União Europeia (UE); UE – Presente e futuro;
Economia – Predomínio do setor terciário

85 EUROPA TEMÁTICOS
Bálcãs – Conflitos seculares; Ilhas britânicas

GEOPOLÍTICA – PERMANÊNCIAS OU MUDANÇAS
Investimentos da China na Europa

ÁSIA

86 ÁSIA IMAGEM DE SATÉLITE

87 ÁSIA IMAGENS DE SATÉLITE

88 ÁSIA FÍSICO

89 ÁSIA POLÍTICO

90 ÁSIA DE SUDESTE FÍSICO

91 ÁSIA DE SUDESTE POLÍTICO

92 SUL DA ÁSIA FÍSICO

93 SUL DA ÁSIA POLÍTICO

94 ORIENTE MÉDIO FÍSICO

95 ORIENTE MÉDIO POLÍTICO

96 EXTREMO ORIENTE FÍSICO

97 EXTREMO ORIENTE POLÍTICO

98 ÁSIA TEMÁTICOS
Índia e Paquistão – Conflitos; Japão, Coreia do Norte, Coreia do Sul
e China – Conflitos; Economia – Importância do setor primário

99 ÁSIA TEMÁTICOS
Oriente Médio – Conflitos

GEOPOLÍTICA – PERMANÊNCIAS OU MUDANÇAS
Israel e Palestina – Conflitos

OCEANIA

100 OCEANIA IMAGENS DE SATÉLITE

101 OCEANIA FÍSICO

OCEANIA POLÍTICO

102 OCEANIA TEMÁTICOS
Arco do Pacífico

GEOPOLÍTICA – PERMANÊNCIAS OU MUDANÇAS
Espaço estratégico

REGIÕES POLARES

103 ANTÁRTIDA IMAGENS DE SATÉLITE

104 ANTÁRTIDA FÍSICO E POLÍTICO

105 REGIÕES POLARES TEMÁTICOS
Antártida – Polo Sul; Ártico – Polo Norte

BRASIL

106 BRASIL IMAGEM DE SATÉLITE (DIURNA)

107 BRASIL IMAGEM DE SATÉLITE (NOTURNA)

108 BRASIL BANDEIRAS
Regiões administrativas

109 BRASIL GRÁFICOS

110 BRASIL POLÍTICO
Fusos horários

111 BRASIL REGIÕES
Regiões administrativas; Regiões geoeconômicas;
Regiões – Os "quatro brasis"; Regiões literárias

112 BRASIL FÍSICO
Perfis topográficos

113 BRASIL RECURSOS ENERGÉTICOS
Bacias hidrográficas e potencial hidrelétrico; Geração de energia;
Produção de petróleo e gás; Sistema Interligado Nacional – SIN

114 BRASIL RELEVO
Fotos de tipos de relevo

115 BRASIL FÍSICO
Relevo; Domínios Morfoclimáticos; Aquíferos Guarani e
Alter do Chão; Uso de águas subterrâneas

116 BRASIL GEOLOGIA
Bacias sedimentares e fontes termais

117 BRASIL GEOLOGIA – RECURSOS E AMEAÇAS
Minerais; Terremotos; Concentrações minerais – Cristalino;
Concentrações minerais – Sedimentar

118 BRASIL CLIMA
Climogramas

119 BRASIL DINÂMICA CLIMÁTICA
Massas de ar; Temperatura média anual;
Duração do período seco; Precipitação média anual

120 BRASIL VEGETAÇÃO NATURAL
Fotos de tipos de vegetação

121 BRASIL VEGETAÇÃO – RECURSOS E EXPLORAÇÃO
Evolução da vegetação – 1960; Evolução da vegetação – 2015;
Focos de calor; Unidades de Conservação

122 BRASIL MEIO AMBIENTE
Paisagens costeiras

123 BRASIL MEIO AMBIENTE – RECURSOS E EXPLORAÇÃO
Exploração madeireira; Agrotóxicos comercializados;
Impactos ambientais; Corredores ecológicos

GEOATLAS ÍNDICE

124 BRASIL TERRAS INDÍGENAS
População indígena residente fora de Terras Indígenas

125 BRASIL TERRAS INDÍGENAS – SITUAÇÃO ATUAL
Área das terras; População indígena; Famílias linguísticas;
Violência contra povos indígenas

126 BRASIL USO DA TERRA
Participação das Unidades da Federação no valor da
produção agrícola

127 BRASIL TENSÃO NO CAMPO
Famílias assentadas no campo; Conflitos no campo;
Comunidades quilombolas; Probabilidade de escravidão

128 BRASIL CIRCULAÇÃO
Matriz de transporte de cargas – 2017

129 BRASIL DINAMISMO ECONÔMICO
Transporte Aéreo – Carga e correio; Transporte Aéreo –
Passageiros; Portos e corredores de exportação;
Importação e exportação

130 BRASIL INDÚSTRIA
Crescimento da produção industrial – 2014-2017

131 BRASIL ESPAÇO ECONÔMICO
Unidades industriais; Pessoal ocupado na indústria;
Agroindústria; Indústria do turismo e lazer

132 BRASIL POPULAÇÃO
Evolução da esperança de vida ao nascer; Pirâmides etárias

133 BRASIL EVOLUÇÃO DA POPULAÇÃO
Evolução da população – 1872; Evolução da população – 1920;
Evolução da população – 1950; Evolução da população – 1980

134 BRASIL MIGRANTES NA POPULAÇÃO
Migração

135 BRASIL MIGRAÇÕES INTERNAS
Migração – 1950-1970; Migração – 1970-1990;
Migração – 1990-2000; Migração – 2005-2010

136 BRASIL URBANIZAÇÃO E GRANDES CIDADES
Urbanização brasileira

137 BRASIL EVOLUÇÃO DA URBANIZAÇÃO
Urbanização – 1940; Urbanização – 1960;
Urbanização – 1980; Urbanização – 2000

138 BRASIL REDE URBANA
Grandes centros que mais exercem influência direta
sobre outras cidades

139 BRASIL DINÂMICA URBANA
Regiões Metropolitanas; População nas Regiões
Metropolitanas; Usuários de internet; Polos de tecnologia

140 BRASIL RAZÃO DE SEXO
Chefe de família por sexo; Mulheres chefes de família

141 BRASIL DESIGUALDADES DE GÊNERO
Ensino Superior – Homens; Ensino Superior – Mulheres;Taxa de
desocupação – Homens; Taxa de desocupação – Mulheres

142 BRASIL ÍNDICE DE DESENVOLVIMENTO HUMANO (IDH)
Brasil: evolução do IDH; Brasil: média de anos de estudo;
Brasil: renda nacional bruta; Brasil: esperança de vida

143 BRASIL INDICADORES BÁSICOS DO
DESENVOLVIMENTO HUMANO
Esperança de vida; Alfabetização; PIB *per capita*; Índice de Gini

144 BRASIL ESPAÇO GEOGRÁFICO
Megalópole – São Paulo/Campinas-Rio de Janeiro

145 BRASIL FORMAÇÃO DO TERRITÓRIO
Colônia – Início do século XIX; Império – em 1889;
República – em 1950; Criação de novos estados e territórios

146 BRASIL ANAMORFOSES
População; Produto Interno Bruto (PIB); Produção agrícola
patronal; Produção agrícola familiar

147 BRASIL ANAMORFOSES
COMPOSIÇÃO DA POPULAÇÃO BRASILEIRA
Regiões administrativas; População branca; População preta;
População parda; População indígena; População amarela

REGIÕES DO BRASIL

REGIÕES ADMINISTRATIVAS

148 REGIÃO NORTE FÍSICO
149 REGIÃO NORTE POLÍTICO
150 REGIÃO NORDESTE FÍSICO
151 REGIÃO NORDESTE POLÍTICO
152 REGIÃO SUDESTE FÍSICO
153 REGIÃO SUDESTE POLÍTICO
154 REGIÃO SUL FÍSICO
155 REGIÃO SUL POLÍTICO
156 REGIÃO CENTRO-OESTE FÍSICO
157 REGIÃO CENTRO-OESTE POLÍTICO

DISTRITO FEDERAL

158-159 BRASIL DISTRITO FEDERAL
Brasília — Plano piloto

REGIÕES METROPOLITANAS

160-161 BRASIL PRINCIPAIS REGIÕES METROPOLITANAS
São Paulo – SP; Rio de Janeiro – RJ

162-163 BRASIL PRINCIPAIS REGIÕES METROPOLITANAS
Belo Horizonte – MG; Recife – PE;
Porto Alegre – RS

164-165 BRASIL PRINCIPAIS REGIÕES METROPOLITANAS
Salvador – BA; Fortaleza – CE;
Curitiba – PR; Belém – PA

CONCENTRAÇÕES URBANAS

166-167 BRASIL CONCENTRAÇÕES URBANAS
DESLOCAMENTOS PENDULARES PARA TRABALHO E ESTUDO
Brasília – DF; Belo Horizonte – MG; São Paulo – SP; Curitiba – PR;
Recife – PE; Rio de Janeiro – RJ; Fortaleza – CE; Salvador – BA;
Porto Alegre – RS

GEOATLAS

168-171 GEOATLAS CURIOSIDADES GEOGRÁFICAS
172-173 GEOATLAS BARREIRAS DO MUNDO
174 GEOATLAS VISÕES DO MUNDO
175-180 GEOATLAS GLOSSÁRIO GEOGRÁFICO
181 GEOATLAS SIGLAS E ABREVIATURAS
182-199 GEOATLAS ÍNDICE ANALÍTICO
200 GEOATLAS BIBLIOGRAFIA BÁSICA

GEOATLAS — MAPAS ONTEM E HOJE

Milhares de anos antes de Cristo, antes mesmo do desenvolvimento da escrita, os seres humanos começaram a representar o ambiente em que viviam e a mapear novos locais a serem explorados. Assim, foram criados os primeiros mapas.

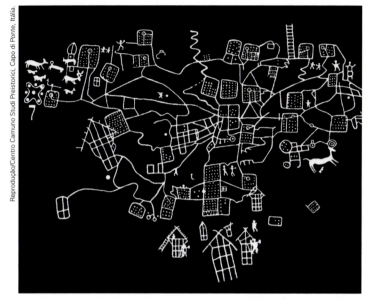

Representação de uma organização social camponesa de **Bedolina**, no vale do rio Pó, norte da Itália, datada de 2400 a.C.

Desde então os mapas começaram a ser elaborados a partir de registros efetuados em percursos, fossem eles a pé, no lombo de animais ou em navios que passavam ao longo da costa litorânea, identificando detalhes. O interior do continente em um mapa era preenchido com base no relato dos navegantes e em informações ligadas ao imaginário.

As mudanças na forma de elaborar os mapas sempre acompanharam o desenvolvimento tecnológico.

Mapa da América do Sul, feito por Pierre Desceliers em 1546.

A grande revolução na representação cartográfica ocorreu com o sensoriamento remoto, que tem sua origem vinculada à fotografia aérea. O primeiro período na história do sensoriamento remoto, baseado no uso de fotografias aéreas, vai de 1860 a 1960. O segundo período, que vai de 1960 até os dias atuais, caracteriza-se por uma grande variedade de fotografias aéreas e imagens de satélites (orbitais). Com essas novas tecnologias, é possível representar diferentes lugares da Terra com maior precisão quanto à localização e à medição das áreas e distâncias.

A primeira fotografia aérea foi feita em 1856, a partir de um balão. Pouco mais de cinquenta anos depois, em 1909, passaram a ser utilizados aviões. Uma câmera fotográfica instalada dentro do avião registrava toda a área sobrevoada. Usado na Primeira Guerra Mundial (1914-1918), esse novo método de fotografar alcançou grande desenvolvimento na Segunda Guerra Mundial (1939-1945).

As primeiras imagens de satélite apareceram na década de 1960. Girando na órbita da Terra, os satélites levam consigo um sensor capaz de emitir e receber a energia eletromagnética refletida pelo nosso planeta. Os elementos da superfície terrestre, como a vegetação, a água e o solo, refletem, absorvem e transmitem radiação eletromagnética em proporções que variam com o comprimento da onda, de acordo com as suas características biofísico-químicas. Em função dessas variações, podem-se distinguir os diferentes elementos da superfície terrestre que aparecem em uma imagem de satélite.

Imagem de satélite da América do Sul. Por representar uma área muito grande, esta imagem é um mosaico, resultado da união de várias imagens parciais.

O avanço da computação, aliado ao sensoriamento remoto, tornou possível a obtenção de imagens cada vez mais detalhadas e precisas, o que resultou na elaboração de mapas com melhor qualidade. Hoje, é cada vez mais estreita a relação entre a produção de mapas e as imagens de satélites.

Nas páginas a seguir, mostramos alguns tipos de mapa e representações gráficas, todos extraídos deste atlas, largamente utilizados no ensino de Geografia e de outras disciplinas.

GEOATLAS **MAPAS ONTEM E HOJE**

MAPA FÍSICO. Apresenta uma relação direta com a imagem de satélite. Identifica os fenômenos naturais — oceanos, rios, lagos, montanhas e desertos. Em uma imagem detalhada pode-se, por exemplo, analisar com precisão o percurso de um rio.

MAPA POLÍTICO. Representa como o mundo está dividido: países, estados, cidades, entre outras denominações. Utiliza principalmente o símbolo "linha" para fronteiras e o símbolo "ponto" para cidades.

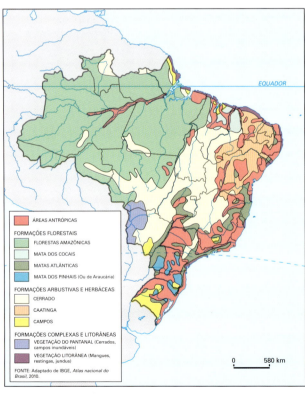

MAPA TEMÁTICO FÍSICO. Sobre uma base física, o mapa temático representa informações relativas a diferentes temas. No mapa acima, cujo tema é vegetação, a base física foi utilizada para representar esse tipo de informação.

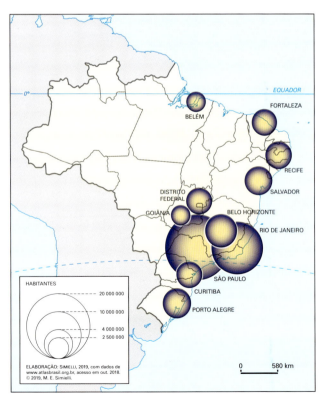

MAPA TEMÁTICO POLÍTICO. No exemplo acima, com a divisão política do Brasil, a informação mapeada refere-se à população das principais Regiões Metropolitanas do nosso país.

© 2019, M. E. Simielli. Direitos autorais protegidos.

GEOATLAS **MAPAS ONTEM E HOJE**

OUTRAS REPRESENTAÇÕES GRÁFICAS

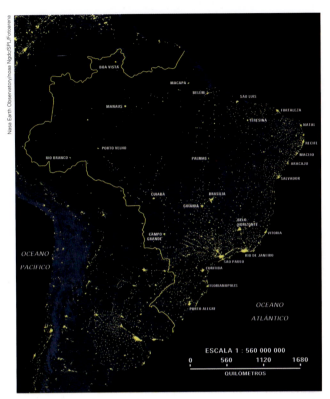

IMAGEM DE SATÉLITE. Imagem noturna do Brasil. Esta imagem de satélite destaca, de forma nítida, os maiores aglomerados urbanos do nosso país.

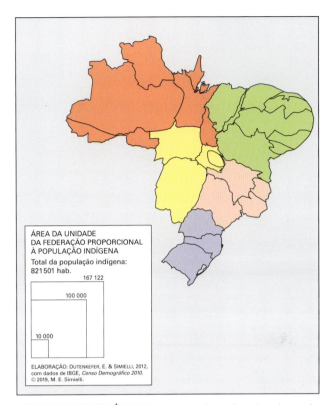

ANAMORFOSE GEOGRÁFICA. Nesta anamorfose a área de cada estado é proporcional ao número da população indígena no estado. Permite uma rápida comparação visual entre os estados e as regiões.

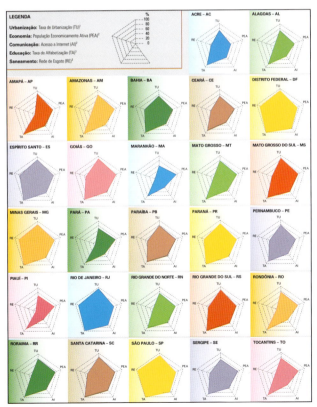

GRÁFICO. Existem vários tipos de representação por gráficos. No gráfico acima, os eixos apresentam valores de 0 a 100%, e cada eixo refere-se a uma informação.

INFOGRÁFICO. Permite visualização e compreensão imediatas de um determinado fenômeno por meio da linguagem pictórica. A escala Saffir-Simpson, que aparece acima, mede a intensidade dos ciclones tropicais.

10 PLANISFÉRIO POLÍTICO

PARTES DO MUNDO

PAÍSES MAIS EXTENSOS

PAÍSES MAIS POPULOSOS

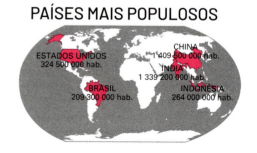

© 2019, M. E. Simielli. Direitos autorais protegidos.

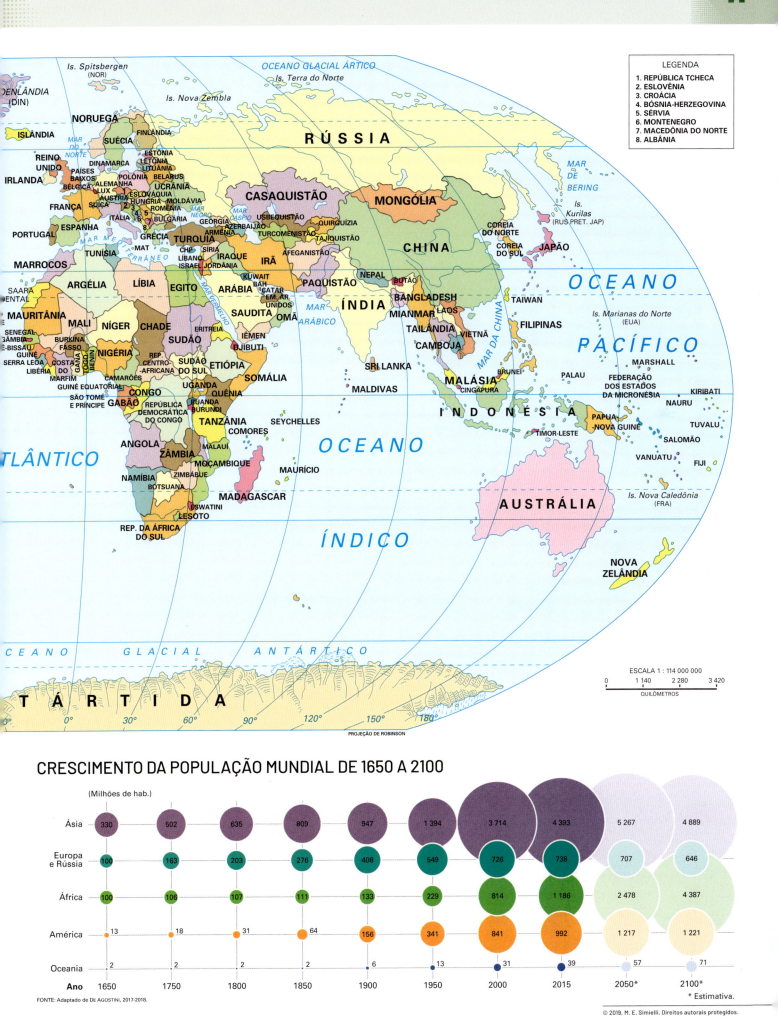

12 BANDEIRAS **PAÍSES DO MUNDO** — Síntese geográfico-econômica

LEGENDA

- **C** Capital do país[1]
- **S** Superfície[1]
- **P** População[1][2]
- • Renda *per capita* (PIB por hab., em dólares)[1][2]
- ★ Mortalidade infantil (por 1 000 nascimentos)[1][2]
- ▼ Moeda[1]
- ■ Principais idiomas[1]
- **IDH** Índice de Desenvolvimento Humano
  Valor do índice (classificação)[2]

ALEMANHA – ALE

p. 79
- P 82 100 000 hab.
- US$ 46 136
- ★ 3,2‰
- ▼ Euro
- ■ Alemão
- C Berlim
- S 357 124 km²
- IDH 0,936 (5º)

ARÁBIA SAUDITA – ARS

p. 95
- P 32 900 000 hab.
- US$ 49 680
- ★ 11,1‰
- ▼ Rial saudita
- ■ Árabe
- C Riad
- S 2 149 690 km²
- IDH 0,853 (39º)

AUSTRÁLIA – AUS

p. 101
- P 24 500 000 hab.
- US$ 43 560
- ★ 3,1‰
- ▼ Dólar australiano
- ■ Inglês
- C Camberra
- S 7 692 024 km²
- IDH 0,939 (3º)

BAHREIN – BAH

p. 95
- P 1 500 000 hab.
- US$ 41 580
- ★ 6,5‰
- ▼ Dinar de Bahrein
- ■ Árabe
- C Manama
- S 757,5 km²
- IDH 0,846 (43º)

BÉLGICA – BEL

p. 75
- P 11 400 000 hab.
- US$ 42 156
- ★ 3,1‰
- ▼ Euro
- ■ Francês, flamengo e alemão
- C Bruxelas
- S 30 528 km²
- IDH 0,916 (17º)

BÓSNIA-HERZEGOVINA – BOH

p. 77
- P 3 500 000 hab.
- US$ 11 716
- ★ 5,2‰
- ▼ Marco conversível
- ■ Bósnio, croata e sérvio
- C Sarajevo
- S 51 209 km²
- IDH 0,768 (77º)

BULGÁRIA – BUL

p. 77
- P 7 100 000 hab.
- US$ 18 740
- ★ 6,5‰
- ▼ Novo lev
- ■ Búlgaro, turco, romeno e armênio
- C Sófia
- S 111 002 km²
- IDH 0,813 (51º)

CABO VERDE – CBV

p. 65
- P 500 000 hab.
- US$ 5 983
- ★ 18,2‰
- ▼ Escudo de Cabo Verde
- ■ Português e dialeto crioulo
- C Praia
- S 4 014 km²
- IDH 0,654 (125º)

ANDORRA – AND

p. 75
- P 100 000 hab.
- US$ 47 574
- ★ 2,4‰
- ▼ Euro
- ■ Catalão, espanhol e francês
- C Andorra la Vella
- S 468 km²
- IDH 0,858 (35º)

ARGÉLIA – ARL

p. 65
- P 41 300 000 hab.
- US$ 13 802
- ★ 21,6‰
- ▼ Dinar argelino
- ■ Árabe e dialetos berberes
- C Argel
- S 2 381 741 km²
- IDH 0,754 (85º)

ÁUSTRIA – AUT

p. 79
- P 8 700 000 hab.
- US$ 45 415
- ★ 2,9‰
- ▼ Euro
- ■ Alemão
- C Viena
- S 83 879 km²
- IDH 0,908 (20º)

BANGLADESH – BAD

p. 93
- P 164 700 000 hab.
- US$ 3 677
- ★ 28,2‰
- ▼ Taka
- ■ Bengali
- C Dacca
- S 147 570 km²
- IDH 0,608 (136º)

BELIZE – BLZ

p. 55
- P 400 000 hab.
- US$ 7 166
- ★ 12,8‰
- ▼ Dólar de Belize
- ■ Inglês, espanhol e dialeto crioulo
- C Belmopan
- S 22 965 km²
- IDH 0,708 (106º)

BOTSUANA – BOT

p. 67
- P 2 300 000 hab.
- US$ 15 534
- ★ 32,6‰
- ▼ Pula
- ■ Inglês e setsuana
- C Gabarone
- S 581 730 km²
- IDH 0,717 (101º)

BURKINA FASSO – BUK
p. 65
- • US$ 1 650
- ★ 52,7‰
- ▼ Franco CFA (Comunidade Financeira Africana)
- ■ Francês, môre, dioula e malinke
- C Ouagadougou
- S 270 764 km²
- P 19 200 000 hab.
- IDH 0,423 (183º)

CAMARÕES – CAM

p. 65
- • US$ 3 315
- ★ 52,8‰
- ▼ Franco CFA (Comunidade Financeira Africana)
- ■ Francês, inglês, banto e dialeto sudanês
- C Yaoundé
- S 475 650 km²
- P 24 100 000 hab.
- IDH 0,556 (151º)

AFEGANISTÃO – AFG

p. 95
- P 35 500 000 hab.
- US$ 1 824
- ★ 53,2‰
- ▼ Afegane
- ■ Dari, pushtu e usbeque
- C Cabul
- S 652 864 km²
- IDH 0,498 (168º)

ANGOLA – ANG

p. 67
- P 29 800 000 hab.
- US$ 5 790
- ★ 54,6‰
- ▼ Kuanza
- ■ Português e dialetos bantos
- C Luanda
- S 1 246 700 km²
- IDH 0,581 (147º)

ARGENTINA – ARG

p. 53
- P 44 300 000 hab.
- US$ 18 461
- ★ 9,9‰
- ▼ Peso argentino
- ■ Espanhol
- C Buenos Aires
- S 2 780 092 km²
- IDH 0,825 (47º)

AZERBAIJÃO – AZB

p. 83
- P 9 800 000 hab.
- US$ 15 600
- ★ 27,2‰
- ▼ Manat
- ■ Azerbaijano e russo
- C Baku
- S 86 600 km²
- IDH 0,757 (80º)

BARBADOS – BAR
p. 55
- P 300 000 hab.
- US$ 15 843
- ★ 11,4‰
- ▼ Dólar de Barbados
- ■ Inglês e inglês crioulo
- C Bridgetown
- S 431 km²
- IDH 0,800 (58º)

BENIN – BEN

p. 65
- • US$ 2 061
- ★ 63,1‰
- ▼ Franco CFA (Comunidade Financeira Africana)
- ■ Francês e dialetos africanos (fulani, ioruba e bariba)
- C Porto Novo
- S 114 763 km²
- P 11 200 000 hab.
- IDH 0,515 (163º)

BRASIL – BRA

p. 53
- P 209 300 000 hab.
- US$ 13 755
- ★ 13,5‰
- ▼ Real
- ■ Português
- C Brasília
- S 8 515 759 km²
- IDH 0,759 (79º)

BURUNDI – BUR

p. 67
- P 10 900 000 hab.
- US$ 702
- ★ 48,4‰
- ▼ Franco do Burundi
- ■ Francês, rundi e suaíli
- C Bujumbura
- S 27 834 km²
- IDH 0,417 (185º)

CAMBOJA – CAB
p. 91
- P 16 000 000 hab.
- US$ 3 413
- ★ 26,3‰
- ▼ Riel
- ■ Khmer
- C Phom Penh
- S 181 035 km²
- IDH 0,582 (146º)

ALBÂNIA – ALB

p. 77
- P 2 900 000 hab.
- US$ 11 886
- ★ 12,0‰
- ▼ Lek
- ■ Albanês
- C Tirana
- S 28 748 km²
- IDH 0,785 (68º)

ANTÍGUA E BARBUDA – ANT
p. 55
- P 100 000 hab.
- US$ 20 764
- ★ 5,1‰
- ▼ Dólar do Caribe Oriental
- ■ Inglês e dialeto crioulo
- C Saint John's
- S 442 km²
- IDH 0,780 (70º)

ARMÊNIA – ARM

p. 83
- P 2 900 000 hab.
- US$ 9 144
- ★ 11,9‰
- ▼ Dram
- ■ Armênio, russo e curdo
- C Ierevan
- S 29 743 km²
- IDH 0,755 (83º)

BAHAMAS – BAA

p. 55
- P 400 000 hab.
- US$ 26 681
- ★ 8,6‰
- ▼ Dólar das Bahamas
- ■ Inglês
- C Nassau
- S 13 943 km²
- IDH 0,807 (54º)

BELARUS – BER

p. 83
- P 9 500 000 hab.
- US$ 16 323
- ★ 2,9‰
- ▼ Rublo bielorrusso
- ■ Bielorrusso e russo
- C Minsk
- S 207 600 km²
- IDH 0,808 (53º)

BOLÍVIA – BOL

p. 53
- S 1 098 581 km²
- P 11 100 000 hab.
- US$ 6 714
- ★ 29,5‰
- ▼ Boliviano
- ■ Espanhol, aimará e quíchua
- C La Paz (adm.)
  Sucre (legal)
- IDH 0,693 (118º)

BRUNEI – BRU

p. 91
- S 5 765 km²
- P 400 000 hab.
- US$ 76 427
- ★ 8,5‰
- ▼ Dólar de Brunei
- ■ Malaio, chinês e inglês
- C Bandar Seri Begawan
- IDH 0,853 (39º)

BUTÃO – BUT

p. 93
- P 800 000 hab.
- US$ 8 065
- ★ 26,8‰
- ▼ Ngultrum e rupia indiana
- ■ Dzonga e dialetos nepaleses
- C Thimphu
- S 38 394 km²
- IDH 0,612 (134º)

CANADÁ – CAN

p. 57
- P 36 600 000 hab.
- US$ 43 433
- ★ 4,3‰
- ▼ Dólar canadense
- ■ Francês e inglês
- C Ottawa
- S 9 984 670 km²
- IDH 0,926 (12º)

FONTES: 1. Calendario Atlante De Agostini, 2018. 2. UNDP (PNUD), *Human Development Indices and Indicators: 2018 Statistical Update.*

© 2019, M. E. Simielli. Direitos autorais protegidos.

Síntese geográfico-econômica BANDEIRAS **PAÍSES DO MUNDO** 13

CASAQUISTÃO – CAS
p. 83
P 18 200 000 hab.
• US$ 22 626
★ 10,1‰
▼ Tenge
■ Casaque, russo e ucraniano
C Astana
S 2 724 900 km^2
IDH 0,800 (58º)

CATAR – CAT
p. 95
P 2 600 000 hab.
• US$ 116 818
★ 7,3‰
▼ Rial de Catar
■ Árabe
C Doha
S 11 607 km^2
IDH 0,856 (37º)

CHADE – CHA
p. 65
• US$ 1 750
★ 75,2‰
▼ Franco CFA (Comunidade Financeira Africana)
■ Árabe, francês e dialetos sudaneses
C N'Djamena
S 1 284 000 km^2
P 14 900 000 hab.
IDH 0,404 (186º)

CHILE – CHI
p. 53
S 756 102 km^2
P 18 100 000 hab.
• US$ 21 910
★ 7,2‰
▼ Peso chileno
■ Espanhol
C Santiago (adm.) Valparaíso (legislativa)
IDH 0,843 (44º)

CHINA – CHN
p. 97
• US$ 15 270
★ 8,5‰
▼ Yuan
■ Chinês (mandarim), coreano, tibetano, casaque, mongol e uiguro
C Pequim
S 9 572 900 km^2
P 1 409 500 000 hab.
IDH 0,752 (86º)

CHIPRE – CHP
p. 95
P 1 200 000 hab.
• US$ 31 568
★ 2,1‰
▼ Euro
■ Grego e turco
C Nicósia
S 9 251 km^2
IDH 0,869 (32º)

CINGAPURA – CIN
p. 91
P 5 700 000 hab.
• US$ 82 503
★ 2,2‰
▼ Dólar de Cingapura
■ Chinês, inglês, malaio e tâmil
C Cingapura
S 712 km^2
IDH 0,932 (9º)

COLÔMBIA – COL
p. 53
P 49 100 000 hab.
• US$ 12 938
★ 13,1‰
▼ Peso colombiano
■ Espanhol
C Bogotá
S 1 141 748 km^2
IDH 0,747 (90º)

COMORES – COM
p. 67
P 800 000 hab.
• US$ 1 399
★ 55‰
▼ Franco comorense
■ Árabe, comorense e francês
C Moroni
S 1 862 km^2
IDH 0,503 (165º)

CONGO – CON
p. 67
P 5 300 000 hab.
• US$ 5 694
★ 38,5‰
▼ Franco CFA (Comunidade Financeira Africana)
■ Francês, kikongo e lingala
C Brazzaville
S 342 000 km^2
IDH 0,606 (137º)

COREIA DO NORTE – RCN
p. 97
P 25 500 000 hab.
• US$ 648
★ 15,1‰
▼ Won norte-coreano
■ Coreano
C Pieongyang
S 122 762 km^2
IDH Não disponível

COREIA DO SUL – RCS
p. 97
P 51 000 000 hab.
• US$ 35 945
★ 2,9‰
▼ Won sul-coreano
■ Coreano
C Seul
S 99 646 km^2
IDH 0,903 (22º)

COSTA DO MARFIM – CMA
p. 65
P 24 300 000 hab.
• US$ 3 481
★ 66‰
▼ Franco CFA (Comunidade Financeira Africana)
■ Francês
C Abidjan (adm.) Yamoussoukro (sede de governo)
S 320 803 km^2
IDH 0,492 (170º)

COSTA RICA – CRA
p. 55
P 4 900 000 hab.
• US$ 14 636
★ 7,7‰
▼ Colón costa-riquenho
■ Espanhol
C São José
S 51 100 km^2
IDH 0,794 (63º)

CROÁCIA – CRO
p. 77
P 4 200 000 hab.
• US$ 22 162
★ 4‰
▼ Kuna
■ Croata
C Zagreb
S 56 594 km^2
IDH 0,831 (46º)

CUBA – CUB
p. 55
P 11 500 000 hab.
• US$ 7 524
★ 4,2‰
▼ Peso cubano
■ Espanhol
C Havana
S 109 884 km^2
IDH 0,777 (73º)

DINAMARCA – DIN
p. 81
P 5 700 000 hab.
• US$ 47 918
★ 3,7‰
▼ Coroa dinamarquesa
■ Dinamarquês
C Copenhague
S 42 959 km^2
IDH 0,929 (11º)

DJIBUTI – DJI
p. 65
P 1 000 000 hab.
• US$ 3 392
★ 53,5‰
▼ Franco do Djibuti
■ Árabe e francês
C Djibuti
S 23 200 km^2
IDH 0,476 (172º)

DOMINICA – DOC
p. 55
P 100 000 hab.
• US$ 8 344
★ 31,2‰
▼ Dólar do Caribe Oriental
■ Inglês e dialeto crioulo
C Roseau
S 750 km^2
IDH 0,715 (103º)

EGITO – RAE
p. 65
P 97 600 000 hab.
• US$ 10 335
★ 19,4‰
▼ Libra egípcia
■ Árabe
C Cairo
S 1 001 449 km^2
IDH 0,696 (115º)

EL SALVADOR – ELS
p. 55
P 6 400 000 hab.
• US$ 6 868
★ 12,9‰
▼ Colón salvadorenho e dólar americano
■ Espanhol
C San Salvador
S 21 040 km^2
IDH 0,674 (121º)

EMIRADOS ÁRABES UNIDOS – EAU
p. 95
P 9 400 000 hab.
• US$ 67 805
★ 6,6‰
▼ Dirham
■ Árabe
C Abu Dhabi
S 83 600 km^2
IDH 0,863 (34º)

EQUADOR – EQU
p. 53
P 16 600 000 hab.
• US$ 10 347
★ 17,8‰
▼ Dólar americano
■ Espanhol e quíchua
C Quito
S 256 370 km^2
IDH 0,752 (86º)

ERITREIA – ERI
p. 65
P 5 100 000 hab.
• US$ 1 750
★ 32,9‰
▼ Nakfa
■ Árabe e tigrina
C Asmara
S 121 100 km^2
IDH 0,440 (179º)

ESLOVÁQUIA – ESQ
p. 79
P 5 400 000 hab.
• US$ 29 467
★ 4,9‰
▼ Euro
■ Eslovaco
C Bratislava
S 49 037 km^2
IDH 0,855 (38º)

ESLOVÊNIA – ESV
p. 77
P 2 100 000 hab.
• US$ 30 594
★ 1,8‰
▼ Euro
■ Esloveno
C Liubliana
S 20 273 km^2
IDH 0,896 (25º)

ESPANHA – ESP
p. 75
P 46 400 000 hab.
• US$ 34 258
★ 2,7‰
▼ Euro
■ Espanhol, catalão, galego e basco
C Madri
S 505 906 km^2
IDH 0,891 (26º)

ESTADOS UNIDOS DA AMÉRICA – EUA
p. 57
P 324 500 000 hab.
• US$ 54 941
★ 5,6‰
▼ Dólar americano
■ Inglês
C Washington
S 9 371 175 km^2
IDH 0,924 (13º)

ESTÔNIA – EST
p. 83
P 1 300 000 hab.
• US$ 28 993
★ 2,3‰
▼ Euro
■ Estoniano e russo
C Tallin
S 45 227 km^2
IDH 0,871 (30º)

ESWATINI – EWT
p. 67
S 17 364 km^2
P 1 400 000 hab.
• US$ 7 620
★ 52,4‰
▼ Lilangeni
■ Inglês e swati
C Mbabane (adm. e jud.) Lobamba (legislativa)
IDH 0,588 (144º)

ETIÓPIA – ETP
p. 65
P 105 000 000 hab.
• US$ 1 719
★ 41‰
▼ Birr
■ Amárico, inglês, italiano e somali
C Adis-Abeba
S 1 127 127 km^2
IDH 0,463 (173º)

FEDERAÇÃO DOS ESTADOS DA MICRONÉSIA – MIC
p. 101
P 100 000 hab.
• US$ 3 843
★ 27,5‰
▼ Dólar americano
■ Inglês
C Palikir
S 701 km^2
IDH 0,627 (131º)

FIJI – FJI
p. 101
P 900 000 hab.
• US$ 8 324
★ 18,7‰
▼ Dólar fijiano
■ Inglês, fijiano e hindi
C Suva
S 18 333 km^2
IDH 0,741 (92º)

FILIPINAS – FIL
p. 91
P 104 900 000 hab.
• US$ 9 154
★ 21,5‰
▼ Peso filipino
■ Inglês e filipino
C Manila
S 300 076 km^2
IDH 0,699 (113º)

FINLÂNDIA – FIN
p. 81
P 5 500 000 hab.
• US$ 41 002
★ 1,9‰
▼ Euro
■ Finlandês e sueco
C Helsinki
S 338 430 km^2
IDH 0,920 (15º)

FRANÇA – FRA
p. 75
P 65 000 000 hab.
• US$ 39 254
★ 3,2‰
▼ Euro
■ Francês
C Paris
S 543 965 km^2
IDH 0,901 (24º)

© 2019, M. E. Simielli. Direitos autorais protegidos.

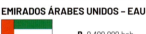

14 BANDEIRAS **PAÍSES DO MUNDO** Síntese geográfico-econômica

GABÃO – GAB

p. 67

P 2 000 000 hab.
• US$ 16 431
★ 34,3‰
▼ Franco CFA (Comunidade Financeira Africana)
C Libreville
■ Francês e banto
S 267 667 km²
IDH 0,702 (110º)

GÂMBIA – GAM

p. 65

P 2 100 000 hab.
• US$ 1 516
★ 42,2‰
▼ Dalasi
C Banjul
■ Inglês e uolofe
S 11 295 km²
IDH 0,460 (174º)

GANA – GAN

p. 65

P 28 800 000 hab.
• US$ 4 096
★ 41,2‰
▼ Cedi
C Accra
■ Inglês, línguas kwa e gur
S 238 533 km²
IDH 0,592 (140º)

GEÓRGIA – GEO

p. 83

P 3 900 000 hab.
• US$ 9 186
★ 9,5‰
▼ Lari
C Tbilisi
■ Georgiano
S 69 867 km²
IDH 0,780 (70º)

GRANADA – GRA

p. 55

P 100 000 hab.
• US$ 12 864
★ 14,4‰
▼ Dólar do Caribe Oriental
C Saint George's
■ Inglês e dialeto crioulo
S 344 km²
IDH 0,772 (75º)

GRÉCIA – GRE

p. 77

P 11 200 000 hab.
• US$ 24 648
★ 3,1‰
▼ Euro
C Atenas
■ Grego
S 131 957 km²
IDH 0,870 (31º)

GUATEMALA – GUA

p. 55

P 16 900 000 hab.
• US$ 7 278
★ 23,9‰
▼ Quetzal
■ Espanhol e dialetos maias
C Guatemala
S 108 900 km²
IDH 0,650 (127º)

GUIANA – GUI

p. 53

P 800 000 hab.
• US$ 7 447
★ 26,9‰
▼ Dólar guianense
■ Inglês, inglês crioulo e línguas indígenas
C Georgetown
S 214 999 km²
IDH 0,654 (125º)

GUINÉ – GUN

p. 65

P 12 700 000 hab.
• US$ 2 067
★ 58,3‰
▼ Franco da Guiné
■ Francês e dialetos sudaneses
C Conacri
S 245 857 km²
IDH 0,459 (175º)

GUINÉ-BISSAU – GUB

p. 65

• US$ 1 552
★ 57,8‰
▼ Franco CFA (Comunidade Financeira Africana)
■ Português, português crioulo e dialetos sudaneses
C Bissau
S 36 125 km²
P 1 900 000 hab.
IDH 0,455 (177º)

GUINÉ EQUATORIAL – GUE

p. 65

• US$ 19 513
★ 66,2‰
▼ Franco CFA (Comunidade Financeira Africana)
■ Francês, espanhol e português crioulo
C Malabo
S 28 051 km²
P 1 300 000 hab.
IDH 0,591 (141º)

HAITI – HAI

p. 55

P 11 000 000 hab.
• US$ 1 665
★ 50,9‰
▼ Gourde
C Porto Príncipe
■ Crioulo e francês
S 27 700 km²
IDH 0,498 (168º)

HONDURAS – HON

p. 55

P 9 300 000 hab.
• US$ 4 215
★ 16‰
▼ Lempira
C Tegucigalpa
■ Espanhol
S 112 492 km²
IDH 0,617 (133º)

HUNGRIA – HUN

p. 79

P 9 700 000 hab.
• US$ 25 393
★ 4,4‰
▼ Forint
C Budapeste
■ Húngaro
S 93 027 km²
IDH 0,838 (45º)

IÊMEN – IEM

p. 95

P 28 300 000 hab.
• US$ 1 239
★ 43,2‰
▼ Rial iemenita
C Sana
■ Árabe
S 528 076 km²
IDH 0,452 (178º)

ÍNDIA – IND

p. 93

P 1 339 200 000 hab.
• US$ 6 353
★ 34,6‰
▼ Rupia indiana
■ Hindi, inglês e línguas regionais
C Nova Délhi
S 3 287 263 km²
IDH 0,640 (130º)

INDONÉSIA – INS

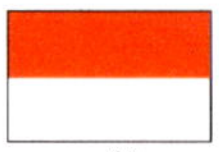

p. 91

P 264 000 000 hab.
• US$ 10 846
★ 22,2‰
▼ Rupia indonésia
C Jacarta
■ Indonésio e javanês
S 1 910 931 km²
IDH 0,694 (116º)

IRÃ – IRA

p. 95

P 81 200 000 hab.
• US$ 19 130
★ 13‰
▼ Rial iraniano
C Teerã
■ Persa (farsi)
S 1 648 200 km²
IDH 0,798 (60º)

IRAQUE – IRQ

p. 95

P 38 300 000 hab.
• US$ 17 789
★ 25,9‰
▼ Dinar iraquiano
C Bagdá
■ Árabe e curdo
S 434 128 km²
IDH 0,685 (120º)

IRLANDA – IRL

p. 75

P 4 800 000 hab.
• US$ 53 754
★ 3‰
▼ Euro
C Dublin
■ Irlandês e inglês
S 70 273 km²
IDH 0,938 (4º)

ISLÂNDIA – ISL

p. 81

P 300 000
• US$ 45 810
★ 1,6‰
▼ Coroa islandesa
C Reikjavik
■ Islandês
S 102 751 km²
IDH 0,935 (6º)

ISRAEL – ISR

p. 95

P 8 300 000 hab.
• US$ 32 711
★ 2,9‰
C Telavive / Jerusalém
▼ Novo shekel
■ Hebraico e árabe
S 20 918 km²
IDH 0,903 (22º)

ITÁLIA – ITA

p. 77

P 59 400 000 hab.
• US$ 35 299
★ 2,8‰
▼ Euro
C Roma
■ Italiano
S 301 336 km²
IDH 0,880 (28º)

JAMAICA – JAM

p. 55

P 2 900 000 hab.
• US$ 7 846
★ 13,2‰
▼ Dólar jamaicano
C Kingston
■ Inglês
S 10 991 km²
IDH 0,732 (97º)

JAPÃO – JAP

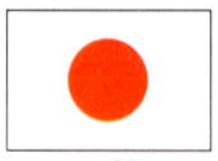

p. 97

P 127 500 000 hab.
• US$ 38 986
★ 2‰
▼ Iene
C Tóquio
■ Japonês
S 377 947 km²
IDH 0,909 (19º)

JORDÂNIA – JOR

p. 95

P 9 700 000 hab.
• US$ 8 288
★ 15,1‰
▼ Dinar jordaniano
C Amã
■ Árabe
S 88 778 km²
IDH 0,735 (95º)

KIRIBATI – KIR

p. 101

P 100 000 hab.
• US$ 3 042
★ 42,4‰
▼ Dólar australiano
C Bairiki
■ Inglês e gilbertino
S 811 km²
IDH 0,612 (134º)

KOSOVO* – KOS

p. 77

P 1 771 604 hab.
• US$ 3 665
★ 4,6‰
▼ Euro
C Pristina
■ Albanês/sérvio
S 10 908 km²
IDH Não disponível

KUWAIT – KWT

p. 95

P 4 100 000 hab.
• US$ 70 524
★ 7,2‰
▼ Dinar kuwaitiano
C Al Kuwait
■ Árabe
S 17 818 km²
IDH 0,803 (56º)

LAOS – LAO

p. 91

P 6 900 000 hab.
• US$ 6 070
★ 48,9‰
▼ Kip
C Vientiane
■ Lao
S 236 800 km²
IDH 0,601 (139º)

LESOTO – LES

p. 67

P 2 200 000 hab.
• US$ 3 255
★ 72,4‰
▼ Loti
C Maseru
■ Lesoto e inglês
S 30 355 km²
IDH 0,520 (159º)

LETÔNIA – LET

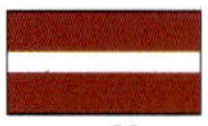

p. 83

P 1 900 000 hab.
• US$ 25 002
★ 3,9‰
▼ Lat
C Riga
■ Letão e russo
S 64 559 km²
IDH 0,847 (41º)

LÍBANO – LBN

p. 95

P 6 100 000 hab.
• US$ 13 378
★ 6,9‰
▼ Libra libanesa
C Beirute
■ Árabe, armênio e francês
S 10 452 km²
IDH 0,757 (80º)

LIBÉRIA – LIE

p. 65

P 4 700 000 hab.
• US$ 667
★ 51,2‰
▼ Dólar liberiano
■ Inglês e dialetos sudaneses
C Monróvia
S 111 369 km²
IDH 0,435 (181º)

LÍBIA – LIB

p. 65

P 6 400 000 hab.
• US$ 11 100
★ 11‰
▼ Dinar líbio
C Trípoli
■ Árabe
S 1 775 500 km²
IDH 0,706 (108º)

LIECHTENSTEIN – LIT

p. 79

P 37 622 hab.
• US$ 169 492
★ 1,8‰
▼ Franco suíço
C Vaduz
■ Alemão
S 160,5 km²
IDH 0,916 (17º)

* NOTA: Em fevereiro de 2008, a província de KOSOVO declarou-se independente da Sérvia. Até 2018, a soberania de Kosovo havia sido reconhecida por 113 países. Há a presença da Força de Paz da ONU.

Síntese geográfico-econômica BANDEIRAS **PAÍSES DO MUNDO** 15

LITUÂNIA – LIU

p. 83
- **P** 2 900 000 hab.
- US$ 28 314
- ★ 4,3‰
- ▼ Lita
- **C** Vilnius ■ Lituano e russo
- **S** 65 300 km² **IDH** 0,858 (35º)

LUXEMBURGO – LUX

p. 75
- **P** 600 000 hab.
- US$ 65 016
- ★ 2‰
- ▼ Euro
- ■ Luxemburguês, alemão e francês
- **C** Luxemburgo
- **S** 2 586 km² **IDH** 0,904 (21º)

MACEDÔNIA DO NORTE – MAN

p. 77
- **P** 2 100 000 hab.
- US$ 12 505
- ★ 10,7‰
- ▼ Dinar macedônio
- ■ Macedônio e albanês
- **C** Skopje
- **S** 25 713 km² **IDH** 0,757 (80º)

MADAGASCAR – MAD

p. 67
- **P** 25 600 000 hab.
- US$ 1 358
- ★ 34‰
- ▼ Ariary
- ■ Malgaxe, francês e inglês
- **C** Antananarivo
- **S** 587 295 km² **IDH** 0,519 (161º)

MALÁSIA – MAL

p. 91
- **P** 31 600 000 hab.
- US$ 26 107
- ★ 7,1‰
- ▼ Ringgit
- ■ Malaio, chinês e tâmil
- **C** Kuala Lumpur
- **S** 330 803 km² **IDH** 0,802 (57º)

MALAUÍ – MAI

p. 67
- **P** 18 600 000 hab.
- US$ 1 064
- ★ 38,9‰
- ▼ Quacha malauiana
- ■ Chichewa, inglês e banto
- **C** Lilongue
- **S** 118 484 km² **IDH** 0,477 (171º)

MALDIVAS – MDV

p. 93
- **P** 400 000 hab.
- US$ 13 567
- ★ 7,3‰
- ▼ Rufia
- ■ Divehi e inglês
- **C** Male
- **S** 298 km² **IDH** 0,717 (101º)

MALI – MLI

p. 65
- US$ 1 953
- ★ 68‰
- ■ Franco CFA (Comunidade Financeira Africana)
- ■ Francês, árabe, mande e berbere
- **C** Bamaco
- **S** 1 248 574 km²
- **P** 18 500 000 hab. **IDH** 0,427 (182º)

MALTA – MAT

p. 77
- **P** 400 000 hab.
- US$ 34 396
- ★ 5,9‰
- ▼ Euro
- ■ Maltês e inglês
- **C** Valeta
- **S** 315,6 km² **IDH** 0,878 (29º)

MARROCOS – MAR

p. 65
- **P** 35 700 000 hab.
- US$ 7 340
- ★ 23,3‰
- ▼ Dirham marroquino
- ■ Árabe, francês e dialetos berberes
- **C** Rabat
- **S** 458 730 km² **IDH** 0,667 (123º)

MARSHALL – MAH

p. 101
- **P** 100 000 hab.
- US$ 5 125
- ★ 29,1‰
- ▼ Dólar americano
- ■ Inglês e marshallês
- **C** Uliga
- **S** 181,4 km² **IDH** 0,708 (106º)

MAURÍCIO – MAU

p. 67
- **P** 1 300 000 hab.
- US$ 20 189
- ★ 12,2‰
- ▼ Rupia mauriciana
- ■ Inglês e francês crioulo
- **C** Port-Louis
- **S** 2 040 km² **IDH** 0,790 (65º)

MAURITÂNIA – MUR

p. 65
- **P** 4 400 000 hab.
- US$ 3 592
- ★ 54,4‰
- ▼ Ouguiya
- ■ Árabe, francês, uolofe e línguas regionais
- **C** Nouakchott
- **S** 1 030 700 km² **IDH** 0,520 (159º)

MÉXICO – MEX

p. 57
- **P** 129 200 000 hab.
- US$ 16 944
- ★ 12,6‰
- ▼ Peso mexicano
- ■ Espanhol e línguas indígenas
- **C** Cidade do México
- **S** 1 964 375 km² **IDH** 0,774 (74º)

MIANMAR – MIN

p. 93
- **P** 53 400 000 hab.
- US$ 5 567
- ★ 40,1‰
- ▼ Quiate
- ■ Birmanês
- **C** Naypyidaw
- **S** 676 577 km² **IDH** 0,578 (148º)

MOÇAMBIQUE – MOÇ

p. 67
- **P** 29 700 000 hab.
- US$ 1 093
- ★ 53,1‰
- ▼ Novo metical
- ■ Português e banto
- **C** Maputo
- **S** 799 380 km² **IDH** 0,437 (180º)

MOLDÁVIA – MOL

p. 83
- **P** 4 100 000 hab.
- US$ 5 554
- ★ 13,7‰
- ▼ Leu moldávio
- ■ Moldávio, ucraniano e russo
- **C** Chisinau
- **S** 34 483 km² **IDH** 0,700 (112º)

MÔNACO – MON

p. 75
- **P** 37 550 hab.
- US$ 165 871
- ★ 2,8‰
- ▼ Euro
- ■ Francês, monegasco e italiano
- **C** Mônaco
- **S** 2,02 km² **IDH** Não disponível

MONGÓLIA – MGL

p. 97
- **P** 3 100 000 hab.
- US$ 10 103
- ★ 15,4‰
- ▼ Tugrik
- ■ Mongol
- **C** Ulan Bator
- **S** 1 564 160 km² **IDH** 0,741 (92º)

MONTENEGRO – MTN

p. 77
- **P** 600 000 hab.
- US$ 16 779
- ★ 3,5‰
- ▼ Euro
- ■ Montenegrino, sérvio, bósnio e albanês
- **C** Podgorica
- **S** 13 812 km² **IDH** 0,814 (50º)

NAMÍBIA – NAM

p. 67
- **P** 2 500 000 hab.
- US$ 9 387
- ★ 32,3‰
- ▼ Dólar namibiano
- ■ Africâner, inglês, alemão e línguas regionais
- **C** Windhoek
- **S** 824 115 km² **IDH** 0,647 (129º)

NAURU – NAU

p. 101
- **P** 11 288 hab.
- US$ 18 573
- ★ 28,5‰
- ▼ Dólar australiano
- ■ Nauruano
- **C** Yaren
- **S** 21,2 km² **IDH** Não disponível

NEPAL – NEP

p. 93
- **P** 29 300 000 hab.
- US$ 2 471
- ★ 28,4‰
- ▼ Rupia nepalesa
- ■ Nepali e dialetos tibetanos
- **C** Katmandu
- **S** 147 181 km² **IDH** 0,574 (149º)

NICARÁGUA – NIC

p. 55
- **P** 6 200 000 hab.
- US$ 5 157
- ★ 16,8‰
- ▼ Córdoba ouro
- ■ Espanhol
- **C** Manágua
- **S** 130 373 km² **IDH** 0,658 (124º)

NÍGER – NIG

p. 65
- US$ 906
- ★ 50,9‰
- ▼ Franco CFA (Comunidade Financeira Africana)
- ■ Francês, hausa, djerma e idiomas locais
- **C** Niamei
- **S** 1 267 000 km²
- **P** 21 500 000 hab. **IDH** 0,354 (189º)

NIGÉRIA – NIA

p. 65
- **P** 190 900 000 hab.
- US$ 5 231
- ★ 66,9‰
- ▼ Naira
- ■ Inglês e dialetos sudaneses (hausa, ibo e ioruba)
- **C** Abuja
- **S** 923 769 km² **IDH** 0,532 (157º)

NORUEGA – NOR

p. 79
- **P** 5 300 000 hab.
- US$ 68 012
- ★ 2,1‰
- ▼ Coroa norueguesa
- ■ Norueguês e lapão
- **C** Oslo
- **S** 323 782 km² **IDH** 0,953 (1º)

NOVA ZELÂNDIA – NZL

p. 101
- **P** 4 700 000 hab.
- US$ 33 970
- ★ 4,5‰
- ▼ Dólar neozelandês
- ■ Inglês e maori
- **C** Wellington
- **S** 270 626 km² **IDH** 0,917 (16º)

OMÃ – OMA

p. 95
- **P** 4 600 000 hab.
- US$ 36 290
- ★ 9,2‰
- ▼ Rial Omani
- ■ Árabe
- **C** Mascate
- **S** 309 500 km² **IDH** 0,821 (48º)

PAÍSES BAIXOS – PBS

p. 75
- **P** 17 000 000 hab.
- US$ 47 900
- ★ 3,2‰
- ▼ Euro
- ■ Holandês
- **C** Amsterdã
- **S** 41 543 km² **IDH** 0,931 (10º)

PALAU – RPA

p. 101
- **P** 17 661 hab.
- US$ 12 831
- ★ 13,7‰
- ▼ Dólar americano
- ■ Palauense e inglês
- **C** Koror
- **S** 488 km² **IDH** 0,798 (60º)

PALESTINA – PAL

p. 95
- **P** 4 900 000 hab.
- US$ 5 055
- ★ 16,6‰
- ▼ Novo Shekel
- ■ Árabe, árabe palestino
- **C** Jerusalém
- **S** 6 200 km² **IDH** 0,686 (119º)

PANAMÁ – PAN

p. 55
- **P** 4 100 000 hab.
- US$ 19 178
- ★ 14,1‰
- ▼ Balboa
- ■ Espanhol
- **C** Panamá
- **S** 75 173 km² **IDH** 0,789 (66º)

PAPUA-NOVA GUINÉ – PNG

p. 101
- **P** 8 300 000 hab.
- US$ 3 403
- ★ 42,4‰
- ▼ Kina
- ■ Inglês, hiri motu e pidgin-english
- **C** Port Moresby
- **S** 462 840 km² **IDH** 0,544 (153º)

PAQUISTÃO – PAQ

p. 93
- **P** 197 000 000 hab.
- US$ 5 311
- ★ 64,2‰
- ▼ Rupia paquistanesa
- ■ Urdu
- **C** Islamabad
- **S** 796 096 km² **IDH** 0,562 (150º)

PARAGUAI – PAR

p. 53
- **P** 6 800 000 hab.
- US$ 8 380
- ★ 17‰
- ▼ Guarani
- ■ Guarani e espanhol
- **C** Assunção
- **S** 406 752 km² **IDH** 0,702 (110º)

© 2019, M. E. Simielli. Direitos autorais protegidos.

16 BANDEIRAS **PAÍSES DO MUNDO** Síntese geográfico-econômica

PERU – PER
p. 53
P 32 200 000 hab.
• US$ 11 789
★ 11,9‰
▼ Sol novo
■ Espanhol, aimará e quíchua
C Lima
S 1 285 216 km²
IDH 0,750 (89º)

POLÔNIA – POL
p. 79
P 38 200 000 hab.
• US$ 26 150
★ 4‰
▼ Zloty
■ Polonês, alemão e ucraniano
C Varsóvia
S 312 679 km²
IDH 0,865 (33º)

PORTUGAL – POR
p. 75
P 10 300 000 hab.
• US$ 27 315
★ 2,9‰
▼ Euro
■ Português
C Lisboa
S 92 094 km²
IDH 0,847 (41º)

QUÊNIA – QUE
p. 67
P 49 700 000 hab.
• US$ 2 961
★ 35,6‰
▼ Xelim queniano
■ Suaíle e inglês
C Nairóbi
S 582 646 km²
IDH 0,590 (142º)

QUIRGUÍZIA – QUR
p. 83
P 6 000 000 hab.
• US$ 3 255
★ 18,8‰
▼ Som
■ Quirguiz, russo e usbeque
C Bishkek
S 199 945 km²
IDH 0,672 (122º)

REINO UNIDO – RUN
p. 75
P 66 200 000 hab.
• US$ 39 116
★ 3,7‰
▼ Libra esterlina
■ Inglês
C Londres
S 242 513 km²
IDH 0,922 (14º)

REP. CENTRO-AFRICANA – RCA
p. 65
• US$ 663
★ 88,5‰
▼ Franco CFA (Comunidade Financeira Africana)
■ Francês, sango e dialetos sudaneses
C Banqui
S 622 436 km²
P 4 700 000 hab.
IDH 0,367 (188º)

REP. DA ÁFRICA DO SUL – RAS
p. 67
S 1 220 813 km²
P 56 700 000 hab.
• US$ 11 923
★ 34,2‰
▼ Rande
■ Africâner, inglês, sesotho, xitsonga e línguas regionais
C Tshwane (adm.) Bloemfontein (jud.) Cidade do Cabo (legislativa)
IDH 0,699 (113º)

REP. DEM. DO CONGO – RDC
p. 67
P 81 300 000 hab.
• US$ 796
★ 72‰
▼ Franco congolês
■ Francês, banto e dialetos sudaneses
C Kinshasa
S 2 344 858 km²
IDH 0,457 (176º)

REP. DOMINICANA – DOM
p. 55
P 10 800 000 hab.
• US$ 13 921
★ 25,5‰
▼ Peso dominicano
■ Espanhol
C São Domingo
S 48 671 km²
IDH 0,736 (94º)

REPÚBLICA TCHECA – TCH
p. 79
P 10 600 000 hab.
• US$ 30 588
★ 2,5‰
▼ Coroa tcheca
■ Tcheco
C Praga
S 78 865 km²
IDH 0,888 (27º)

ROMÊNIA – ROM
p. 77
P 19 700 000 hab.
• US$ 22 646
★ 7,7‰
▼ Novo leu romeno
■ Romeno
C Bucareste
S 238 391 km²
IDH 0,811 (52º)

RUANDA – RUA
p. 67
P 12 200 000 hab.
• US$ 1 811
★ 29,2‰
▼ Franco de Ruanda
■ Quiniaruanda, francês e inglês
C Kigali
S 26 338 km²
IDH 0,524 (158º)

RÚSSIA – RUS
p. 83
P 144 000 000 hab.
• US$ 24 233
★ 6,6‰
▼ Rublo russo
■ Russo
C Moscou
S 17 075 400 km²
IDH 0,816 (49º)

SAARA OCIDENTAL* – SOC
p. 65
P 499 287 hab.
• US$ 2 500
★ 29,3‰
▼ Dirham marroquino/ peseta saaraui
■ Árabe
C El Aaiún
S 252 120 km²
IDH Não disponível

SALOMÃO – SAO
p. 101
P 600 000 hab.
• US$ 1 872
★ 21,8‰
▼ Dólar das Ilhas Salomão
■ Inglês e pidgin-english
C Honiara
S 28 370 km²
IDH 0,546 (152º)

SAMOA OCIDENTAL – SMO
p. 101
P 200 000 hab.
• US$ 5 909
★ 14,8‰
▼ Tala
■ Samoano e inglês
C Ápia
S 2 785 km²
IDH 0,713 (104º)

SAN MARINO – SAN
p. 77
P 33 196 hab.
• US$ 46 447
★ 2,5‰
▼ Euro
■ Italiano
C San Marino
S 61,19 km²
IDH Não disponível

SANTA LÚCIA – STL
p. 55
P 200 000 hab.
• US$ 11 695
★ 11,8‰
▼ Dólar do Caribe Oriental
■ Inglês e dialeto crioulo
C Castries
S 617 km²
IDH 0,747 (90º)

SÃO CRISTÓVÃO E NÉVIS – SCN
p. 55
P 55 572 hab.
• US$ 23 978
★ 7,6‰
▼ Dólar do Caribe Oriental
■ Inglês e dialeto crioulo
C Basseterre
S 269,4 km²
IDH 0,778 (72º)

SÃO TOMÉ E PRÍNCIPE – STP
p. 67
P 200 000 hab.
• US$ 2 941
★ 26,2‰
▼ Dobra
■ Português e dialeto crioulo
C São Tomé
S 1 001 km²
IDH 0,589 (143º)

SÃO VICENTE E GRANADINAS – SVG
p. 55
P 100 000 hab.
• US$ 10 499
★ 15,2‰
▼ Dólar do Caribe Oriental
■ Inglês e dialeto crioulo
C Kingstown
S 389 km²
IDH 0,723 (99º)

SENEGAL – SEN
p. 65
• US$ 2 384
★ 33,6‰
▼ Franco CFA (Comunidade Financeira Africana)
■ Francês, uolofe e línguas sudanesas
C Dacar
S 196 722 km²
P 15 900 000 hab.
IDH 0,505 (164º)

SERRA LEOA – SEL
p. 65
P 7 600 000 hab.
• US$ 1 240
★ 83,3‰
▼ Leone
■ Inglês e krio
C Freetown
S 71 740 km²
IDH 0,419 (184º)

SÉRVIA – SER
p. 77
P 8 800 000 hab.
• US$ 13 019
★ 5,1‰
▼ Dinar sérvio
■ Sérvio
C Belgrado
S 77 474 km²
IDH 0,787 (67º)

SEYCHELLES – SEY
p. 67
P 94 677 hab.
• US$ 26 077
★ 12,3‰
▼ Rupia seichelense
■ Francês crioulo, francês e inglês
C Vitória
S 455 km²
IDH 0,797 (62º)

SÍRIA – SIR
p. 95
P 18 300 000 hab.
• US$ 2 337
★ 14,2‰
▼ Libra síria
■ Árabe e curdo
C Damasco
S 185 180 km²
IDH 0,536 (155º)

SOMÁLIA – SOM
p. 65
P 14 700 000 hab.
• US$ 145
★ 82,6‰
▼ Xelim somaliano
■ Árabe e somali
C Mogadíscio
S 637 657 km²
IDH Não disponível

SRI LANKA – SRI
p. 93
P 20 900 000 hab.
• US$ 11 326
★ 8‰
▼ Rupia cingalesa
■ Cingalês e tâmil
C Colombo
S 65 610 km²
IDH 0,770 (76º)

SUDÃO – SUD
p. 65
P 40 500 000 hab.
• US$ 4 119
★ 44,8‰
▼ Libra sudanesa
■ Árabe
C Cartum
S 1 861 481 km²
IDH 0,502 (167º)

SUDÃO DO SUL – SDS
p. 65
P 12 600 000 hab.
• US$ 963
★ 59,2‰
▼ Libra do Sudão do Sul
■ Inglês, árabe e idiomas locais
C Juba
S 644 329 km²
IDH 0,388 (187º)

SUÉCIA – SUE
p. 79
P 9 900 000 hab.
• US$ 47 766
★ 2,4‰
▼ Coroa sueca
■ Sueco
C Estocolmo
S 450 295 km²
IDH 0,933 (7º)

SUÍÇA – SUI
p. 79
P 8 500 000 hab.
• US$ 57 625
★ 3,6‰
▼ Franco suíço
■ Alemão, francês, italiano e romanche
C Berna
S 41 285 km²
IDH 0,944 (2º)

SURINAME – SUR
p. 53
P 600 000 hab.
• US$ 13 306
★ 17,8‰
▼ Dólar do Suriname
■ Holandês e dialeto crioulo
C Paramaribo
S 163 820 km²
IDH 0,720 (100º)

TAILÂNDIA – TAI
p. 91
P 69 000 000 hab.
• US$ 15 516
★ 10,5‰
▼ Baht
■ Thai
C Bangcoc
S 520 626 km²
IDH 0,755 (83º)

TAIWAN – TAW
p. 97
P 23 539 816 hab.
• US$ 22 453
★ 4,5‰
▼ Novo dólar do Taiwan
■ Chinês (mandarim)
C Taipé
S 36 191 km²
IDH Não disponível

* NOTA: Marrocos e Frente Polisário realizam rodadas infrutíferas sobre a autonomia da região. Há a presença da Força de Paz da ONU.

Síntese geográfico-econômica — BANDEIRAS — **PAÍSES DO MUNDO** — 17

TAJIQUISTÃO – TAJ

p. 83
- **P** 8 900 000 hab.
- US$ 3 317
- ★ 37,1‰
- ▼ Somoni
- ■ Tajique, usbeque e russo
- **C** Dusambe
- **S** 143 100 km²
- **IDH** 0,650 (127º)

TONGA – TON

p. 101
- **P** 100 000 hab.
- US$ 5 547
- ★ 14,1‰
- ▼ Paanga
- ■ Tonganês e inglês
- **C** Nuku Alofa
- **S** 748 km²
- **IDH** 0,726 (98º)

TURQUIA – TUQ

p. 95
- **P** 80 700 000 hab.
- US$ 24 804
- ★ 10,9‰
- ▼ Nova lira turca
- ■ Turco, curdo e árabe
- **C** Ancara
- **S** 785 347 km²
- **IDH** 0,791 (64º)

URUGUAI – URU

p. 53
- **P** 3 500 000 hab.
- US$ 19 930
- ★ 7,9‰
- ▼ Peso uruguaio
- ■ Espanhol
- **C** Montevidéu
- **S** 176 215 km²
- **IDH** 0,804 (55º)

VENEZUELA – VEN

p. 53
- **P** 32 000 000 hab.
- US$ 10 672
- ★ 14‰
- ▼ Bolívar forte
- ■ Espanhol
- **C** Caracas
- **S** 916 445 km²
- **IDH** 0,761 (78º)

TANZÂNIA – TAN

p. 67
- **P** 57 300 000 hab.
- US$ 2 655
- ★ 40,3‰
- ▼ Xelim tanzaniano
- ■ Inglês e suaíli
- **C** Dodoma
- **S** 945 090 km²
- **IDH** 0,538 (154º)

TRINIDAD E TOBAGO – TOB

p. 55
- **P** 1 400 000 hab.
- US$ 28 622
- ★ 16,5‰
- ▼ Dólar de Trinidad e Tobago
- ■ Inglês
- **C** Port of Spain
- **S** 5 128 km²
- **IDH** 0,784 (69º)

TUVALU – TUV

p. 101
- **P** 9 916 hab.
- US$ 5 888
- ★ 21,4‰
- ▼ Dólar de Tuvalu
- ■ Inglês e tuvaluano
- **C** Vaiaku
- **S** 25,63 km²
- **IDH** Não disponível

USBEQUISTÃO – USB

p. 83
- **P** 31 900 000 hab.
- US$ 6 470
- ★ 21,4‰
- ▼ Sum
- ■ Usbeque, casaque e russo
- **C** Taskent
- **S** 447 400 km²
- **IDH** 0,710 (105º)

VIETNÃ – VTN

p. 91
- **P** 95 500 000 hab.
- US$ 5 859
- ★ 17,3‰
- ▼ Dong
- ■ Vietnamita
- **C** Hanói
- **S** 331 051 km²
- **IDH** 0,694 (116º)

TIMOR-LESTE – TIL

p. 91
- **P** 1 300 000 hab.
- US$ 6 846
- ★ 42,4‰
- ▼ Dólar americano
- ■ Português e tétum
- **C** Díli
- **S** 14 919 km²
- **IDH** 0,625 (132º)

TUNÍSIA – TUN

p. 65
- **P** 11 500 000 hab.
- US$ 10 275
- ★ 11,7‰
- ▼ Dinar tunisiano
- ■ Árabe e francês
- **C** Túnis
- **S** 163 610 km²
- **IDH** 0,735 (95º)

UCRÂNIA – UCR

p. 83
- **P** 44 200 000 hab.
- US$ 8 130
- ★ 7,8‰
- ▼ Hryvnia
- ■ Ucraniano e russo
- **C** Kiev
- **S** 603 500 km²
- **IDH** 0,751 (87º)

VANUATU – VAN

p. 101
- **P** 300 000 hab.
- US$ 2 995
- ★ 23,1‰
- ▼ Vatu
- ■ Bislama, francês e inglês
- **C** Port Vila
- **S** 12 281 km²
- **IDH** 0,603 (138º)

ZÂMBIA – ZAM

p. 67
- **P** 17 100 000 hab.
- US$ 3 557
- ★ 43,8‰
- ▼ Quacha zambiana
- ■ Inglês
- **C** Lusaka
- **S** 752 612 km²
- **IDH** 0,588 (144º)

TOGO – TOG

p. 65
- **P** 7 800 000 hab.
- US$ 1 453
- ★ 50,7‰
- ▼ Franco CFA (Comunidade Financeira Africana)
- ■ Francês e dialetos africanos
- **C** Lomé
- **S** 56 600 km²
- **IDH** 0,503 (165º)

TURCOMENISTÃO – TUT

p. 83
- **P** 5 800 000 hab.
- US$ 15 594
- ★ 43,4‰
- ▼ Novo manat
- ■ Turcomano, usbeque e russo
- **C** Ashabad
- **S** 488 100 km²
- **IDH** 0,706 (108º)

UGANDA – UGA

p. 67
- **P** 42 900 000 hab.
- US$ 1 658
- ★ 37,7‰
- ▼ Xelim ugandense
- ■ Inglês e suaíli
- **C** Kampala
- **S** 241 551 km²
- **IDH** 0,516 (162º)

VATICANO – VAT

p. 77
- **P** 572 hab.
- Não disponível
- ★ Não disponível
- ▼ Euro
- ■ Italiano e latim
- **C** Vaticano
- **S** 0,44 km²
- **IDH** Não disponível

ZIMBÁBUE – ZIM

p. 67
- **P** 16 500 000 hab.
- US$ 1 683
- ★ 40‰
- ▼ Dólar americano
- ■ Inglês e banto
- **C** Harare
- **S** 390 757 km²
- **IDH** 0,535 (156º)

PRINCIPAIS POSSESSÕES

PAÍS	OCEANO ATLÂNTICO	OCEANO PACÍFICO	OCEANO ÍNDICO	OUTROS LUGARES
AUSTRÁLIA		I. Norfolk; e I. do Mar de Coral	Is. Ashmore e Cartier; I. Cocos; I. Christmas; e I. Heard	I. Macquarie, no oceano glacial Antártico
DINAMARCA	I. Groenlândia; e I. Faroe			
ESPANHA	Is. Canárias[1]			Cidades de Ceuta e Melilla, na África
ESTADOS UNIDOS	Porto Rico[2]; e Is. Virgens Americanas	Is. Guam; I. Samoa Americana; Is. Marianas do Norte[2]; I. Wake, I. Howland, I. Baker, I. Jarvis; I. Midway; atol Johnston; atol Kingman; e atol Palmyra		Base Naval de Guantánamo, em Cuba
FRANÇA	I. Guadalupe; I. Martinica; I. Saint-Barthélemy; I. Saint-Martin; e Is. Saint-Pierre e Miquelon	Polinésia Francesa (Is. Bora Bora, Tahiti, Mururoa, Gambier, Marquises, Tuamotu); Is. Nova Caledônia; e Is. Wallis e Futuna	Is. Reunião; e I. Mayotte	Guiana Francesa, na América do Sul; Is. Crozet; e I. Kerguelas, no oceano glacial Antártico
NORUEGA				Is. Jan Mayen; e Is. Spitsbergen (Svalbard), no oceano glacial Ártico; I. Bouvet; I. Pietro; e I. Terra da Rainha Maud, no oceano glacial Antártico
NOVA ZELÂNDIA		Is. Cook; I. Tokelau; I. Niue; e I. Kermadec		
PAÍSES BAIXOS	Is. Bonaire; I. Curaçao; I. Aruba; e I. Saint-Martin			
PORTUGAL	Arquipélago dos Açores[3]; e I. da Madeira[3]			
REINO UNIDO	Is. Falkland; I. Geórgia do Sul; I. Sandwich do Sul; I. Santa Helena; I. Ascensão; Is. Tristão da Cunha; I. Gough; I. Anguilla; Is. Bermudas; I. Cayman; Is. Turks e Caicos; Is. do Canal (Jersey e Guernsey); Is. Virgens Britânicas; e I. Montserrat	Is. Pitcairn	Arquipélago Chagos (I. Diego Garcia)	Território de Gibraltar, na Espanha

[1] Comunidade autônoma. [2] Porto Rico (Estado livre associado) e Marianas do Norte têm autonomia interna e status de estados da Federação, mas não têm representação no Congresso norte-americano. [3] Região autônoma.
FONTE: De Agostini, Calendario Atlante De Agostini 2018.

© 2019, M. E. Simielli. Direitos autorais protegidos.

PLANISFÉRIO
IMAGEM DE SATÉLITE

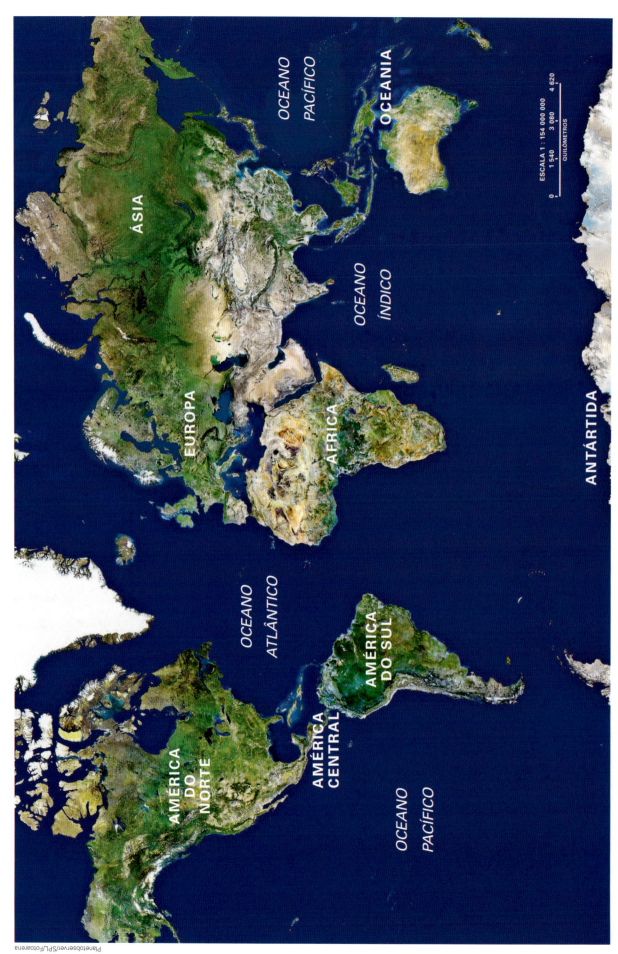

Imagem diurna da Terra. Esta imagem é na realidade um mosaico resultante de várias imagens parciais. Ela mostra a complexidade das diferentes paisagens do nosso planeta. Nela podemos visualizar, entre outros elementos, vegetações, águas e desertos. As cores que vemos nas imagens de satélites não são, necessariamente, as mesmas que enxergamos nas paisagens reais, pois as imagens são obtidas pela captação e pelo registro da energia refletida ou emitida pela superfície terrestre. As imagens de satélites não são como a imagem de uma simples fotografia.

W.t. Sullivan Iii/SPL/Fotoarena

SÃO FRANCISCO · NOVA YORK · PARIS · CAIRO · DÉLHI · PEQUIM · TÓQUIO · RIO DE JANEIRO · SÃO PAULO · CIDADE DO CABO · CAMBERRA

ESCALA 1 : 154 000 000

0 — 1 540 — 3 080 — 4 620
QUILÔMETROS

Imagem noturna da Terra. Nesta imagem, o amarelo destaca os assentamentos humanos, evidenciando as áreas mais povoadas ou mais desenvolvidas do nosso planeta. Essas áreas são as mais urbanizadas, mas não necessariamente as mais populosas. O vermelho representa a labareda dos poços de petróleo e gás natural; o rosa-claro, as áreas com queimadas. Esta imagem é um mosaico resultante de várias imagens parciais.

PLANISFÉRIO POLÍTICO

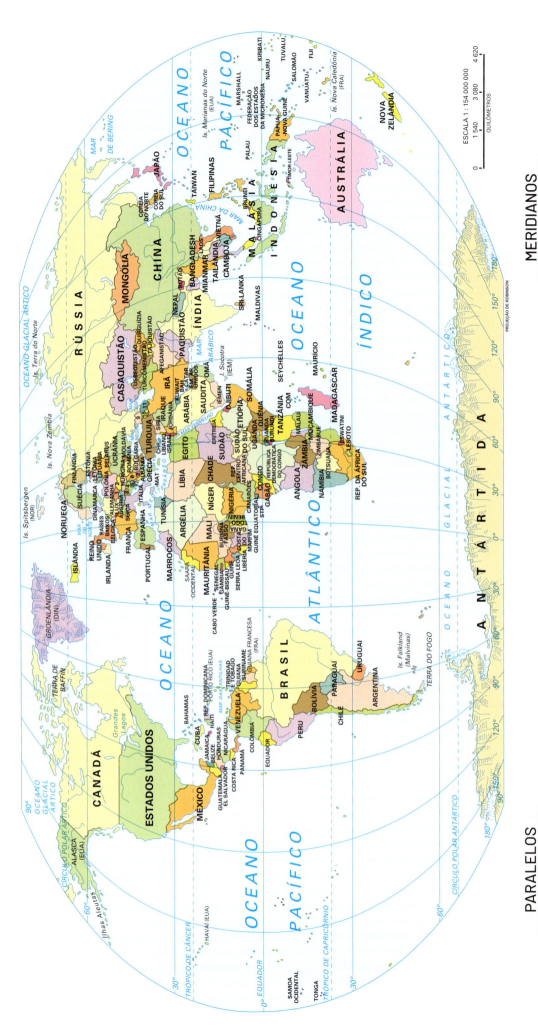

ESCALA 1 : 154 000 000

| 0 | 1 540 | 3 080 | 4 620 |

QUILÔMETROS

PROJEÇÃO DE ROBINSON

LEGENDA

1. REPÚBLICA TCHECA
2. ESLOVÁQUIA
3. ESLOVÊNIA
4. CROÁCIA
5. BÓSNIA-HERZEGOVINA
6. SÉRVIA
7. MONTENEGRO
8. MACEDÔNIA DO NORTE
9. GEÓRGIA
10. ARMÊNIA
11. AZERBAIJÃO

MERIDIANOS

HEMISFÉRIO OCIDENTAL — HEMISFÉRIO ORIENTAL
MERIDIANO DE GREENWICH

PARALELOS

HEMISFÉRIO NORTE
HEMISFÉRIO SUL
EQUADOR

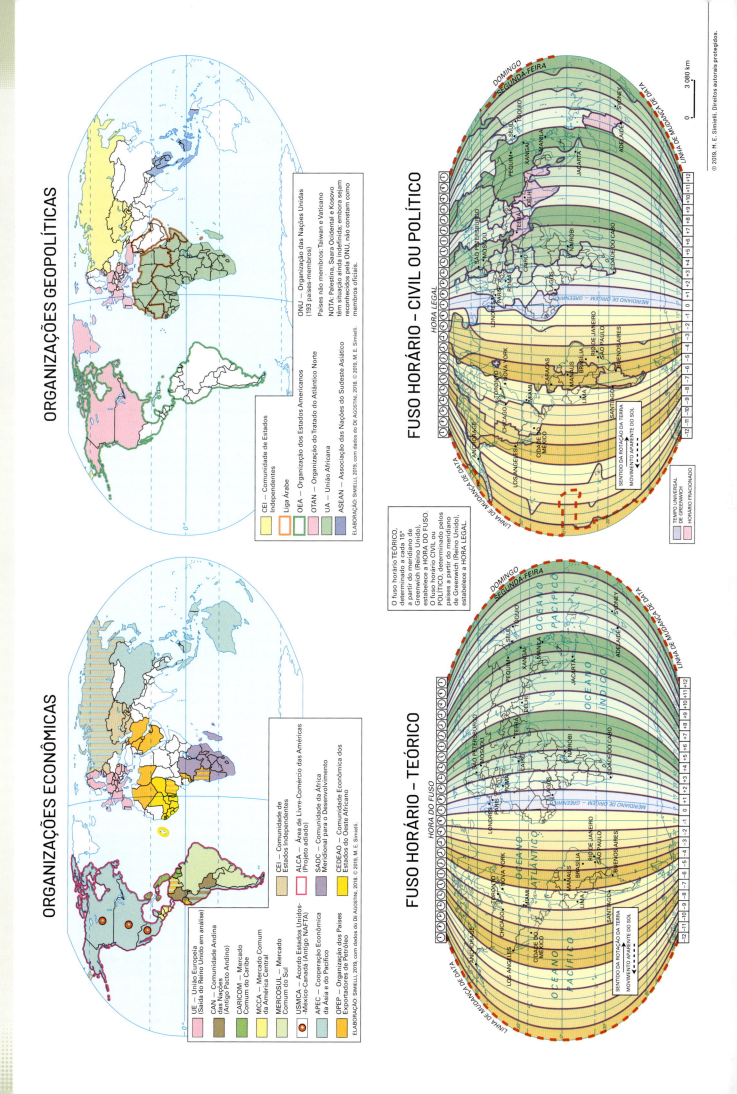

PLANISFÉRIO FÍSICO

22

OCEANO GLACIAL ÁRTICO

OCEANO PACÍFICO

OCEANO ATLÂNTICO

OCEANO PACÍFICO

OCEANO ATLÂNTICO

OCEANO ÍNDICO

OCEANO GLACIAL ANTÁRTICO

ANTÁRTIDA

MAR DE BERING
I. Hokkaido
I. Formosa
MAR DA CHINA
Mindanao
I. Bornéo
I. Java
I. Sumatra
Nova Guiné
Est. de Torres
CORDILHEIRA AUSTRALIANA
MTE. KOSCIUSKO 2 228 m
Tasmânia
Nova Zelândia

M. KOLYMA
MTE. VERKHOIANSK
MTES. STANOVOI
Amur
HIMALAIA
MTE. EVEREST 8 848 m
ALTAI
PAMIR
Balcas
Ienissei
Ob
L. Aral
Golfo de Bengala
MAR ARÁBICO
Golfo de Aden
I. de Madagáscar
Canal de Moçambique
MTE. KILIMANJARO 5 895 m
DRAKENSBERG
Orange
Congo
Guiné
Golfo da Guiné
Niger
MTE. TIBESTI
SAARA
Nilo
MAR VERMELHO
MAR NEGRO
CÁUCASO
MAR CÁSPIO
Volga
MONTES URAIS
Is. Nova Zembla
Is. Terra do Norte

MONTES URAIS
MAR MEDITERRÂNEO
MAR BÁLTICO
ALPES
CÁRPATOS
BALCÃS
ATLAS
MTE. BRANCO 4 810 m
ESCANDINAVOS
ALPES
Ilhas Britânicas
MAR DO NORTE

MTE. GUNNBJORN 3 780 m
Groenlândia
Islândia
Baía de Baffin
TERRA DE BAFFIN
Baía de Hudson
Grandes Lagos
Mississípi
APALACHES
MTE. McKINLEY 6 187 m
Ilhas Aleutas
Is. Havaí
Estr. de Bering

MONTANHAS ROCHOSAS
MTE. WHITNEY 4 418 m
Golfo do México
Grandes Antilhas
MAR DAS ANTILHAS
CORDILHEIRA DOS ANDES
MTE. ACONCÁGUA 6 960 m
P. CHIMBORAZO 6 310 m
Amazonas
S. Francisco
Paraná
Paraguai
MTE. PICO DA NEBLINA 2 993 m
Is. Falkland (Malvinas)
TERRA DO FOGO
Estr. de Magalhães
Estr. de Drake
MAR DE WEDDELL
MTE. VINSON 5 140 m
TERRA DE VITÓRIA

OCEANO GLACIAL ÁRTICO

TRÓPICO DE CÂNCER
EQUADOR
TRÓPICO DE CAPRICÓRNIO
CÍRCULO POLAR ANTÁRTICO

PROJEÇÃO DE ROBINSON

ESCALA 1 : 154 000 000

0	1 540	3 080	4 620

QUILÔMETROS

LEGENDA

ALTITUDES (Em metros)   ▲ PICOS

- 2 000
- 500
- 200
- 0

ELABORAÇÃO. SIMIELLI, 1987/2009.
Generalização cartográfica das curvas de nível
com base em *Atlas Mirador Internacional*, 1975,
e *World Atlas Philip's*, 1996.
© 2019, M. E. Simielli.

Escala Richter

Mede a intensidade dos tremores de terra.

A ilustração apresenta a magnitude desses
tremores e os efeitos prováveis para a população.

Graus

Menos de 3
Geralmente não é sentido, apenas
registrado em sismógrafos.

De 3 a 5,4
É percebido, mas causa
poucos danos.

De 5,5 a 6,0
Danifica edifícios.

De 6,1 a 6,9
Muito perigoso para
áreas populosas.

De 7,0 a 7,9
Pode causar grande
destruição.

Acima de 8,0
Causa grande
devastação.

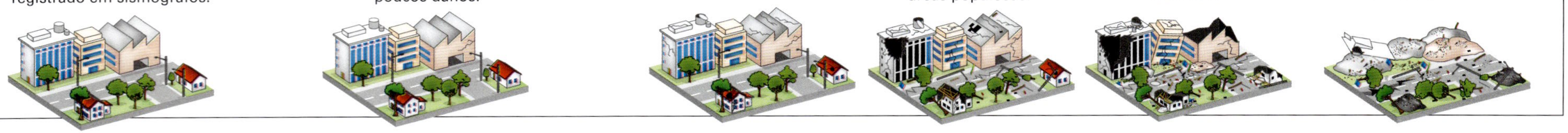

3   4   5   6   7   8

© 2019, M. E. Simielli. Direitos autorais protegidos.

PLANISFÉRIOS GEOLOGIA

ZONAS SÍSMICAS E VULCÕES

PLACAS TECTÔNICAS

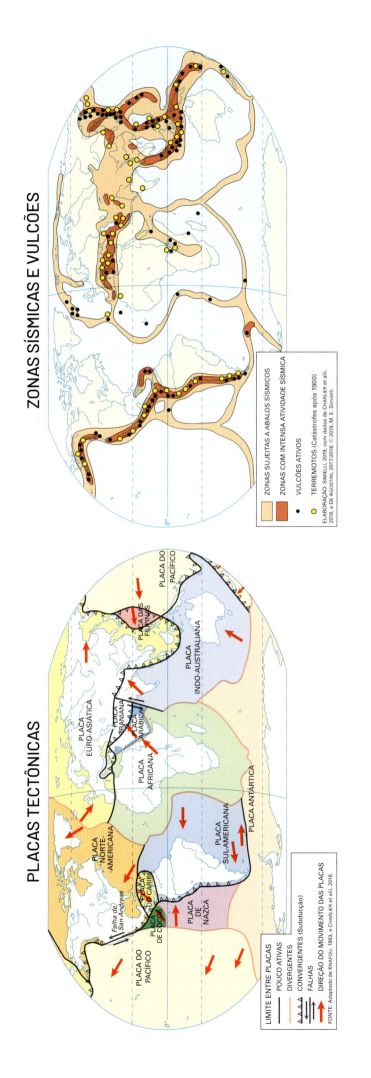

RELEVO SUBMARINO

ESTRUTURA GEOLÓGICA

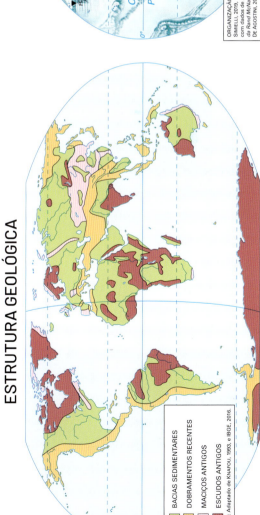

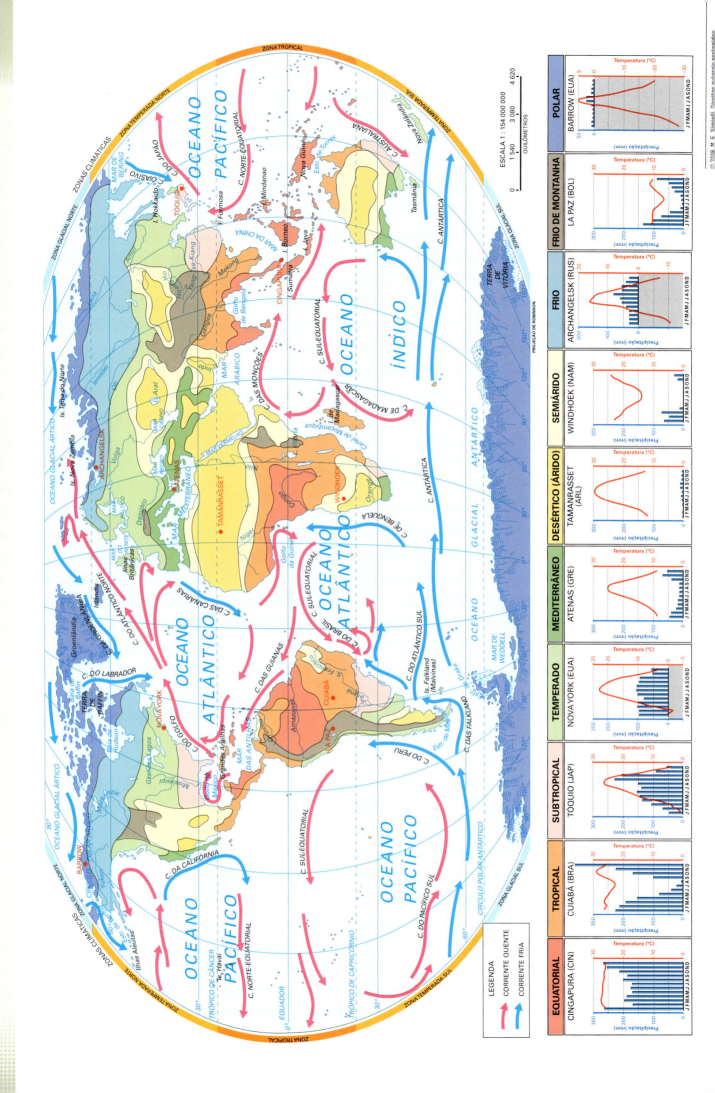

PLANISFÉRIOS DINÂMICA CLIMÁTICA

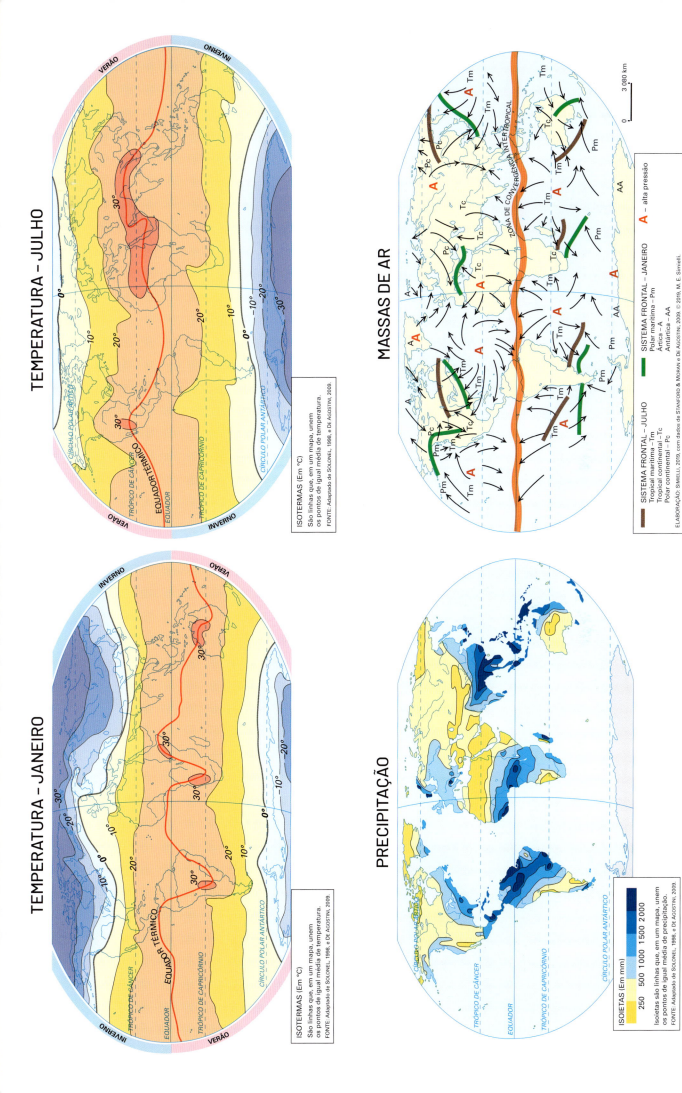

PLANISFÉRIO VEGETAÇÃO

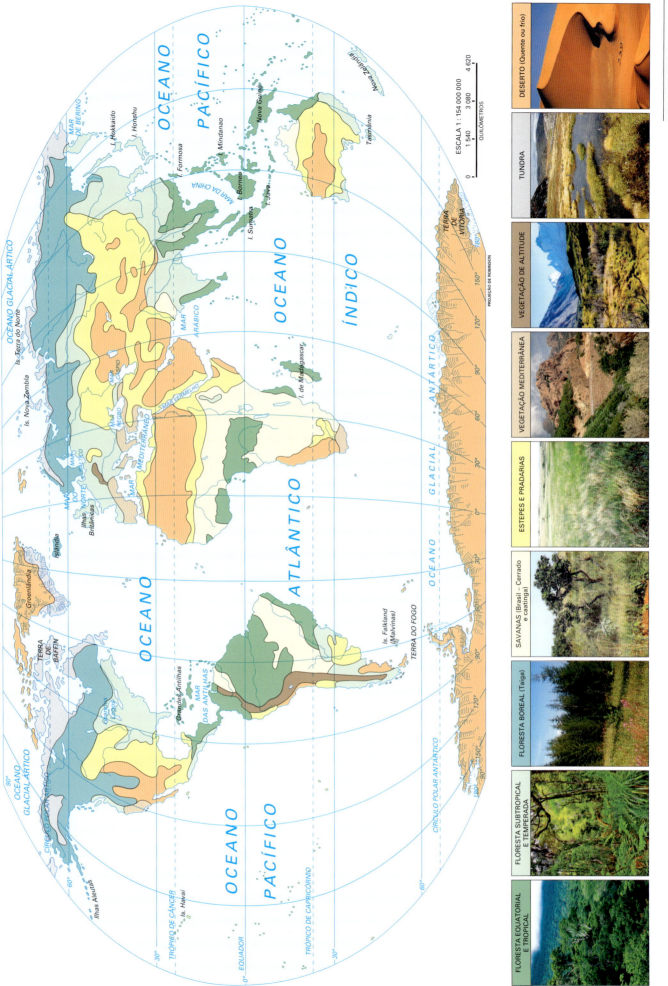

PLANISFÉRIOS RECURSOS E AMEAÇAS

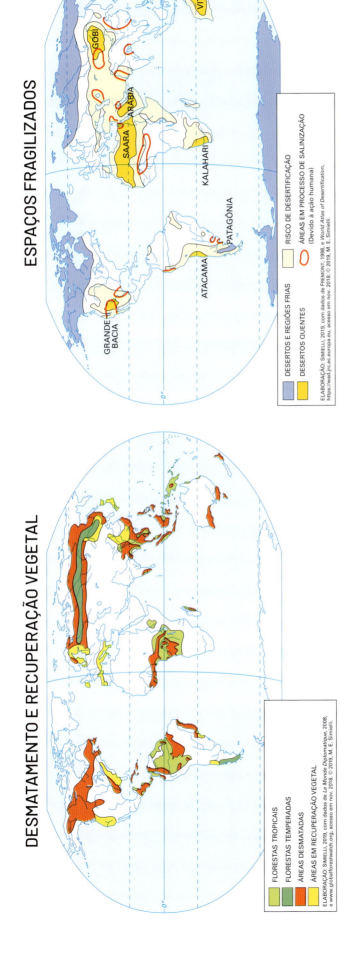
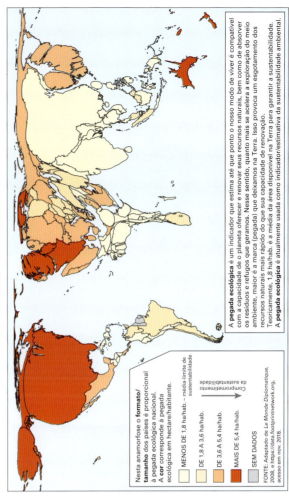

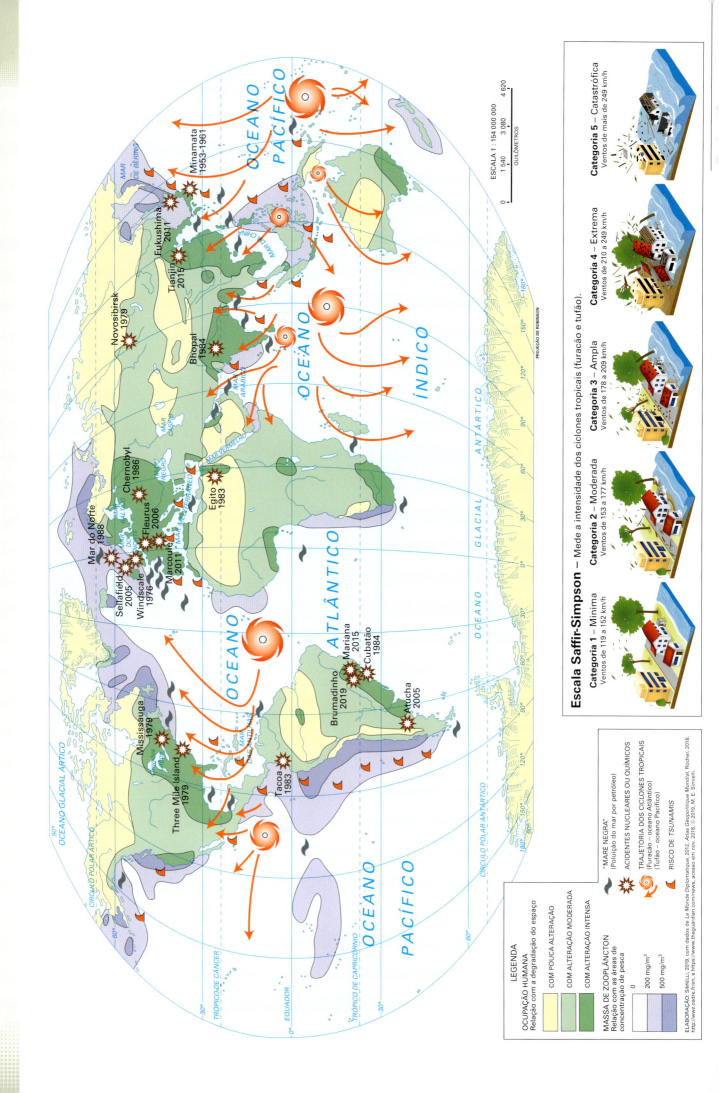

PLANISFÉRIOS PROBLEMAS AMBIENTAIS

ACORDO DE PARIS

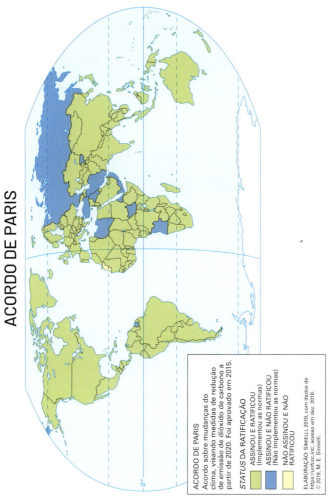

POLUIÇÃO DAS ÁGUAS

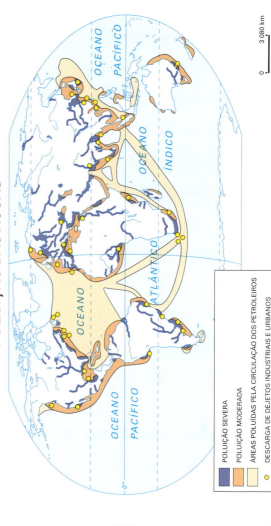

AQUECIMENTO GLOBAL E CHUVA ÁCIDA

PESCA E CAÇA MARÍTIMA

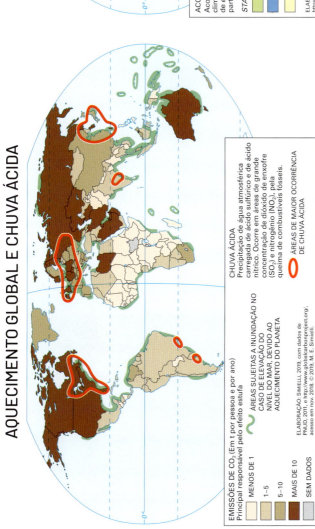

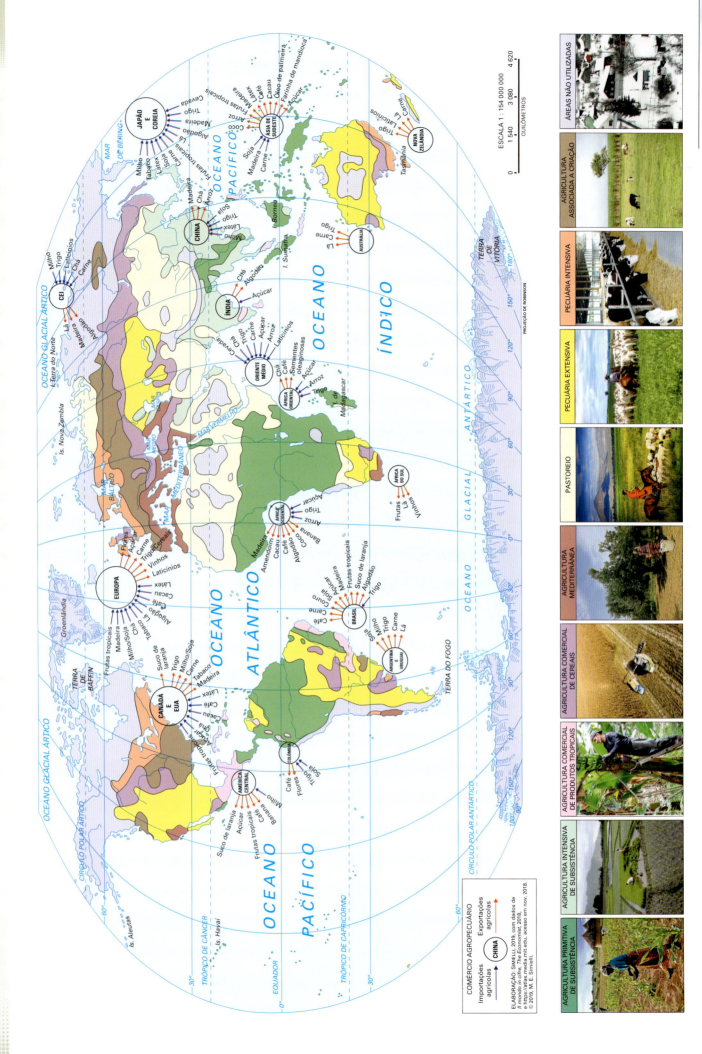

PLANISFÉRIOS INDICADORES ECONÔMICOS

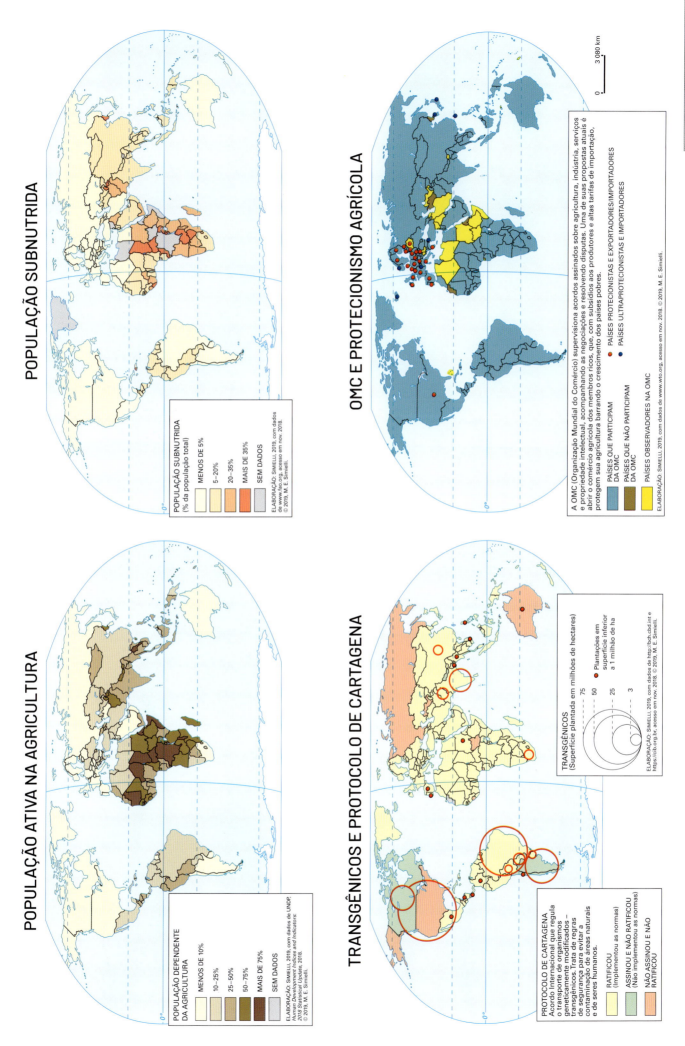

PLANISFÉRIO COMÉRCIO GLOBAL E REGIONAL

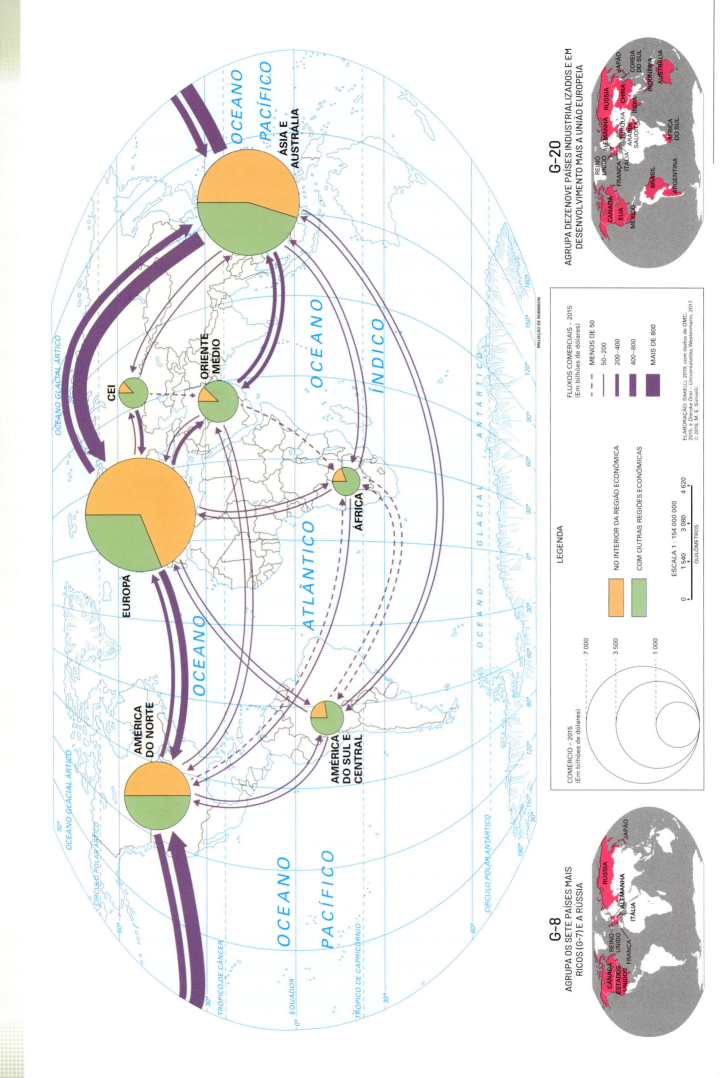

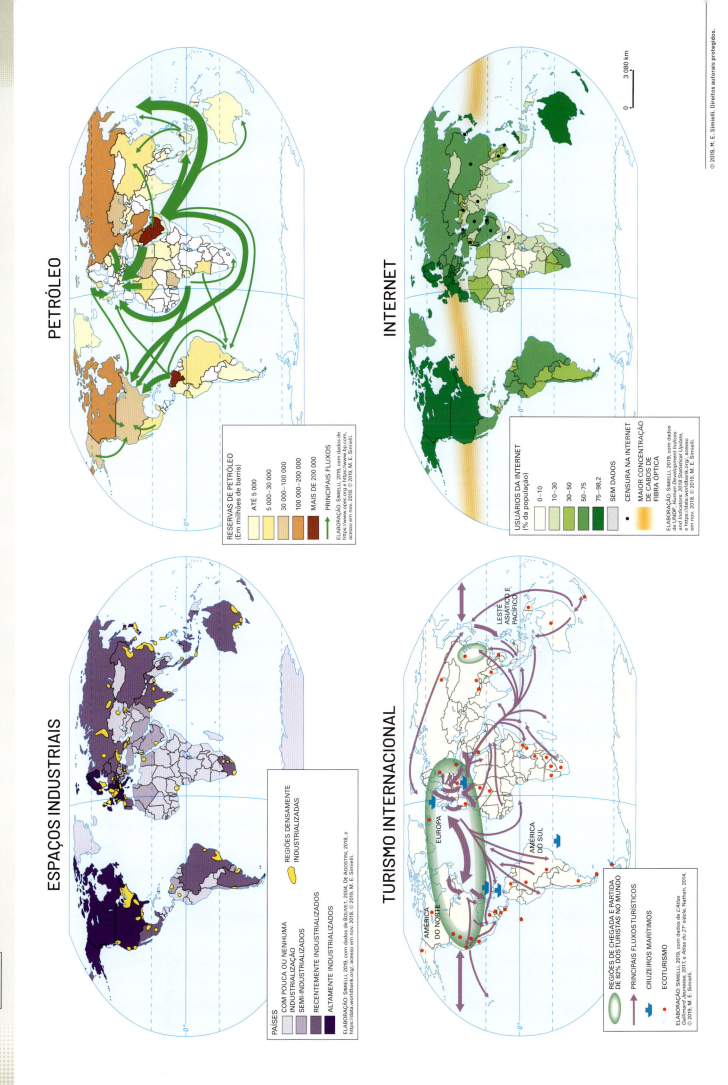

PLANISFÉRIO POPULAÇÃO

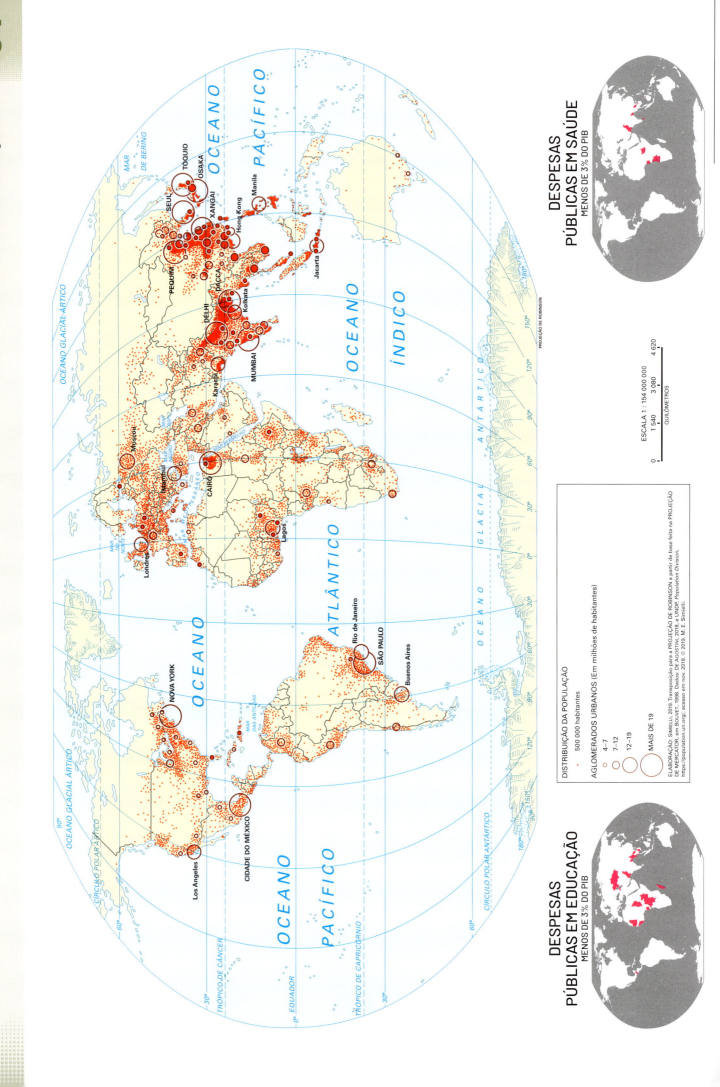

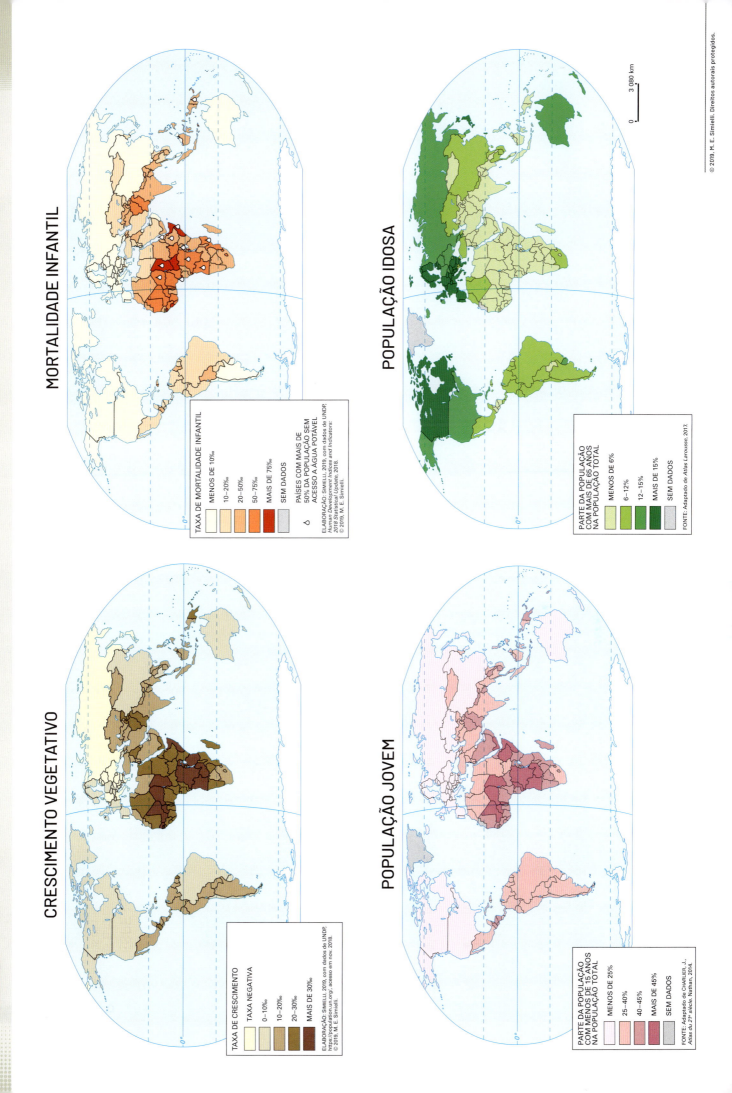

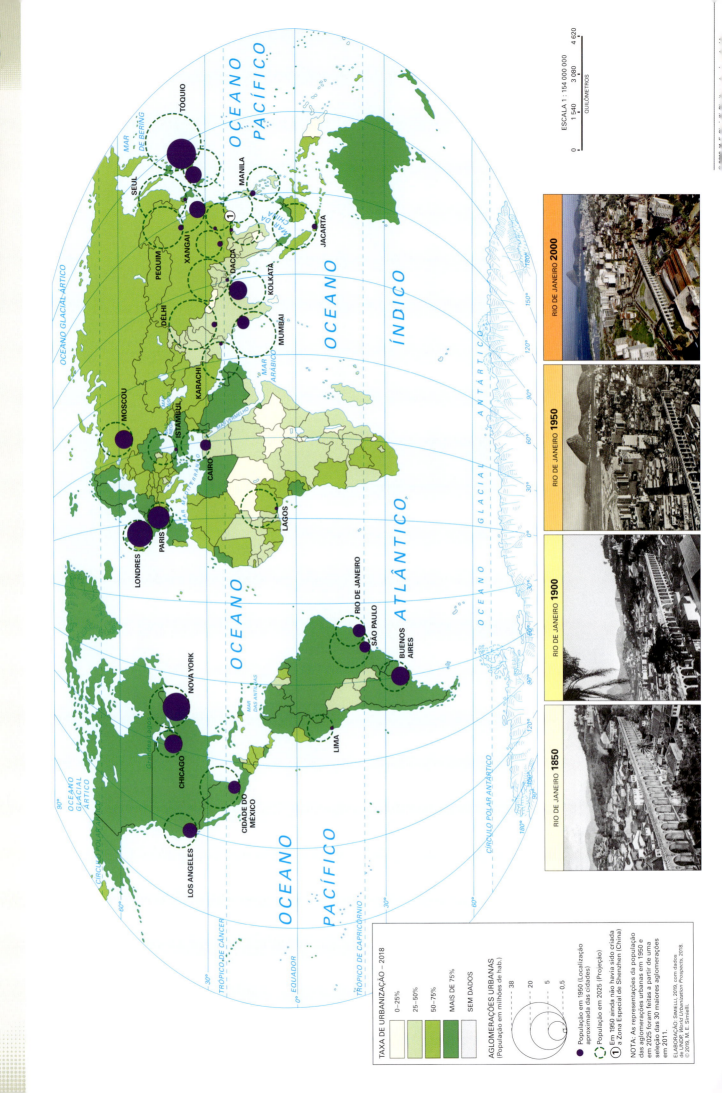

PLANISFÉRIOS AGLOMERAÇÕES URBANAS

MAIORES AGLOMERAÇÕES EM 1850

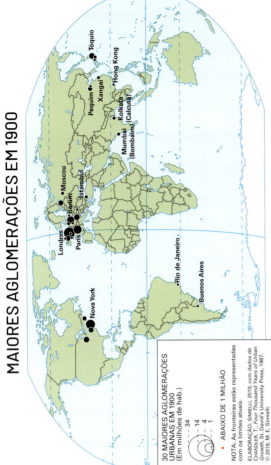

MAIORES AGLOMERAÇÕES EM 1900

MAIORES AGLOMERAÇÕES EM 1950

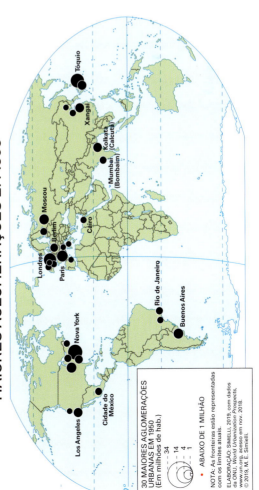

MAIORES AGLOMERAÇÕES EM 2000

PLANISFÉRIO MIGRAÇÕES

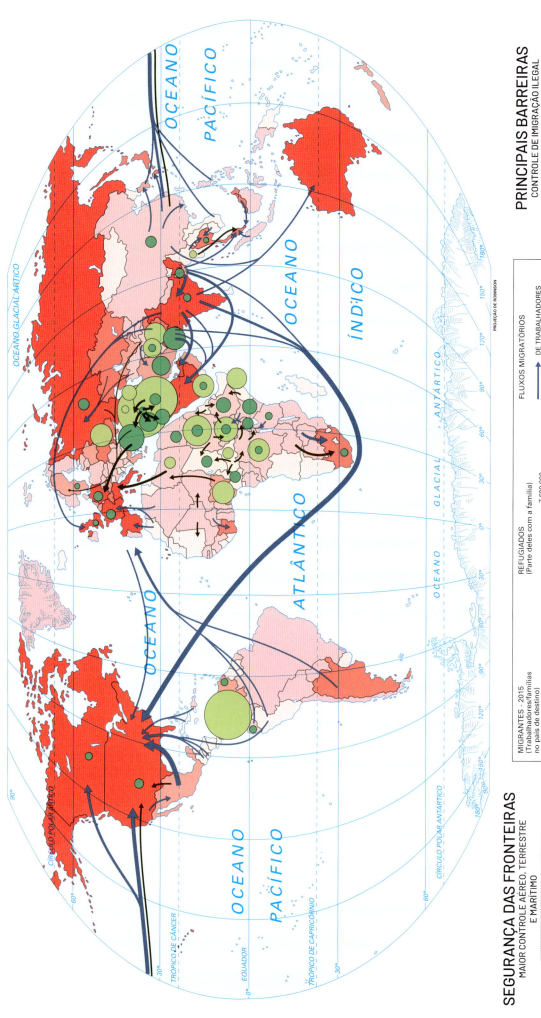

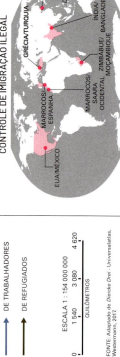

PRINCIPAIS BARREIRAS
CONTROLE DE IMIGRAÇÃO ILEGAL

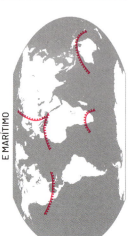

SEGURANÇA DAS FRONTEIRAS
MAIOR CONTROLE AÉREO, TERRESTRE E MARÍTIMO

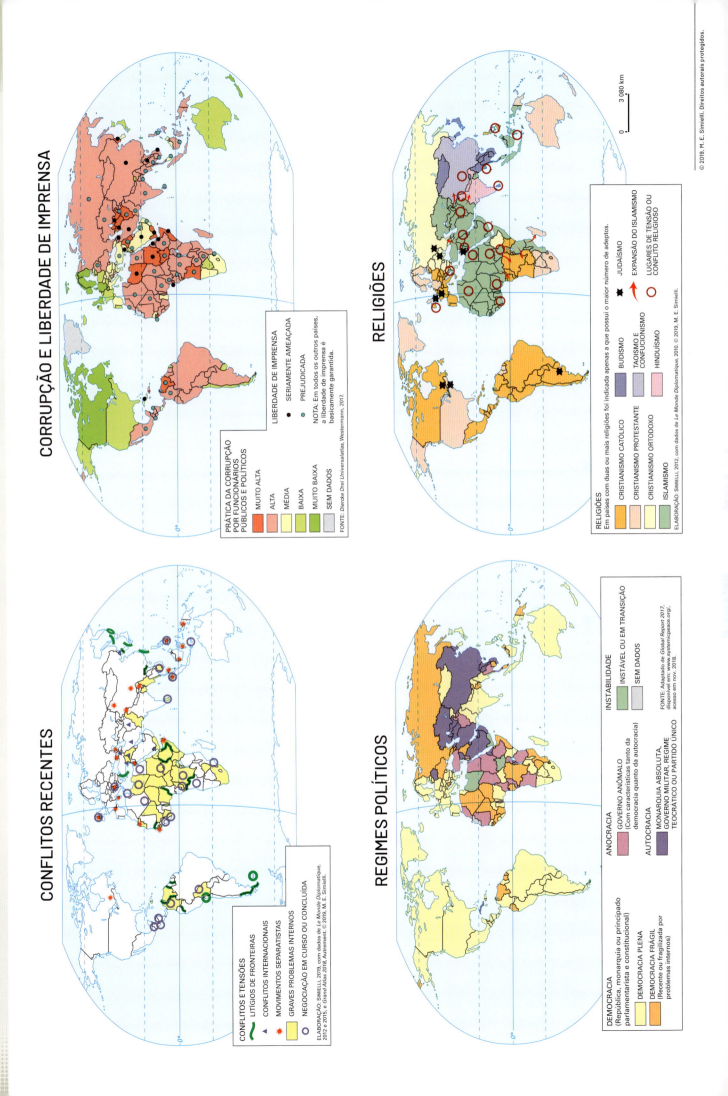

PLANISFÉRIO ÍNDICE DE DESIGUALDADE DE GÊNERO (IDG)

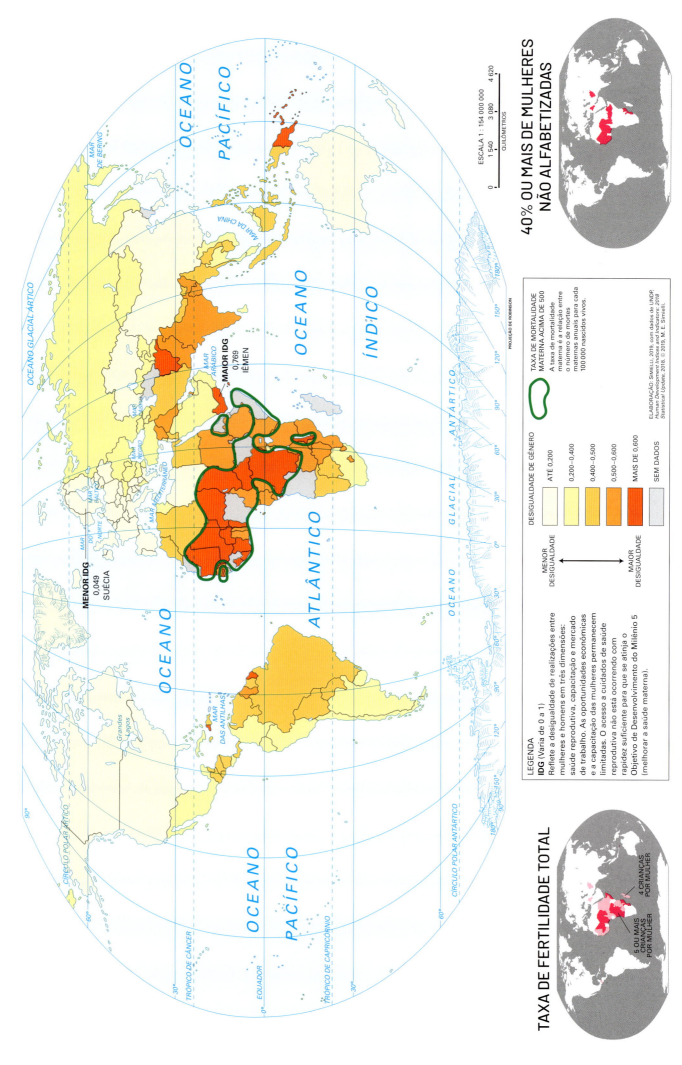

PLANISFÉRIOS INDICADORES DE DESIGUALDADE DE GÊNERO

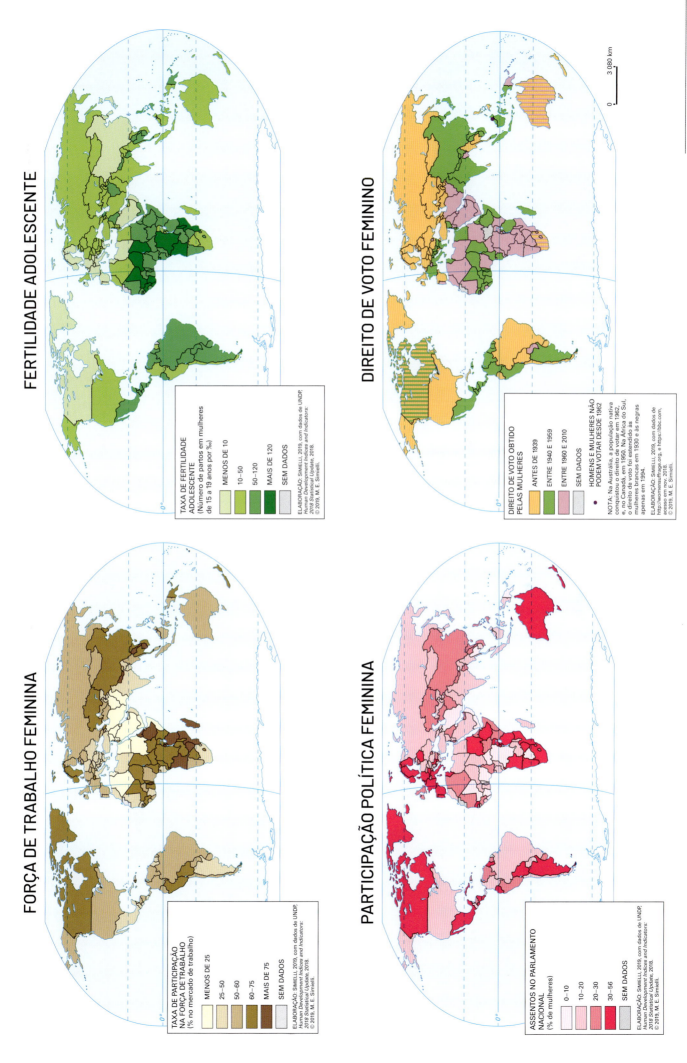

PLANISFÉRIO ÍNDICE DE DESENVOLVIMENTO HUMANO (IDH)

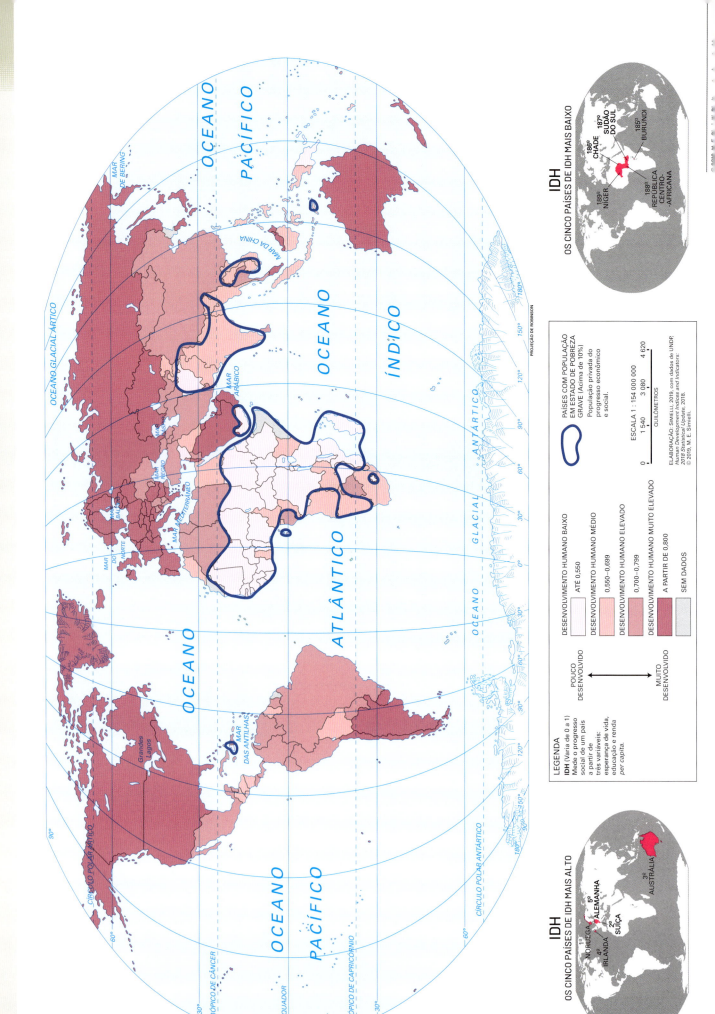

PLANISFÉRIOS INDICADORES BÁSICOS DO DESENVOLVIMENTO HUMANO

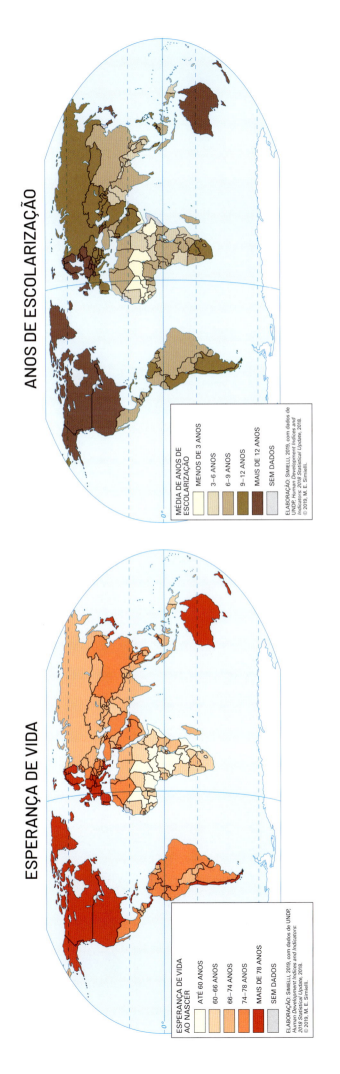
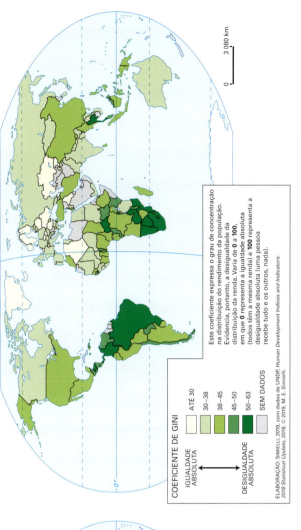

44 PLANISFÉRIOS **ANAMORFOSES**

POPULAÇÃO

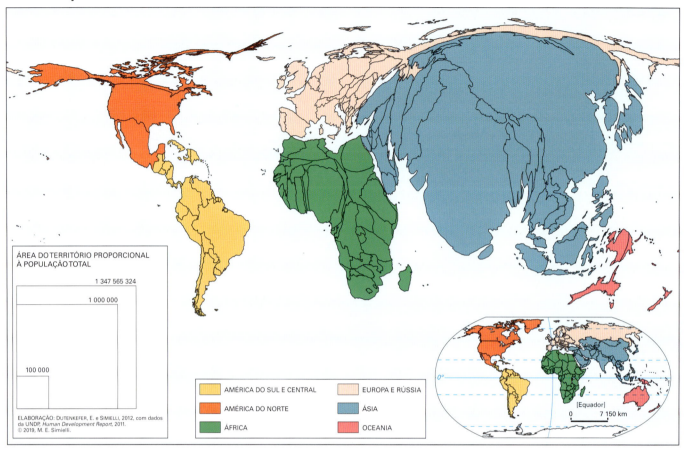

PRODUTO INTERNO BRUTO (PIB)

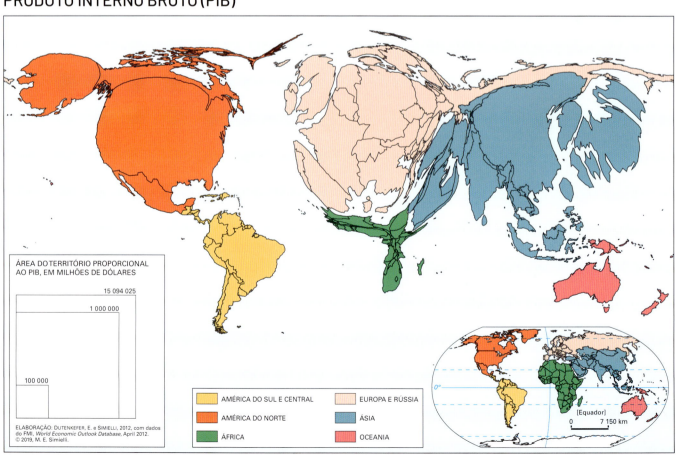

PLANISFÉRIOS ANAMORFOSES

EXPORTADORES DE ARMAS

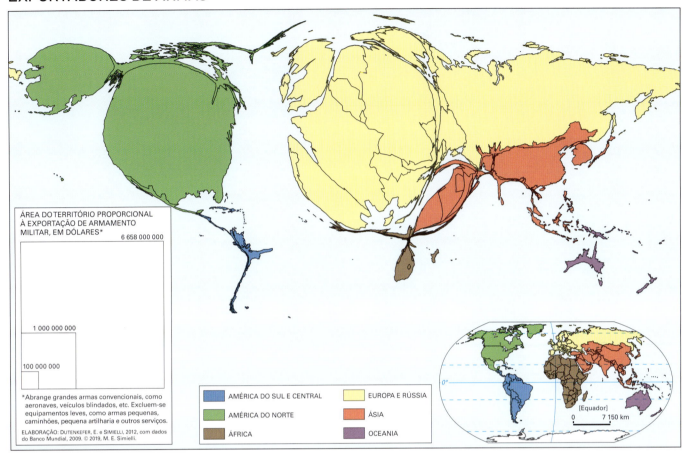

IMPORTADORES DE ARMAS

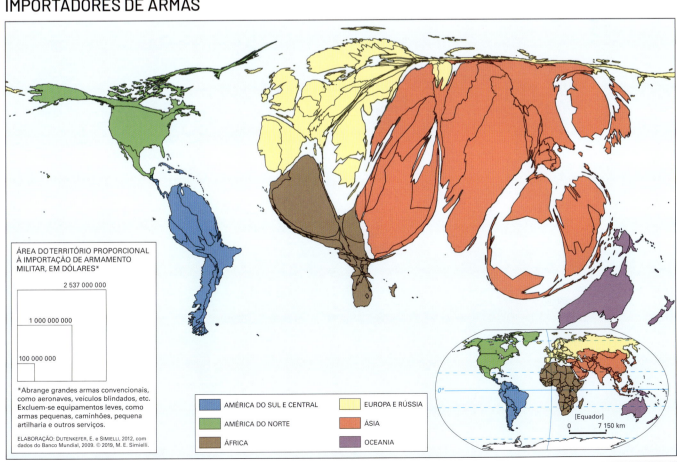

46 PLANISFÉRIOS **ANAMORFOSES**

POPULAÇÃO URBANA

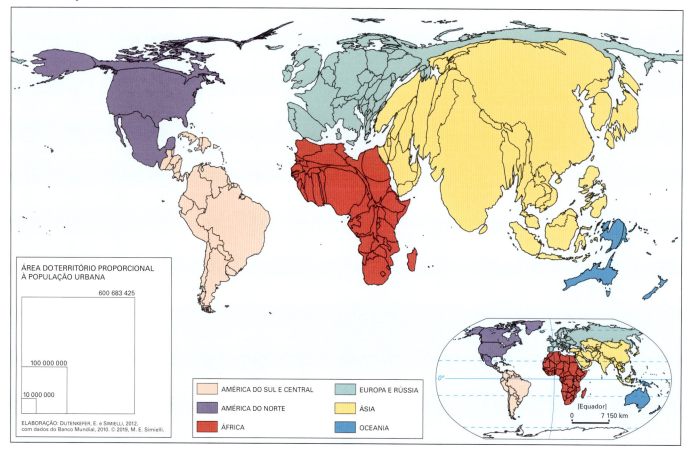

POPULAÇÃO RURAL

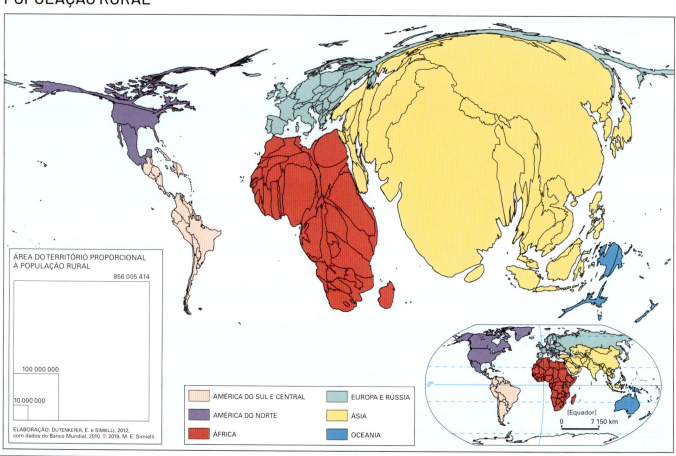

PLANISFÉRIOS ANAMORFOSES

CRIANÇAS NA ESCOLA

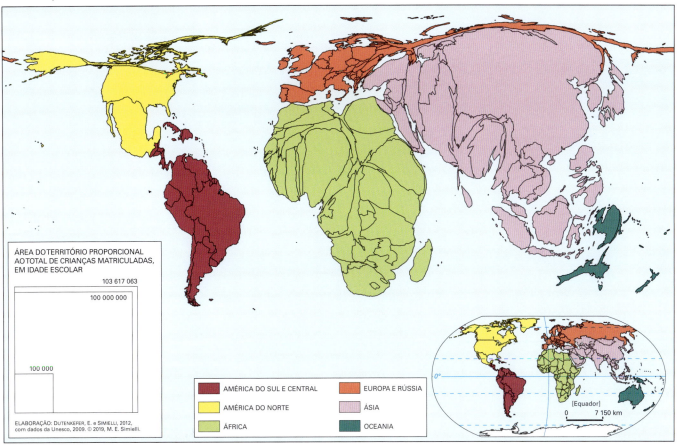

CRIANÇAS FORA DA ESCOLA

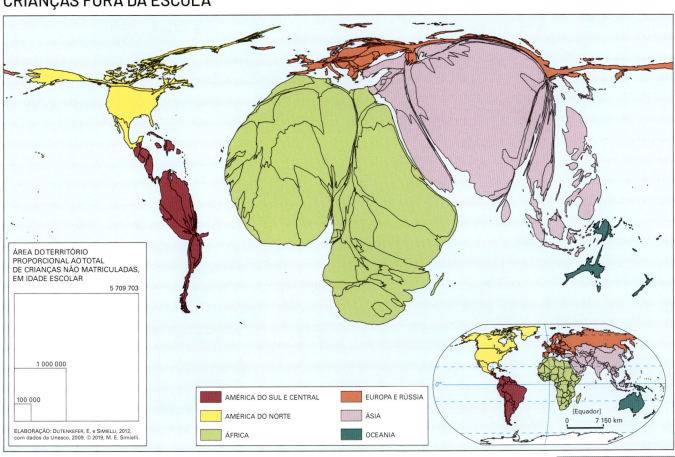

48 AMÉRICA — IMAGEM DE SATÉLITE

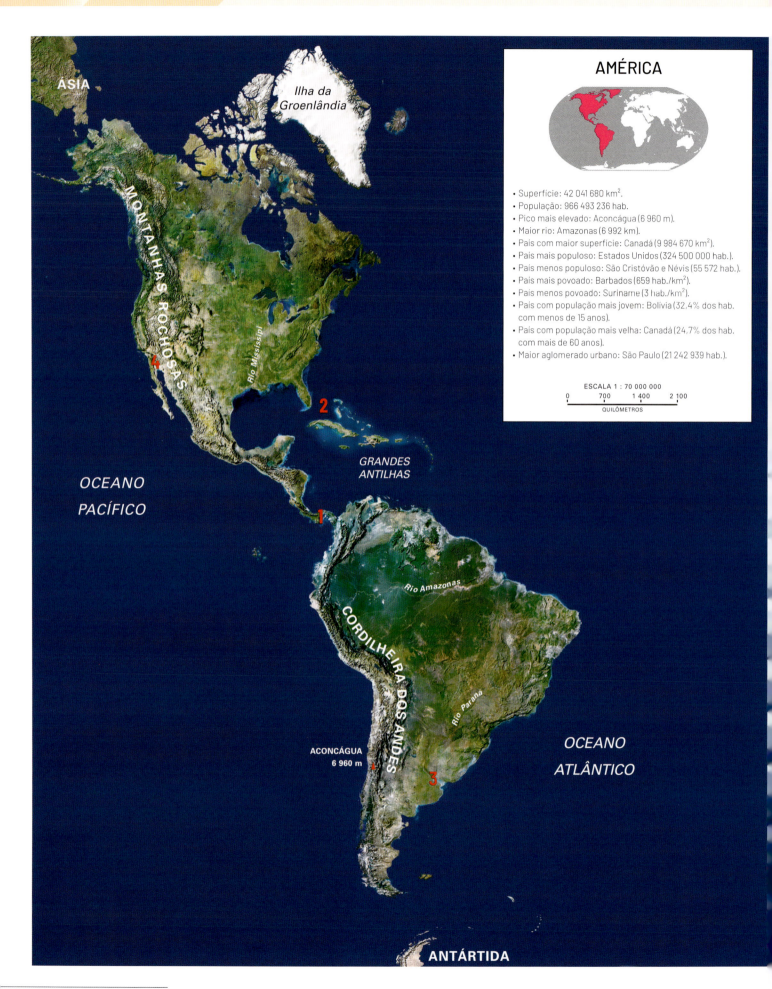

AMÉRICA — IMAGENS DE SATÉLITE

1

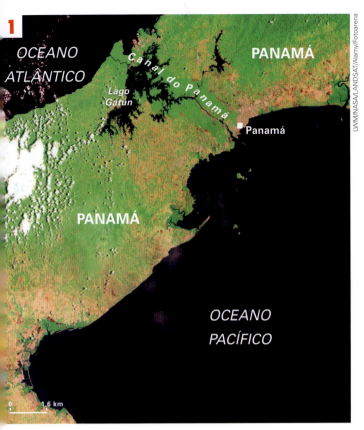

O canal do Panamá foi construído pelos Estados Unidos, inaugurado em 1914 e controlado por esse país até 1999, quando o governo panamenho assumiu a sua gestão. Com 80 km de extensão, o canal atravessa o istmo do **PANAMÁ** e liga os oceanos Atlântico e Pacífico. Tem posição estratégica e grande importância para o comércio internacional.

2

Nesta região do hemisfério norte ocorrem **furacões**, principalmente entre agosto e outubro. Alguns deles têm um grau de intensidade muito alto e causam grande destruição nas áreas por onde passam, como em Nova Orleans, nos **ESTADOS UNIDOS**, em 2005.

3

Estuário do rio da Prata, entre a **ARGENTINA** e o **URUGUAI**. O rio Paraná e o rio Uruguai formam o rio da Prata, que nesta imagem mostra uma grande sedimentação que avança para o oceano Atlântico. As áreas em branco são nuvens.

4

Os principais objetivos da **barreira** entre o **MÉXICO** e os **ESTADOS UNIDOS** são coibir a entrada de imigrantes ilegais e de drogas no território estadunidense. A barreira começou a ser construída na década de 1990 e sua extensão é de, aproximadamente, 3 000 km de muros, cercas e sistemas de controle por sensores e câmeras. Na imagem, o fio amarelo representa uma parte do muro.

© 2019, M. E. Simielli. Direitos autorais protegidos.

50 AMÉRICA FÍSICO

AMÉRICA POLÍTICO

52 AMÉRICA DO SUL FÍSICO

AMÉRICA DO SUL POLÍTICO

LEGENDA

ALTITUDES

- 2 000 metros
- 1 000
- 400
- 200
- 0

▲ PICOS
▼ PROFUNDIDADE
CANAL

ESCALA 1 : 13 000 000

0 130 260 390
QUILÔMETROS

ELABORAÇÃO: SIMIELLI, 1987/2009. Generalização cartográfica das curvas de nível com base em *Atlas Mirador Internacional*, 1975, e *World Atlas Philip's*, 1996.
© 2019, M. E. Simielli.

Golfo do México

AMÉRICA DO NORTE

OCEANO ATLÂNTICO

I. Grande Bahama
I. Grande Ábaco
I. New Providence
I. Eleuthera
I. Andros
I. Cat
Estreito da Flórida
ILHAS BAHAMAS (LUCAIAS)
Estr. de Exuma
I. Grande Exuma
Long Island
I. Crooked
I. Acklins
I. Cayo Romano
Is. Caicos
Is. Turks
I. Pequena Inágua

TRÓPICO DE CÂNCER

C. San Antonio
G. de Batabanó
Arq. de Canarreos
I. de Cuba
I. de Pinos
Arq. Jardines de la Reina
GRANDES
Golfo de Guacanayabo
Is. Cayman
SA. MAESTRA
TURQUINO 1 974 m
I. Grande Inágua
I. de Tortuga

Golfo de Campeche

AMÉRICA DO NORTE

Golfo de Honduras
MTES. MAYÁ
SA. DOS CUCHUMATANES
CUILCO 3 993 m
V. TAJUMULCO 4 220 m
CERRO LAS MINAS 2 865 m
I. Grande Cayman
I. Jamaica
Estreito da Jamaica
Passagem de Windward
G. de Gonaives
I. de la Gonaives
MACIÇO DE HOTTE
I. Hispaniola
C. Beata
CORD. CENTRAL DUARTE 3 175 m
I. Porto Rico
Is. Virgens
I. Saint-Croix
FOSSA DE PORTO RICO ▼ 8 648 m
Canal da Mona
Passagem Anegada
I. Anguilla
I. Saint-Martin
I. Barbuda
I. Antígua
São Cristóvão
I. Névis
I. Montserrat
I. Guadalupe
I. Marie Galante
I. Dominica
ILHAS DE SOTAVENTO

I. Turneffe
Is. de los Cisnes
ANTILHAS

Isla Jacinta
I. Dabal
C. Patuca
Matagua
Laguna de Caratasca
C. Gracias a Dios
Coco
I. Cayos Miskitos
I. de Providência
MAR DAS ANTILHAS
(MAR DO CARIBE)
I. de Aves
I. Martinica
I. Santa Lúcia
I. São Vicente
I. Barbados
Is. Granadinas
ILHAS DE BARLAVENTO
ANTILHAS

CORD. ISABELLA
I. de San Andrés
PEQUENAS
I. Aruba
I. Curaçao
I. Bonaire
I. Los Roques
I. Orchila
I. Blanquilla
I. Granada

Golfo de Fonseca
L. de Manágua
Pta. Perlas
I. Ometepe
CORD. ICOLAINA
L. de Nicaragua
C. Sta. Elena
Juan
Baía de S. Juan del Norte
I. Margarita
I. Tobago

OCEANO

CORD. GUANACASTE
V. IRAZU 3 432 m
PEN. DE NICOYA
CORD. DE TALAMANCA
V. CHIRRIPO 3 837 m
B. de Coronado
V. BARÚ 3 475 m
PEN. DE OSA
Arq. Bocas del Toro
Golfo dos Mosquitos
ISTMO DO PANAMÁ
Golfo de Darién
I. del Rey
I. La Tortuga
I. Trinidad

PACÍFICO

Golfo de Chiriquí
PEN. DE AZUERO
Golfo do Panamá

AMÉRICA DO SUL

OESTE DE GREENWICH

© 2019, M. E. Simielli. Direitos autorais protegidos.

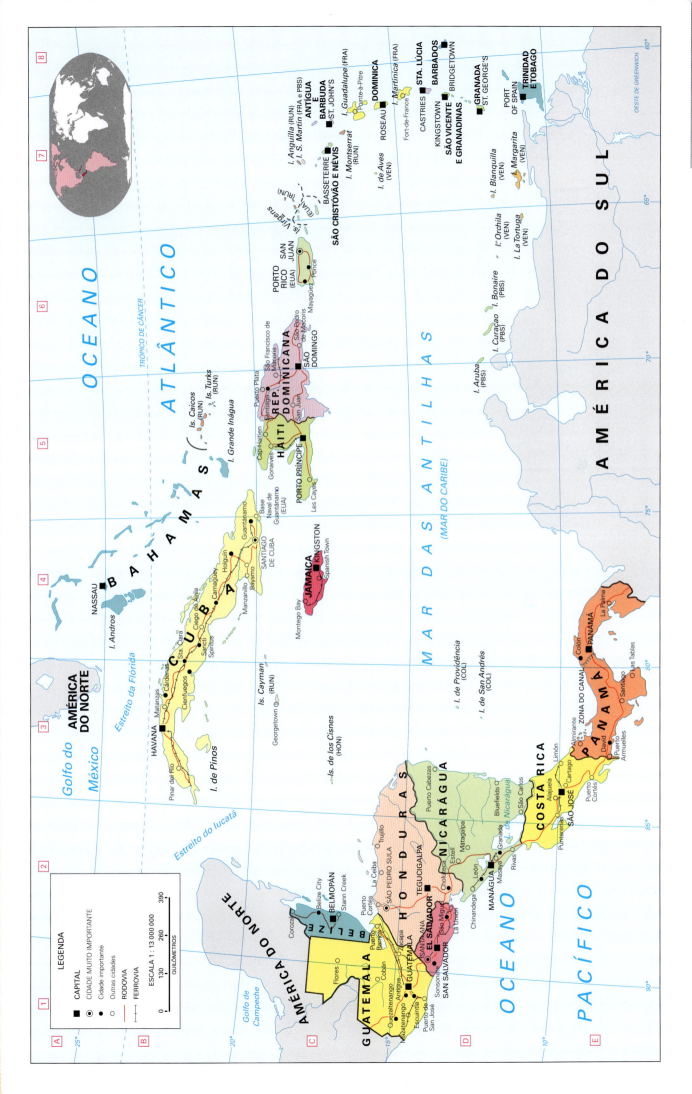

56 AMÉRICA DO NORTE FÍSICO

AMÉRICA DO NORTE POLÍTICO

AMÉRICA TEMÁTICOS

ESTADOS UNIDOS – POLÍTICO

58

MEGALÓPOLE BOS-WASH

POPULAÇÃO (Em milhões de hab.)

OCEANO ATLÂNTICO

BOSTON · Springfield · Providence · Hartford · NOVA YORK · Albany · Syracuse · Scranton · Trenton · FILADÉLFIA · Wilmington · BALTIMORE · WASHINGTON · RICHMOND · Norfolk

CANADÁ

CAPITAL DO PAÍS
CAPITAL DE ESTADO
Cidade importante

ELABORAÇÃO: Simielli, 2019.
© 2019. M. E. Simielli.

193 km

OCEANO ATLÂNTICO

Estados e cidades

MAINE – AUGUSTA, Houlton, Bangor
NEW HAMPSHIRE – CONCORD, Manchester
VERMONT – MONTPELLIER
MASSACHUSETTS – BOSTON, Worcester
RHODE ISLAND – PROVIDENCE
CONNECTICUT – HARTFORD, New Haven
NOVA YORK – ALBANY, Syracuse, Rochester, Buffalo, Nova York, Newark
NOVA JERSEY – TRENTON, Atlantic City
DELAWARE – DOVER
PENSILVÂNIA – HARRISBURG, Pittsburg, Filadélfia, Allentown
MARYLAND – ANNAPOLIS, Baltimore
WASHINGTON – Arlington
VIRGÍNIA – RICHMOND, Norfolk, Virginia Beach, Danville
VIRGÍNIA OCIDENTAL – CHARLESTON, Parkersburg
OHIO – COLUMBUS, Cleveland, Akron, Toledo, Dayton, Cincinnati
CAROLINA DO NORTE – RALEIGH, Durham, Greensboro, Charlotte
CAROLINA DO SUL – COLUMBIA, Charleston, Greenville, Anderson
MICHIGAN – LANSING, Detroit, Flint, Saginaw, Grand Rapids
INDIANA – INDIANÁPOLIS, South Bend
ILLINOIS – SPRINGFIELD, Chicago, Rockford
KENTUCKY – FRANKFORT, Louisville
TENNESSEE – NASHVILLE, Knoxville, Chattanooga, Memphis
GEORGIA – ATLANTA, Augusta, Macon, Columbus, Albany, Savannah
ALABAMA – MONTGOMERY, Birmingham, Huntsville, Mobile
WISCONSIN – MADISON, Milwaukee, Appleton
MINNESOTA – ST. PAUL, Minneapolis, Duluth
IOWA – DES MOINES, Waterloo, Davenport
MISSOURI – JEFFERSON CITY, St. Louis, Kansas City, Springfield
ARKANSAS – LITTLE ROCK, Fort Smith
MISSISSIPI – JACKSON, Biloxi
LOUISIANA – BATON ROUGE, New Orleans, Monroe, Shreveport
FLORIDA – TALLAHASSEE, Jacksonville, Daytona Beach, Orlando, Melbourne, Miami, Fort Lauderdale, Fort Pierce, Tampa, St. Petersburg
DAKOTA DO NORTE – BISMARCK, Fargo
DAKOTA DO SUL – PIERRE, Rapid City
NEBRASKA – LINCOLN, Omaha
KANSAS – TOPEKA, Kansas City, Wichita
OKLAHOMA – OKLAHOMA CITY, Tulsa
TEXAS – AUSTIN, Dallas, Fort Worth, Waco, Houston, San Antonio, Corpus Christi, Laredo, McAllen, Beaumont, Amarillo, Lubbock, Midland
MONTANA – HELENA, Billings, Great Falls
WYOMING – CHEYENNE, Rock Springs
COLORADO – DENVER, Colorado Springs, Pueblo
NOVO MÉXICO – SANTA FÉ, Albuquerque, Roswell, Las Cruces, El Paso
IDAHO – BOISE, Pocatello, Lewiston
UTAH – SALT LAKE CITY, Ogden
ARIZONA – PHOENIX, Mesa, Tucson, Yuma, Grand Canyon
WASHINGTON – OLYMPIA, Seattle, Tacoma, Yakima, Spokane, Aberdeen, Pendleton
OREGON – SALEM, Portland, Eugene, Medford
NEVADA – CARSON CITY, Las Vegas, Reno
CALIFORNIA – SACRAMENTO, Oakland, São Francisco, Santa Rosa, Chico, Redding, Eureka, Fresno, Visalia, Bakersfield, San Bernardino, Los Angeles, San Diego, Santa Bárbara

MÉXICO

OCEANO PACÍFICO

L. Superior · L. Michigan · L. Huron · L. Erie · L. Ontário

Missouri · Mississipi · Ohio

ILHAS HAVAÍ

HONOLULU
628 km
TRÓP. CÂNCER

ALASCA

JUNEAU · Anchorage · Fairbanks · Barrow · Nome
CANADÁ
RUSSIA
600 km

© 2019. M. F. Simielli. Direitos autorais protegidos

AMÉRICA TEMÁTICOS — 59

EIXOS DE INTEGRAÇÃO

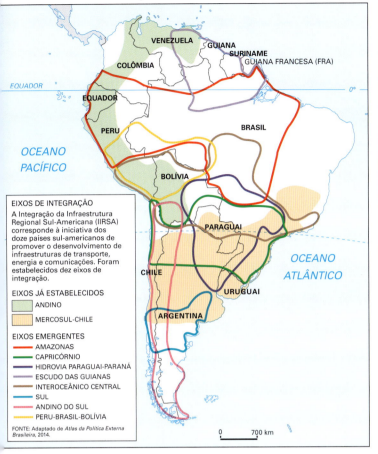

LÍNGUAS EM PERIGO

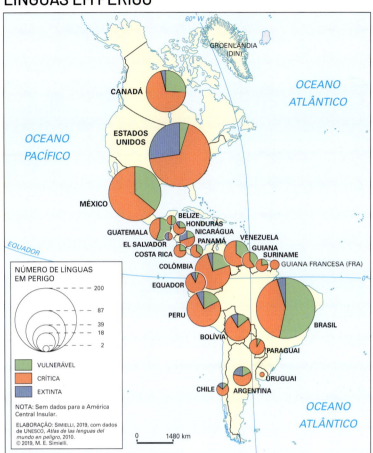

GEOPOLÍTICA – PERMANÊNCIAS OU MUDANÇAS

ZONA DE FRONTEIRA: CIDADES GÊMEAS

FRONTEIRAS VULNERÁVEIS

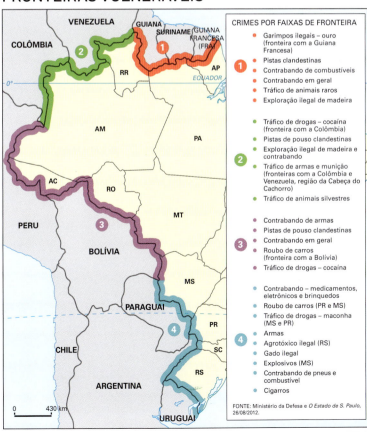

60 ÁFRICA — IMAGEM DE SATÉLITE

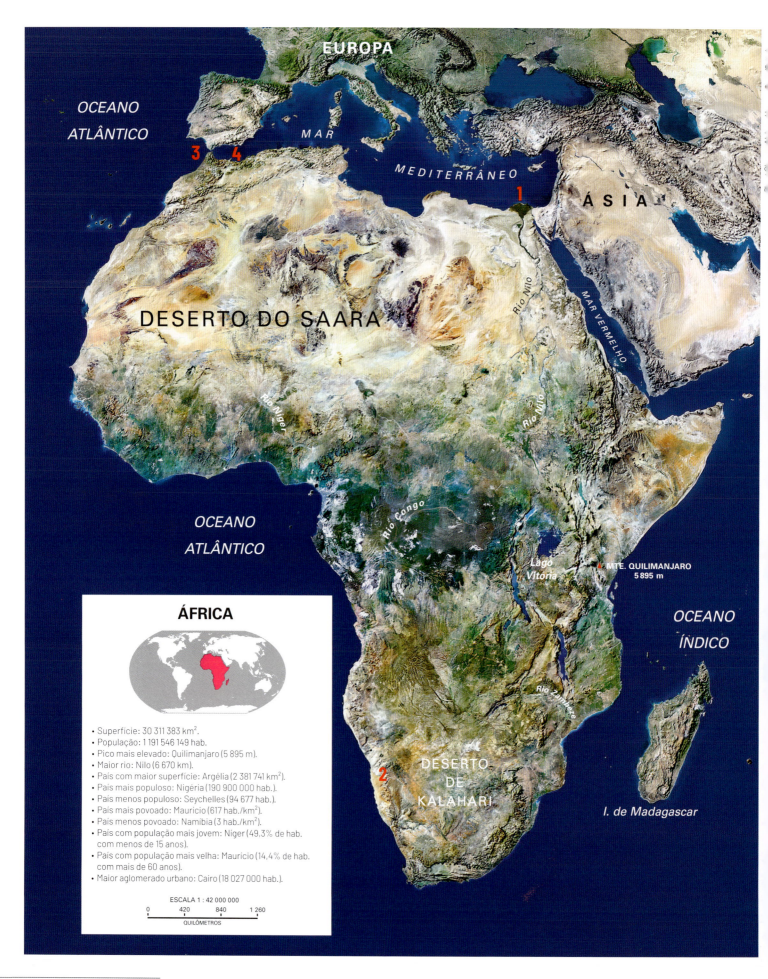

ÁFRICA — IMAGENS DE SATÉLITE

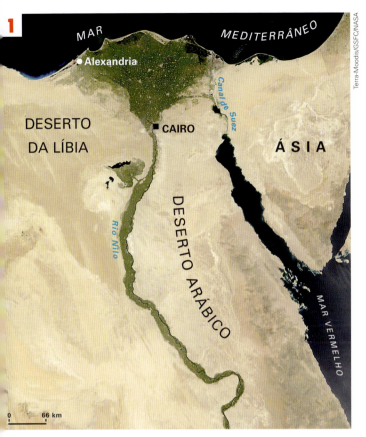

Esta imagem destaca o **rio Nilo** e as plantações em área desértica ao longo de todo o seu curso. Observe a localização do **canal de Suez**, que separa a África da Ásia. Por esse canal faz-se a travessia do oceano Índico para o Atlântico sem passar pelo sul do continente africano.

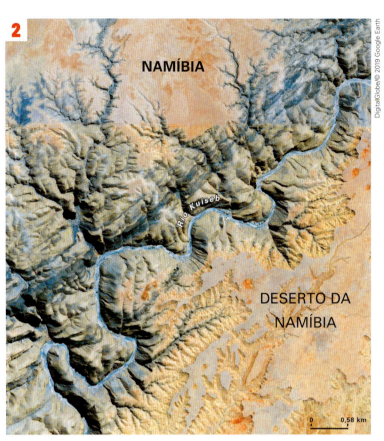

O **rio Kuiseb** é um importante rio temporário que atravessa o território da **NAMÍBIA**. No seu percurso, de aproximadamente 650 km, passa por cânions profundos e cruza o deserto da Namíbia. Sua foz fica no oceano Atlântico, próximo à cidade de Walvis Bay.

O **estreito de Gibraltar** é um canal marítimo natural, de 15 km de abertura, que liga o oceano Atlântico ao mar Mediterrâneo e separa a **EUROPA** da **ÁFRICA**. Importantes rotas marítimas comerciais passam pelo estreito, que também é usado como entrada de imigrantes ilegais no continente europeu.

A cidade de **Melilla**, um enclave europeu (**ESPANHA**) no continente africano (**MARROCOS**), tem uma localização estratégica no mar Mediterrâneo. O muro que cerca a cidade (fio amarelo) tem o objetivo de coibir a entrada de imigrantes ilegais e de contrabando na Espanha e, consequentemente, na Europa.

62 ÁFRICA FÍSICO

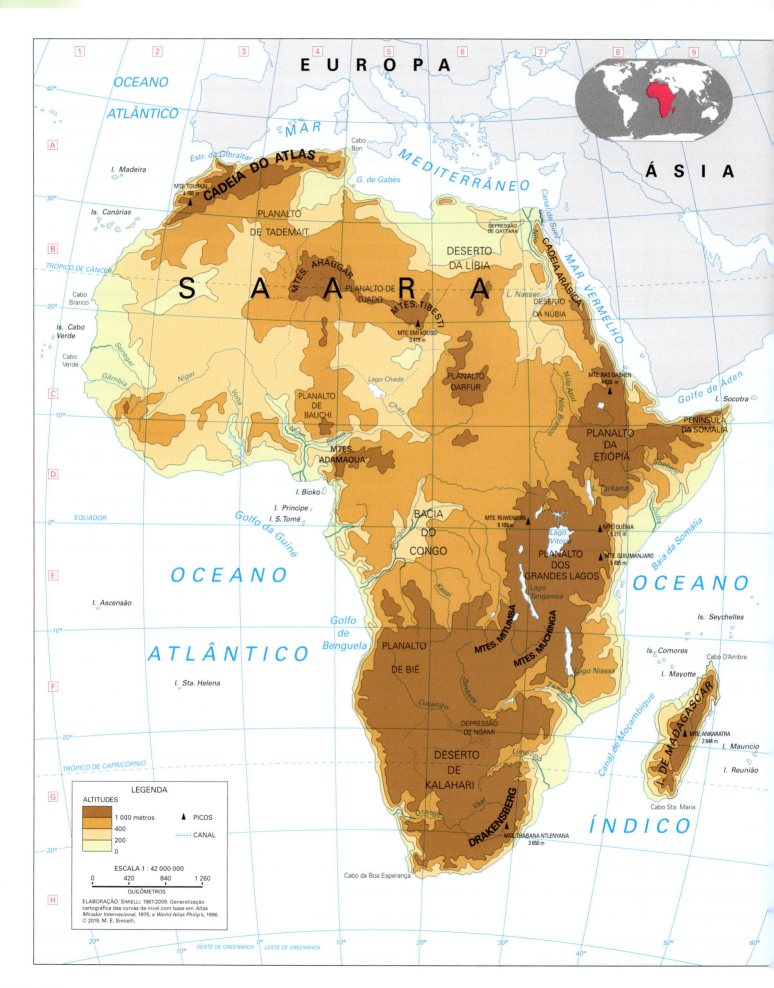

ÁFRICA POLÍTICO

ÁFRICA SETENTRIONAL FÍSICO

64

LEGENDA

PICOS ▲
RIO INTERMITENTE
LAGO INTERMITENTE
CANAL

ESCALA 1 : 29 500 000

0	295	590	885

QUILÔMETROS

ALTITUDES
4 000 metros
2 000
1 000
400
200
0

ELABORAÇÃO: Simielli, 1987/2009. Generalização cartográfica das curvas de nível com base em Atlas Mirador Internacional, 1975, e World Atlas Philip's, 1996. © 2019, M. E. Simielli.

EUROPA

ÁSIA

OCEANO ÍNDICO

OCEANO ATLÂNTICO

MAR MEDITERRÂNEO

MAR VERMELHO

S A A R A

DESERTO DA LÍBIA
DESERTO DA NÚBIA
DESERTO ARÁBICO
CADEIA ARÁBICA
DESERTO DE DJOUF

DEPRESSÃO DE QATTARA -137 m

CADEIA DO ATLAS
ALTO ATLAS
ATLAS SAARIANO
MTE. TOUBKAL 4165 m

HAMADA
ERG IGUIDI
ERG CHECH
GRANDE ERG OCIDENTAL
GRANDE ERG ORIENTAL
PLANALTO DE TADEMAIT

MONTES TASSILI
MONTES AHAGGAR
TAHAT 2918 m
PLANALTO DE DJADO
MACIÇO DE AIR

MONTES TIBESTI
EMI KOUSSI 3415 m
TOUSSIDÉ 3265 m

PLANALTO DE GILF EL-KEBIR

TERRAS BAIXAS DO CHADE

PLANALTO DARFUR

PLANALTO DE BAUCHI
MONTES ADAMAOUA

PLANALTO DA ETIÓPIA
RAS DASHÉN 4620 m
BATU 4307 m
TALO 4413 m

PENÍNSULA DA SOMÁLIA

RIFT VALLEY

Canal de Suez
Golfo de Suez
PEN. DO SINAI
Delta do Nilo
Repr. de Assuan
L. Nasser
Nilo
Atbara
Nilo Azul
Nilo Branco
Sobat
Bahr el-Ghazal
Wadi el-Malik
Nilo de Montanha (Bahr-el-Jebel)

Shebele
Juba
Estreito de Bab el-Mandeb
Golfo de Áden
Arq. Dahlak
L. Tana
L. Abaya
L. Turkana

I. Socotra
C. Hatun
Arq. Dahlak

M'Bomou
Ngoko
Chari
Logone
L. Chade
Sanaga
Ouelé
Qubangui

Níger
Benué
Delta do Níger
Volta
Volta Branca
Volta Negra
I. Bioko
I. Príncipe
I. São Tomé
Baía de Benim
Baía de Biafra
Bani
Bandama
Bagoé
Bani
Baía dos Bijagós
Gâmbia
Senegal
Baía de Lévrier
Arq. dos Bijagós

C. Bon
Golfo de Gabès
Golfo de Sidra
Estreito de Gibraltar
C. Branco
C. Verde
C. Bojador
C. Três Pontas
C. Palmas

IS. CANÁRIAS
I. Madeira
I. Palma
I. Tenerife
I. Canária

TRÓPICO DE CÂNCER

OESTE DE GREENWICH
LESTE DE GREENWICH
EQUADOR

CABO VERDE
I. Sto. Antão
I. São Nicolau
I. Boa Vista
I. Fogo
I. São Tiago

0	295 km

40° 30° 20° 10° 0° 10° 20° 30° 40° 50°

40°N 30°N 20°N 15°N 25°W 15°N 0°

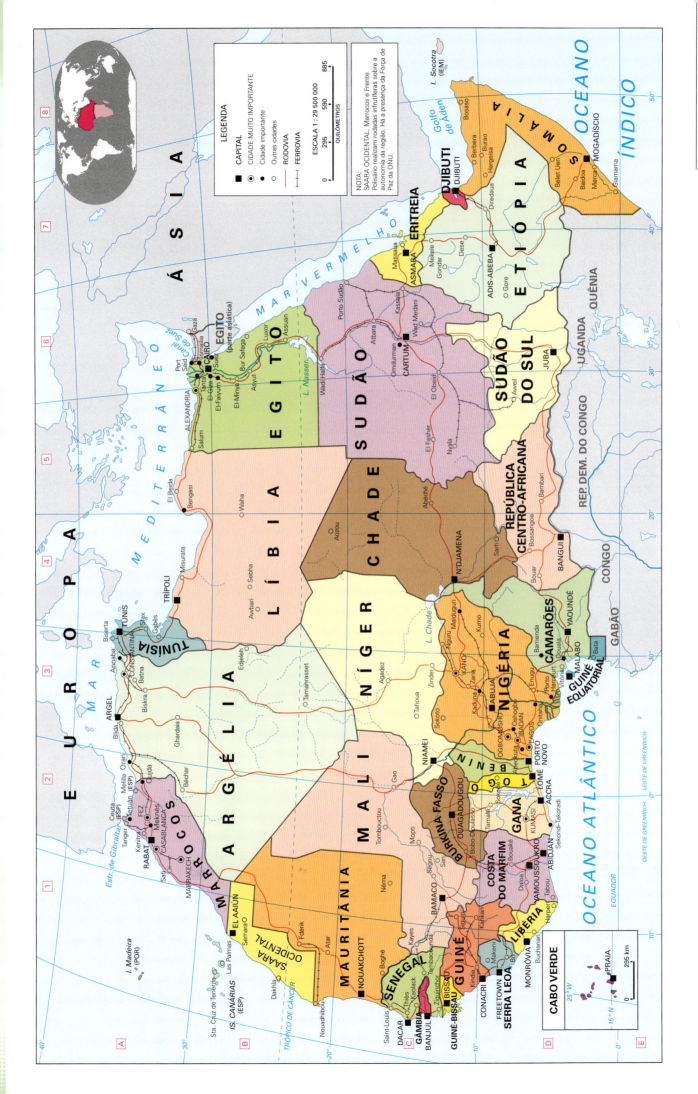

ÁFRICA MERIDIONAL FÍSICO

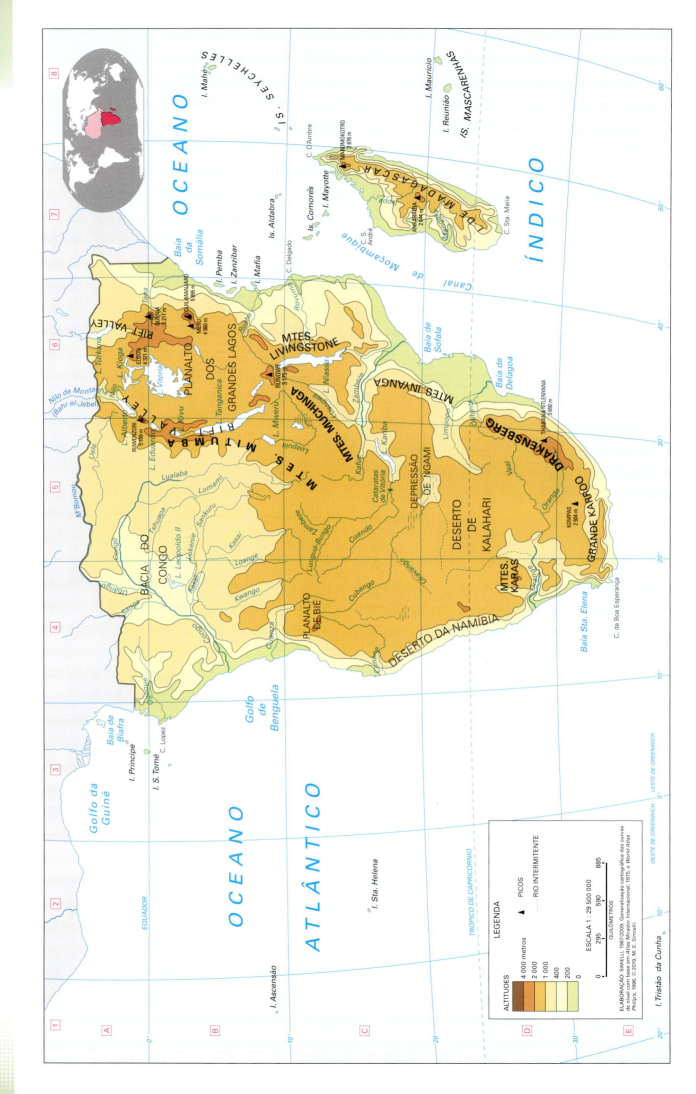

ÁFRICA MERIDIONAL POLÍTICO

67

OCEANO ÍNDICO

OCEANO ATLÂNTICO

SEYCHELLES
VITÓRIA
IS. SEYCHELLES

MAURÍCIO
Saint-Denis
I. Reunião (FRA)
PORT-LOUIS

Is. Aldabra (SEY)

COMORES
MORONI
I. Mayotte (FRA)

MADAGASCAR
Diego-Suárez
Antsirabe
Majunga
ANTANANARIVO
Tamatave
Fianarantsoa
Tuléar

Canal de Moçambique

SOMÁLIA
ETIÓPIA
SUDÃO DO SUL
REP. CENTRO-AFRICANA
CAMARÕES

QUÊNIA
Marsabit
NAIRÓBI
Nakuru
MOMBASA

UGANDA
Arua
KAMPALA
Lago Vitória
Mbale
Jinja

TANZÂNIA
DODOMA
Mwanza
Arusha
Tanga
Zanzibar
DAR ES SALAAM
Tabora
Iringa
Mtwara
Lago Tanganica
Lago Niassa

RUANDA
KIGALI
BURUNDI
BUJUMBURA
Bukavu

MALAUI
LILONGUE
Blantyre

MOÇAMBIQUE
Pemba
Nampula
Moçambique
António Enes
Quelimane
Beira
Zumbo
Chimoio
Inhambane
Maputo

REP. DEM. DO CONGO
Kisangani
Buta
Mbandaka
KINSHASA
Matadi
Boma
KANANGA
Mbuji-Mayi
Kamina
Kalemie
Ilikasi
Kolwezi
LUBUMBASHI
Ndola
Kitwe
Chingola

CONGO
Makoua
Mekambo
BRAZZAVILLE
Pointe Noire

GABÃO
LIBREVILLE
Lambarené
Porto Gentil

GUINÉ EQUAT.

SÃO TOMÉ E PRÍNCIPE
SÃO TOMÉ

Golfo da Guiné

ZÂMBIA
LUSAKA
Maramba
Mumbwa
Mbala

ZIMBÁBUE
HARARE
Gwelo
Bulawayo
Umtali

ANGOLA
LUANDA
Malanje
Menongue
Lobito
Benguela
Lubango
Namibe

NAMÍBIA
WINDHOEK
Ondangua
Grootfontein
Walvisbaai
Swakopmund
Keetmanshoop
Lüderitz

BOTSUANA
GABORONE
Serowe

REP. DA ÁFRICA DO SUL
Pietersburgo
TSHWANE (PRETÓRIA)
JOHANNESBURGO
Kimberley
BLOEMFONTEIN
Pietermaritzburgo
DURBAN
East London
PORTO ELIZABETH
CIDADE DO CABO
Pearl

ESWATINI
MBABANE
LOBAMBA

LESOTO
MASERU

EQUADOR

TRÓPICO DE CAPRICÓRNIO

I. Ascensão (RUN)
I. Sta. Helena (RUN)
I. Tristão da Cunha (RUN)

OESTE DE GREENWICH
LESTE DE GREENWICH

LEGENDA

■ CAPITAL
◉ CIDADE MUITO IMPORTANTE
● Cidade importante
○ Outras cidades
— RODOVIA
— FERROVIA

ESCALA 1 : 29 500 000

0 295 590 885
QUILÔMETROS

© 2019. M. E. Simielli. Direitos autorais protegidos.

ÁFRICA TEMÁTICOS

FRONTEIRAS COLONIAIS

INDEPENDÊNCIA DOS PAÍSES

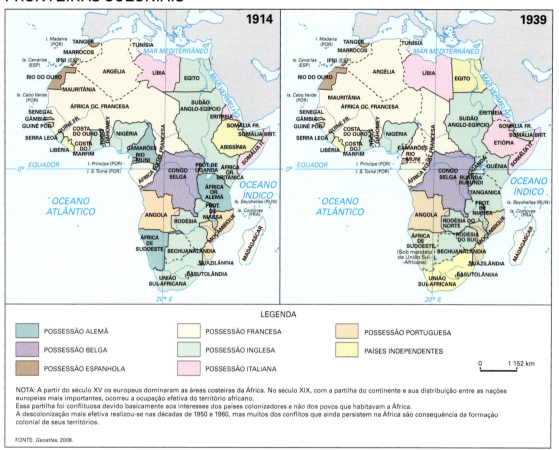
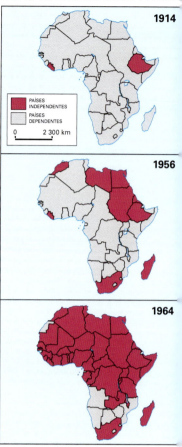

RIQUEZA NATURAL E MISÉRIA HUMANA

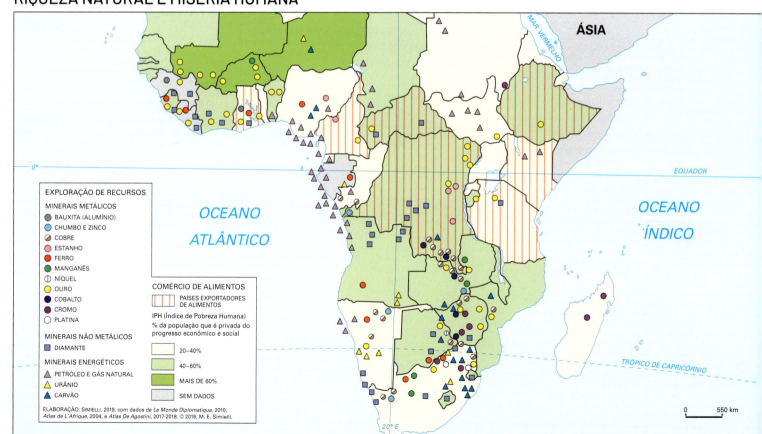

ÁFRICA TEMÁTICOS

POTENCIAL TURÍSTICO

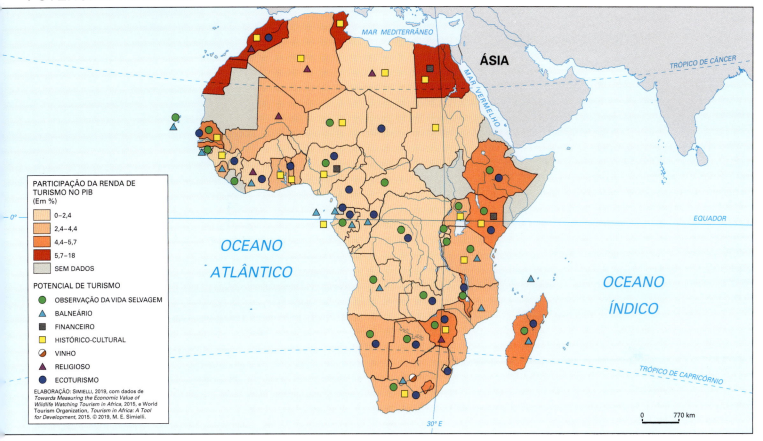

GEOPOLÍTICA – PERMANÊNCIAS OU MUDANÇAS
HOSTILIDADES À VIDA HUMANA

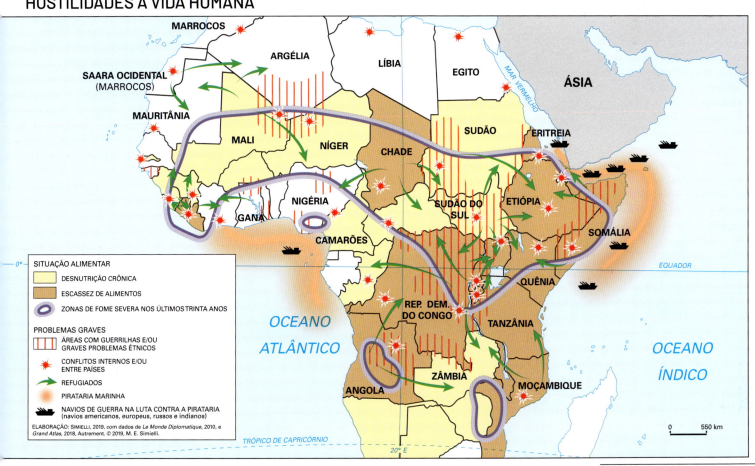

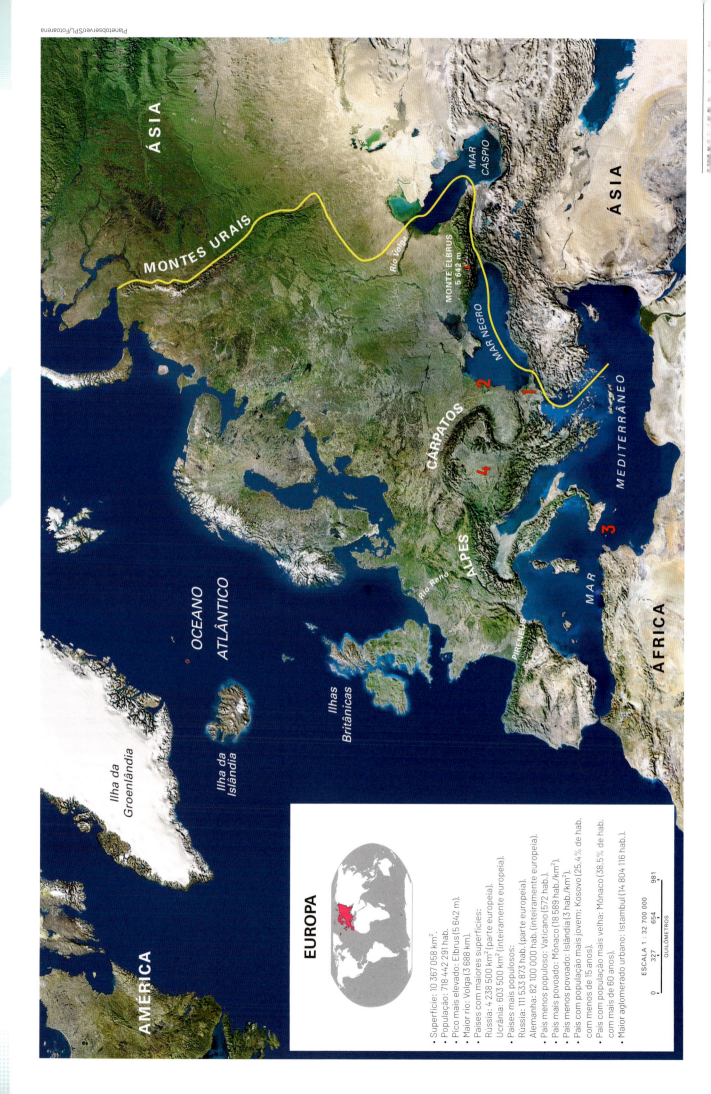

EUROPA — IMAGENS DE SATÉLITE

1

O **estreito de Bósforo** separa o continente europeu do continente asiático. Na imagem, vemos a grande mancha urbana de **Istambul** (antiga Constantinopla), cidade da **TURQUIA** situada nos dois continentes.

2

O **rio Danúbio** é o segundo maior da Europa, tem grande potencial de navegação e atravessa importantes cidades até a sua foz no mar Negro. O rio recebe elevada quantidade de poluentes que são, em parte, "filtrados" na região da foz, graças à capacidade de retenção dessas substâncias pela grande biodiversidade dessa área. É uma região natural protegida.

3

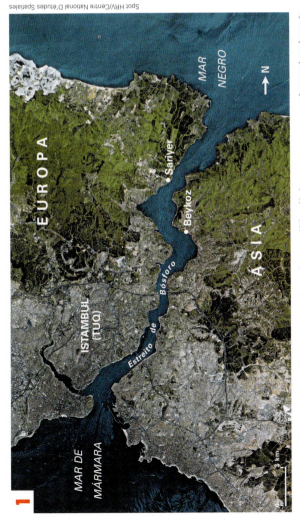

A **ilha de Lampedusa** tem 20,2 km² de área e pertence à **ITÁLIA**. Essa ilha ganhou foco internacional com a chegada de elevado número de imigrantes ilegais vindos da África, sobretudo das áreas de conflito e de fome endêmica. Esses imigrantes desembarcam na ilha italiana com a perspectiva de uma vida melhor na Europa.

4

Entre a **SÉRVIA** e a **HUNGRIA** foi construída uma **barreira**, pelo governo húngaro, para impedir a entrada de imigrantes ilegais no país e, consequentemente, na União Europeia, vindos, principalmente, de Kosovo e do Oriente Médio. A barreira possui, aproximadamente, 175 km (parte dela representada pela linha amarela), mas há planos de ampliar sua extensão.

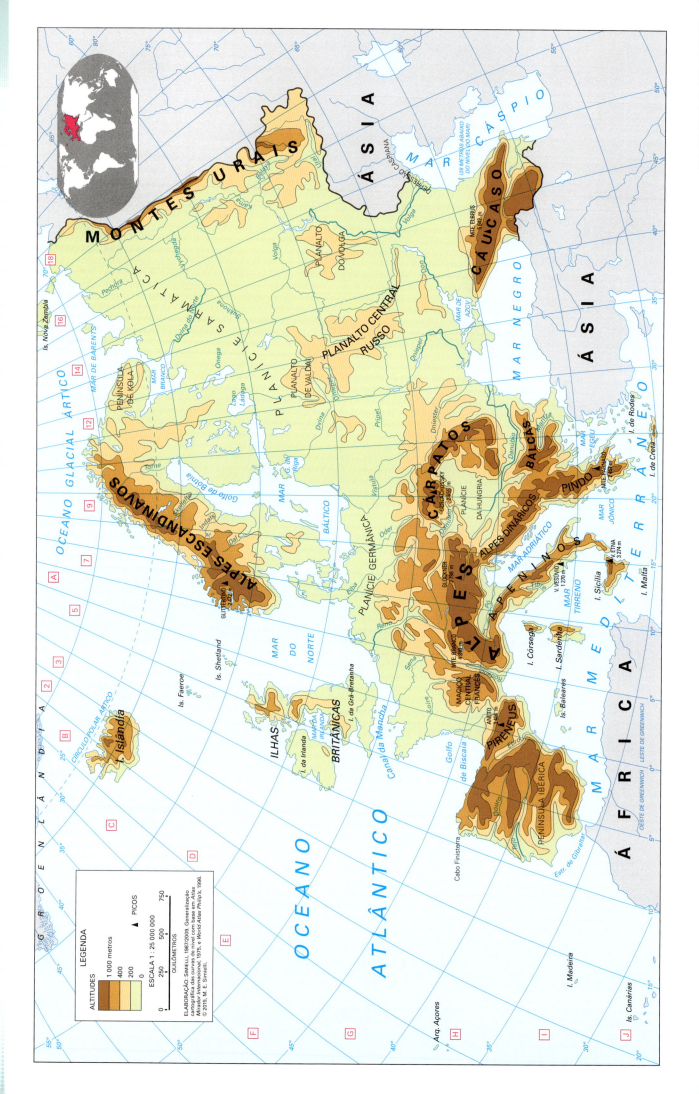

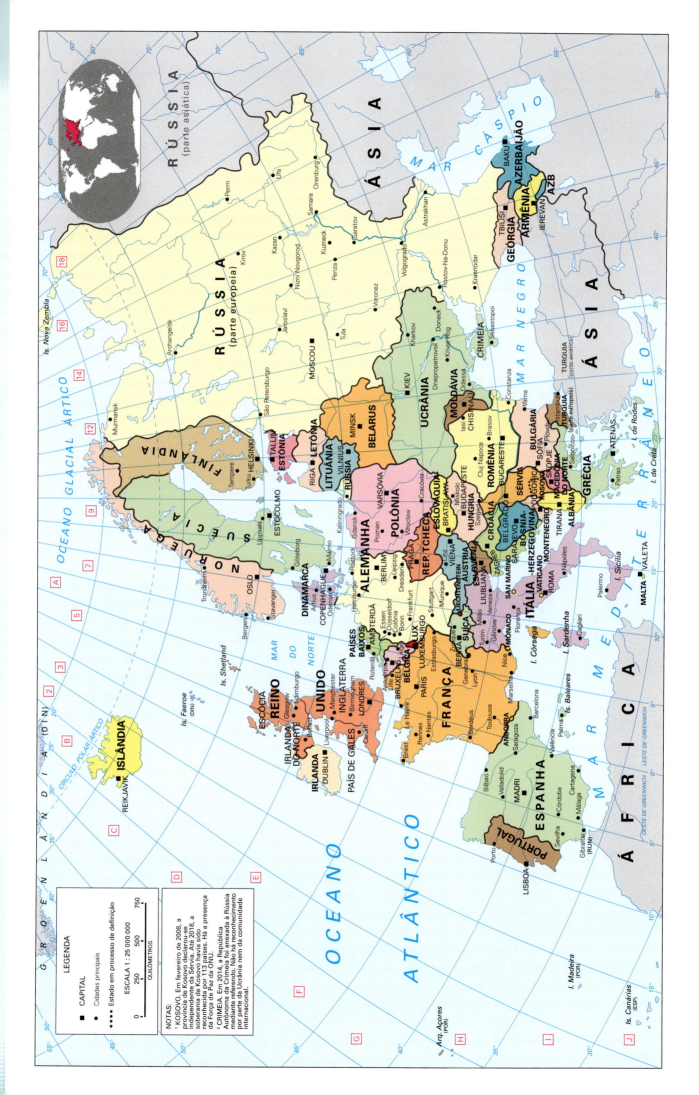

74 EUROPA OCIDENTAL FÍSICO

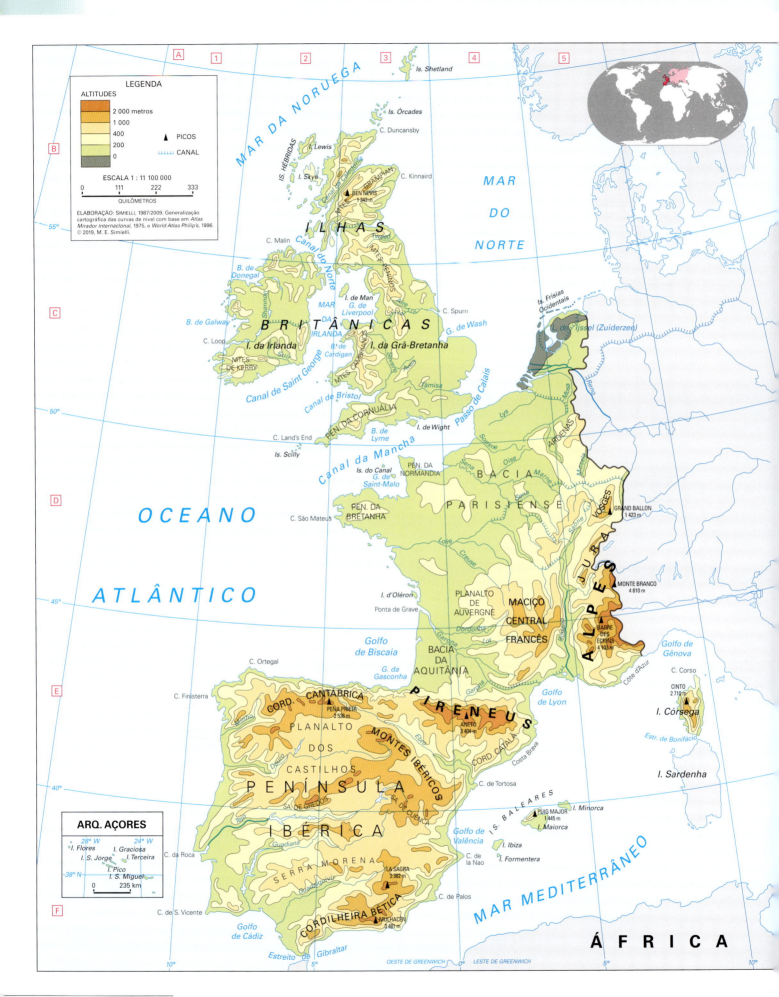

EUROPA OCIDENTAL POLÍTICO

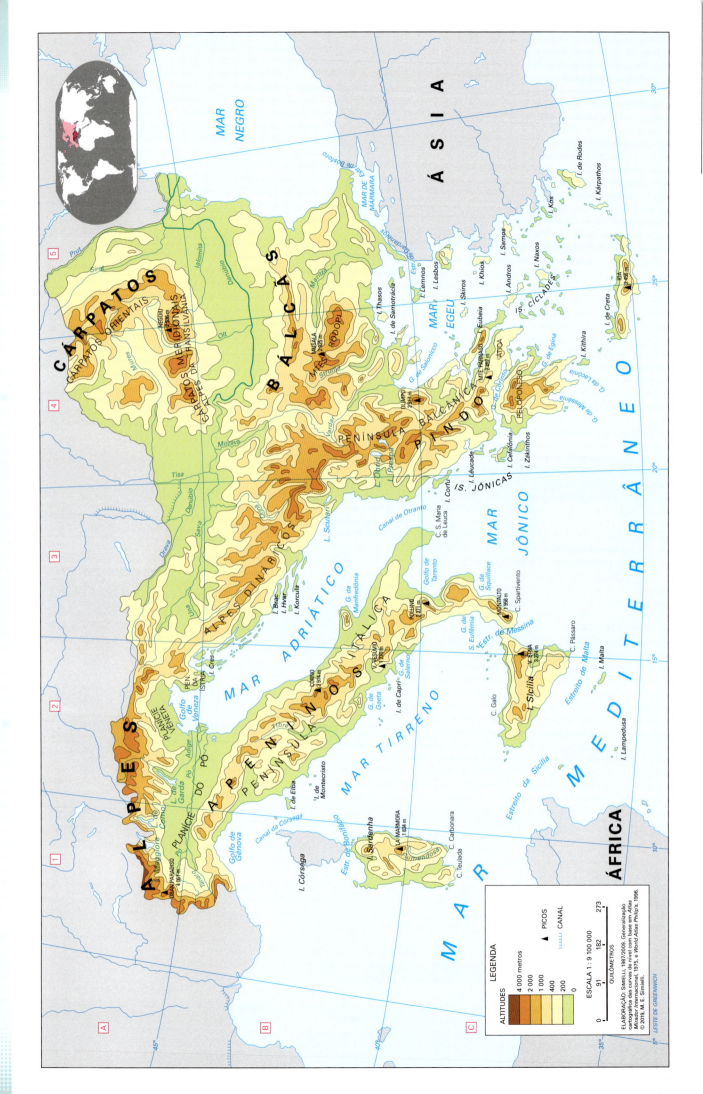

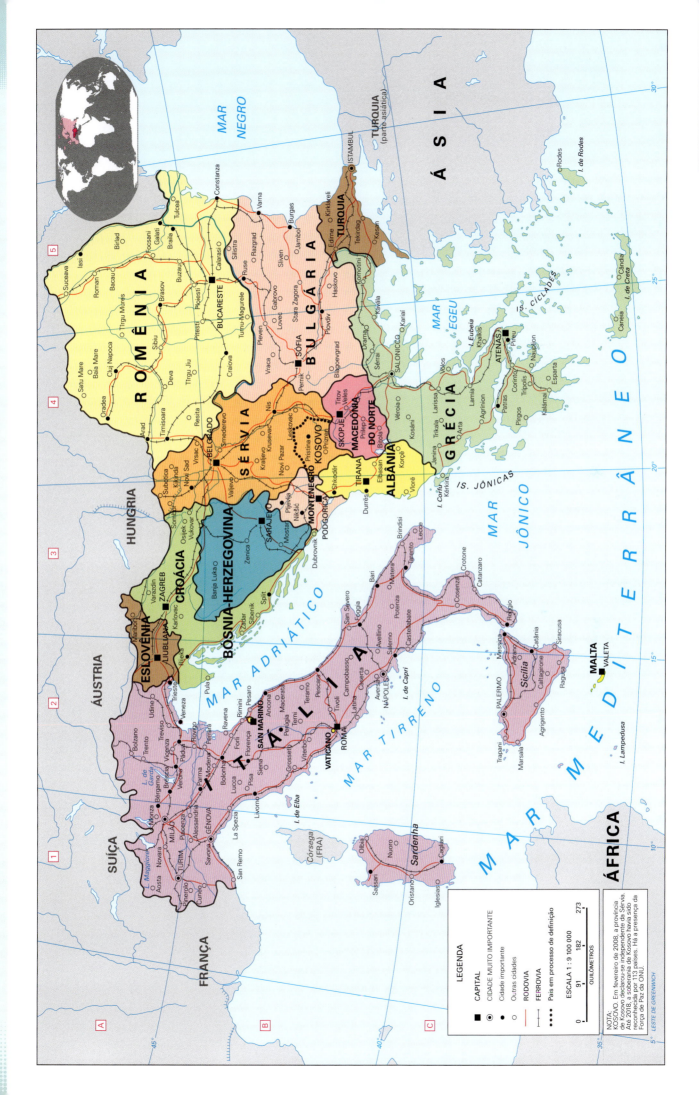

EUROPA CENTRAL FÍSICO

78

MAR DO NORTE

MAR BÁLTICO

PLANÍCIE GERMÂNICA

PLANÍCIE POLONESA

PLANALTO DE LUBLIN

CÁRPATOS

BÉSKIDES

MTES. METALÍFEROS

MTES. ESLOVACOS

PLANÍCIE DA HUNGRIA

PLANALTO DA PEQUENA POLÔNIA

CÁRPATOS BRANCOS

SUDETOS

MONTES DA MORÁVIA

MONTES DA BOÊMIA

MTES. METALÍFEROS (ERZGEBIRGE)

ALPES DA ÁUSTRIA

ALPES BÁVAROS

PLANALTO BÁVARO

JURA FRANCONIANO

MONTES DA TURÍNGIA

JURA DA SUÁBIA

MACIÇO DA FLORESTA NEGRA

MACIÇO XISTOSO RENANO

A L P E S

Is. Frísias Orientais

Baía de Helgoland

Baía de Kiel

G. de Mecklenburgo

I. Rügen

I. Usedom

I. Wolin

G. da Pomerânia

G. de Dantzig

L. Müritz

L. Mamry

L. Sniardwy

L. Balaton

L. de Constança

L. de Zurique

L. dos Quatro Cantões

L. Léman

L. de Neuchâtel

SNEZKA 1 605 m

GERLACHOVSKÝ 2 655 m

GLOCKNER 3 798 m

BERNINA 4 049 m

ROSA 4 634 m

MATTERHORN 4 478 m

Rios: Bug, San, Vístula, Tisa, Warta, Oder, Morava, Váh, Danúbio, Vltava, Elba, Saale, Inn, Enns, Drava, Meno, Lech, Neckar, Reno, Mulde, Reno, Ruhr, Ems, Weser, Aare, Ródano

LEGENDA

ALTITUDES
- 4 000 metros
- 2 000
- 1 000
- 400
- 200
- 0

▲ PICOS

CANAL

ESCALA 1 : 6 300 000

QUILÔMETROS
0 — 63 — 126 — 189

ELABORAÇÃO: SIMIELI, 1987/2009. Generalização cartográfica das curvas de nível com base em *Atlas Mirador Internacional*, 1975, e *World Atlas Philip's*, 1996. © 2019, M. E. Simielli.

52° 48° 8° 12° 16° 20° 24°

LESTE DE GREENWICH

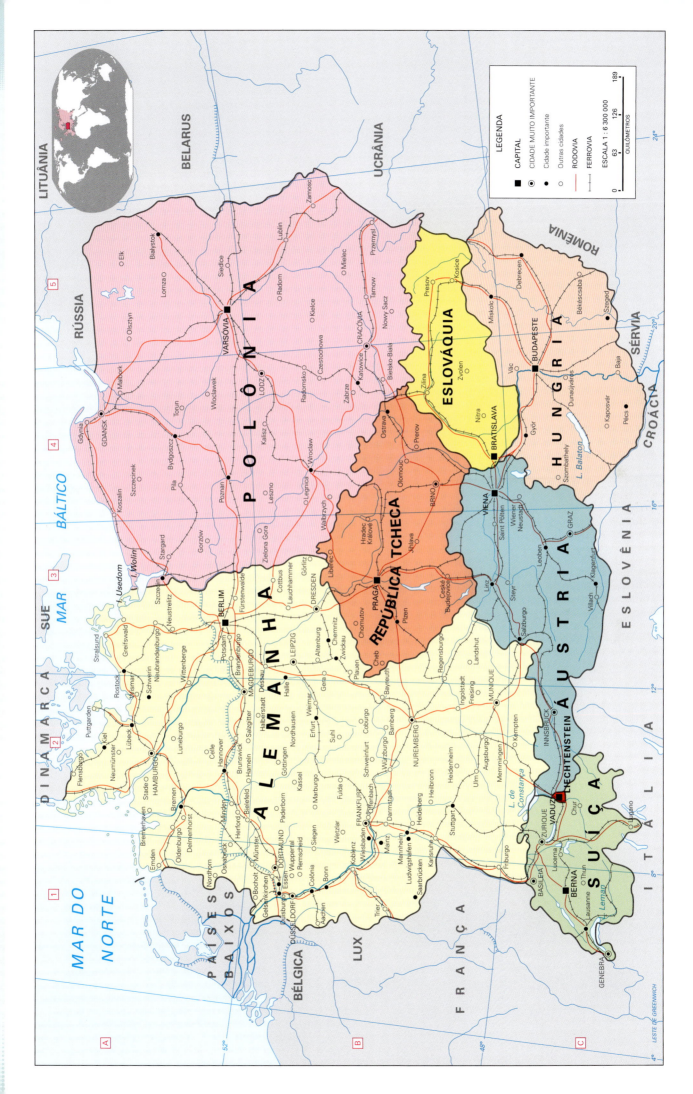

EUROPA SETENTRIONAL FÍSICO

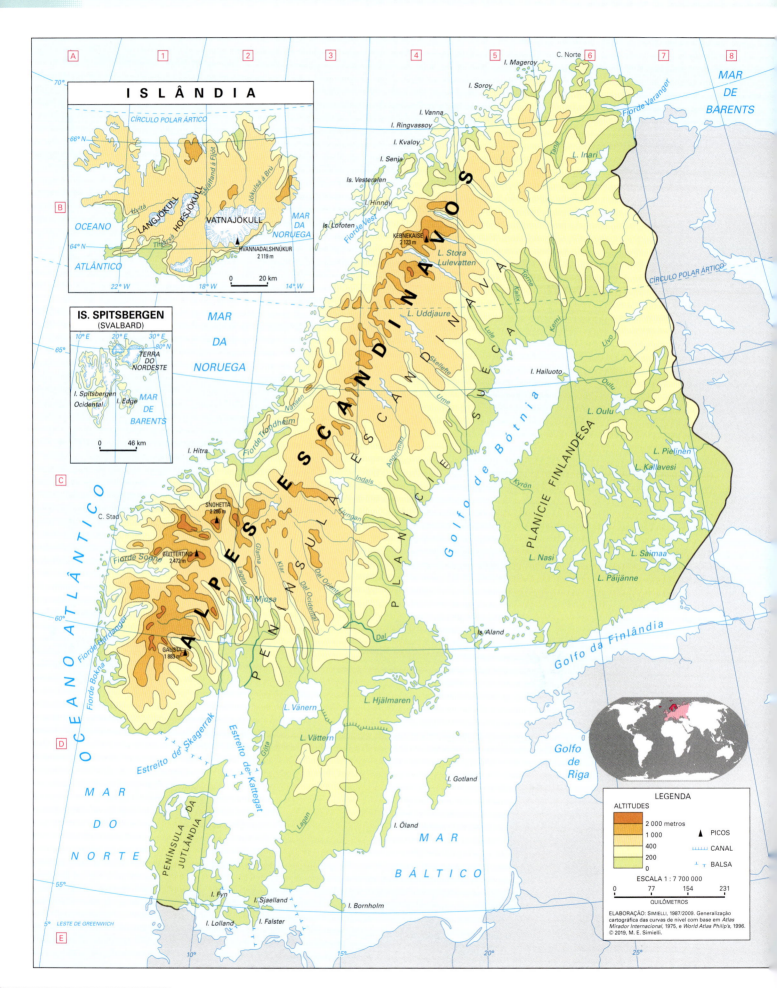

EUROPA SETENTRIONAL POLÍTICO

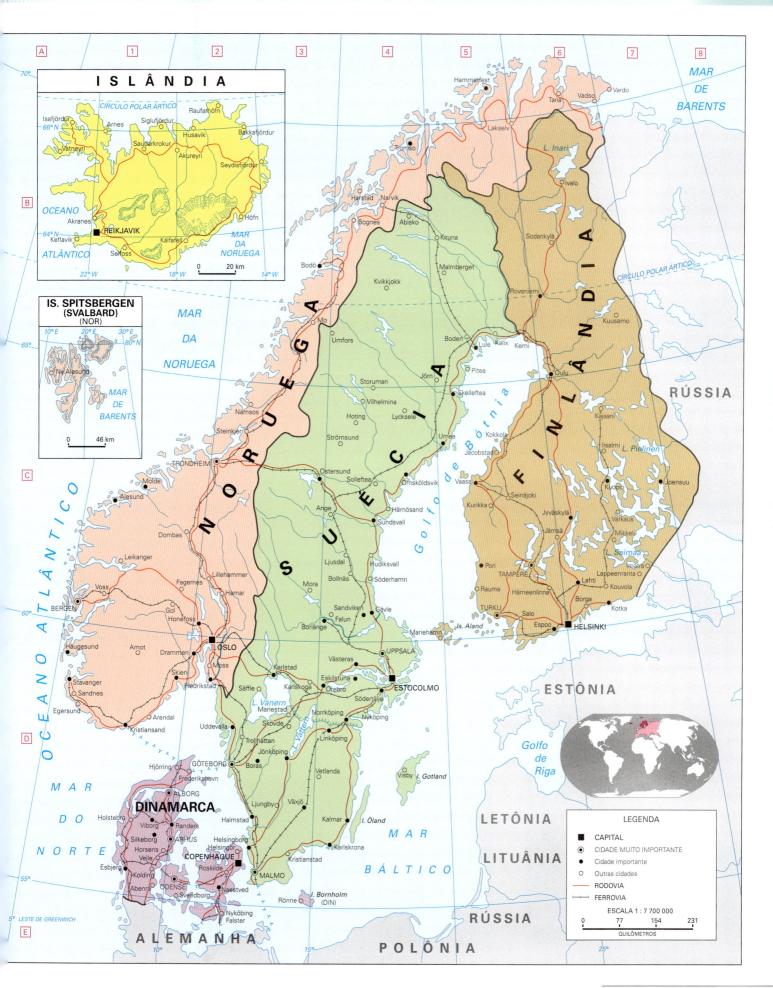

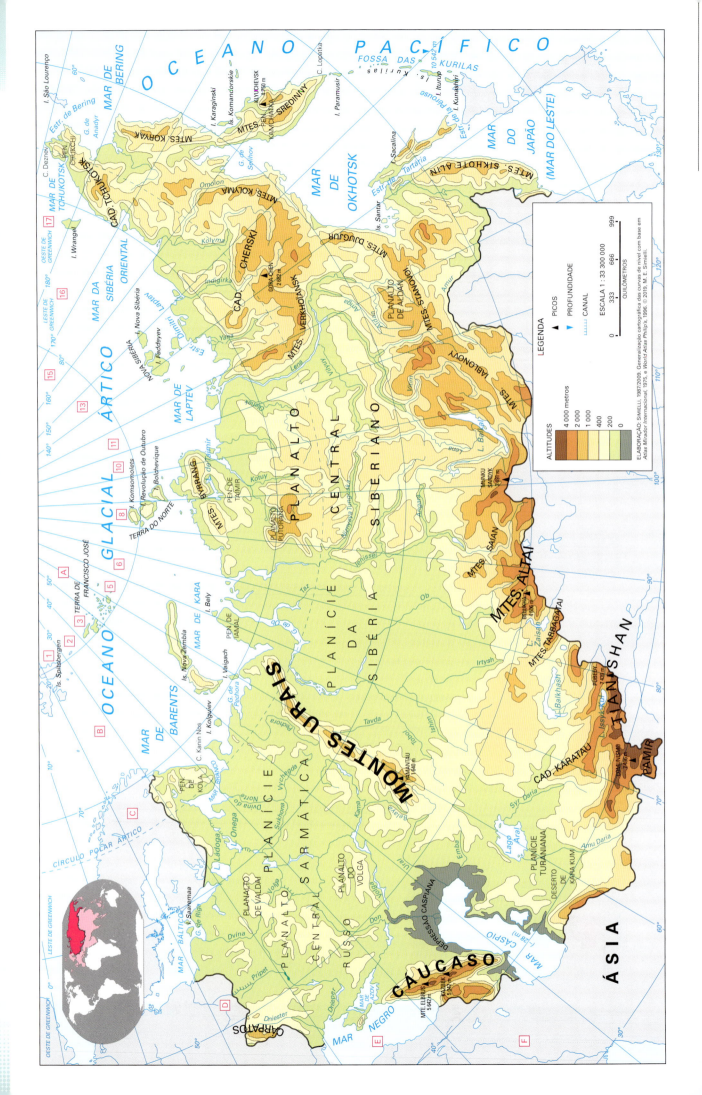

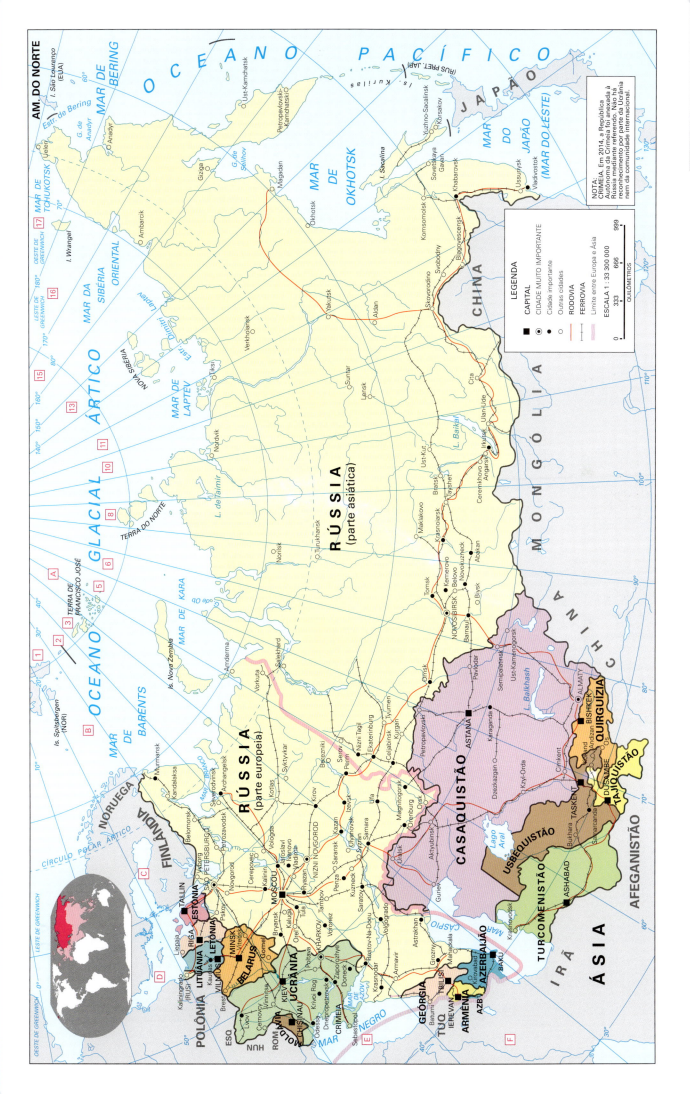

EUROPA TEMÁTICOS

FORMAÇÃO DA UNIÃO EUROPEIA (UE)

UE – PRESENTE E FUTURO

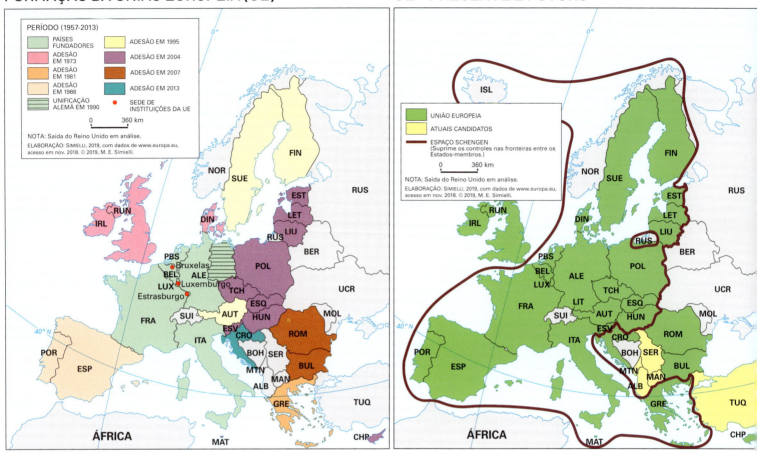

ECONOMIA – PREDOMÍNIO DO SETOR TERCIÁRIO

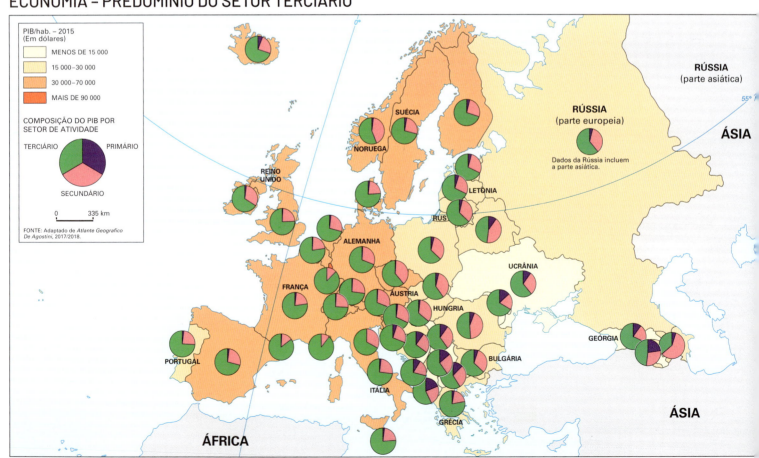

EUROPA TEMÁTICOS 85

BÁLCÃS – CONFLITOS SECULARES

ILHAS BRITÂNICAS

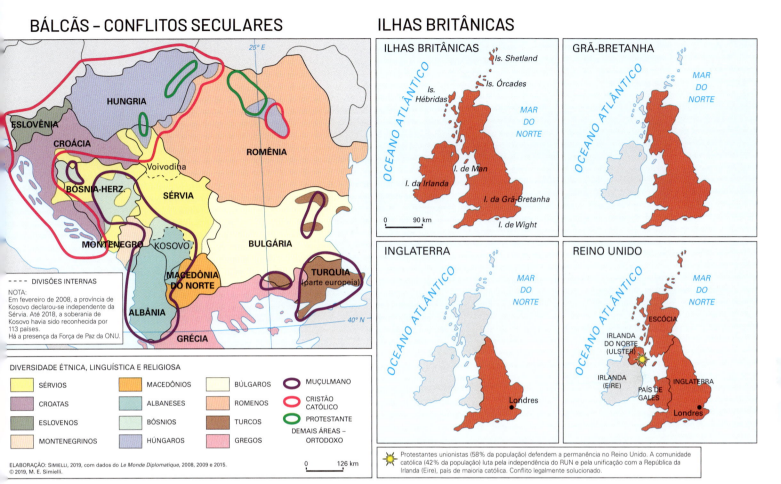

GEOPOLÍTICA – PERMANÊNCIAS OU MUDANÇAS
INVESTIMENTOS DA CHINA NA EUROPA

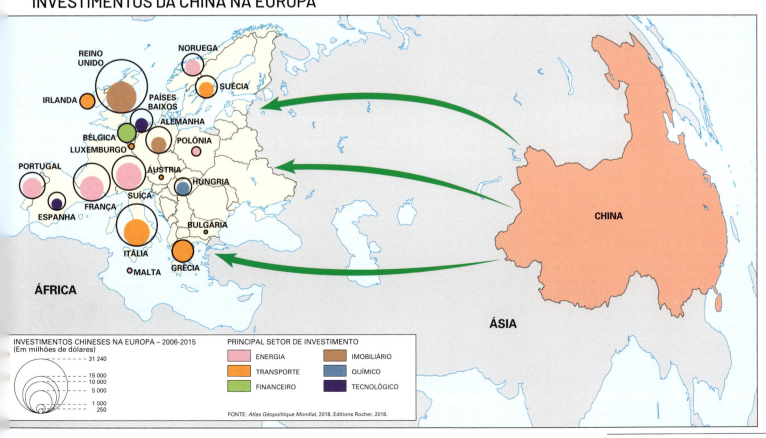

ÁSIA

IMAGEM DE SATÉLITE

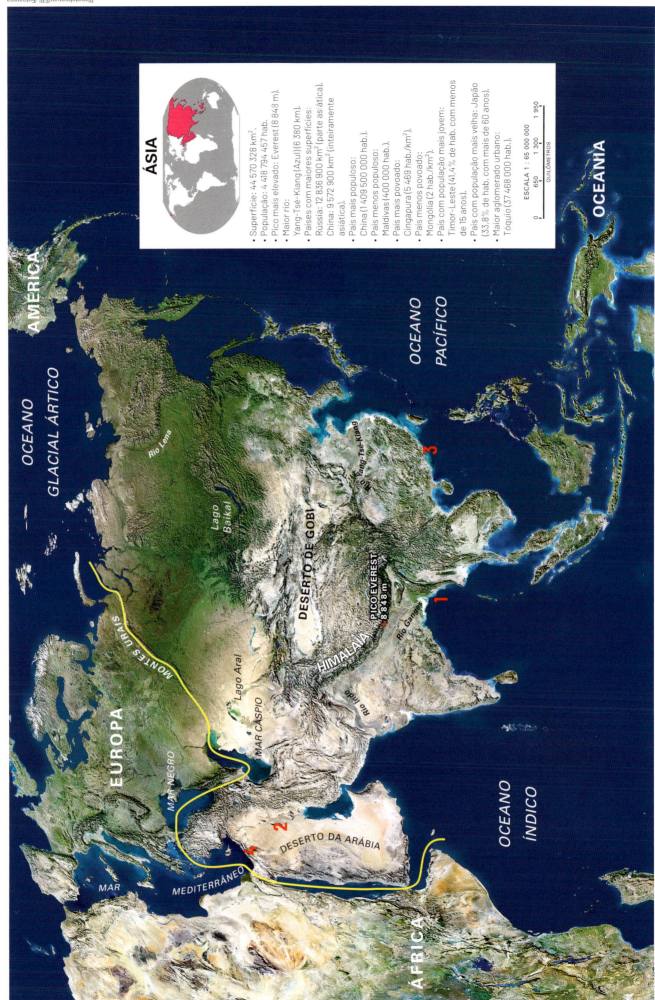

ÁSIA

- Superfície: 44 570 328 km².
- População: 4 418 794 457 hab.
- Pico mais elevado: Everest (8 848 m).
- Maior rio: Yang-Tsé-Kiang (Azul) (6 380 km).
- Países com maiores superfícies: Rússia: 12 836 900 km² (parte asiática). China: 9 572 900 km² (inteiramente asiática).
- País mais populoso: China (1 409 500 000 hab.).
- País menos populoso: Maldivas (400 000 hab.).
- País mais povoado: Cingapura (5 469 hab./km²).
- País menos povoado: Mongólia (2 hab./km²).
- País com população mais jovem: Timor-Leste (41,4% de hab. com menos de 15 anos).
- País com população mais velha: Japão (33,8% de hab. com mais de 60 anos).
- Maior aglomerado urbano: Tóquio (37 468 000 hab.).

ESCALA 1 : 65 000 000

0 — 650 — 1 300 — 1 950
QUILÔMETROS

IMAGENS DE SATÉLITE

ÁSIA

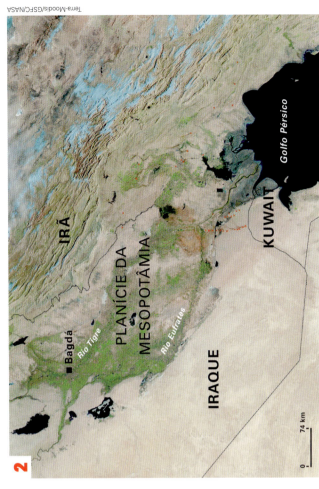

2 A histórica região da **Mesopotâmia**, situada entre os rios **Tigre** e **Eufrates**, tem em ambos os lados clima desértico. O azul nas partes leste e nordeste são nuvens.

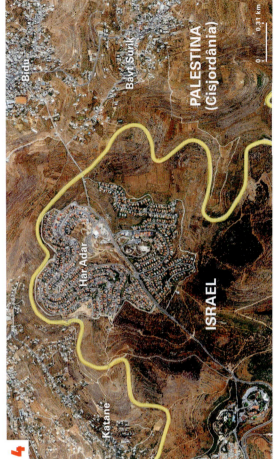

4 O muro que separa **ISRAEL** e **PALESTINA** (Cisjordânia) foi construído pelo governo israelense para demarcar divisas que até os dias atuais são alvo de disputa, mesmo após a partilha feita no final da década de 1940. Na imagem, é possível ver o muro (linha amarela) separando a cidade israelense de Har Adar do território palestino.

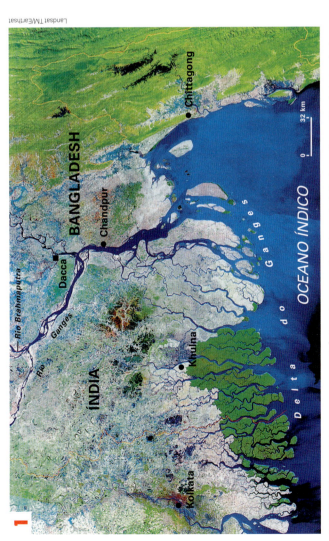

1 **Delta do rio Ganges.** Após percorrer o norte da Índia, o Ganges recebe as águas do rio Brahmaputra, em Bangladesh, e deságua no oceano Índico.

3 A região administrativa autônoma de **Hong Kong** (ex-colônia inglesa devolvida à China em 1997) é um importante centro financeiro, comercial, industrial e turístico. Formada por várias ilhas, a região apresenta elevada densidade demográfica (mais de 7 000 hab./km²) e grande presença de parques e reservas naturais (cerca de 40% do território).

87

ÁSIA FÍSICO

LEGENDA

ALTITUDES
- 2 000 metros
- 1 000
- 400

▲ PICOS

⊔⊔⊔⊔ CANAL

ESCALA 1 : 58 000 000

QUILÔMETROS
0   580   1 160   1 740

ELABORAÇÃO: SIMIELLI, 1987/2009. Generalização cartográfica das curvas de nível com base em *Atlas Mirador Internacional*, 1975, e *World Atlas Philip's*, 1996.
© 2019, M. E. Simielli.

© 2019, M. E. Simielli. Direitos autorais protegidos.

OCEANO ATLÂNTICO
OCEANO GLACIAL ÁRTICO
OCEANO PACÍFICO
OCEANO ÍNDICO

EUROPA
ÁFRICA
OCEANIA

MAR DE BERING
MAR DE OKHOTSK
MAR DO JAPÃO (LESTE)
MAR AMARELO
MAR DA CHINA ORIENTAL
MAR DAS FILIPINAS
MAR DE CÉLEBES
MAR DE BANDA
MAR DE JAVA
MAR DA CHINA MERIDIONAL
MAR DA SIBÉRIA ORIENTAL
MAR DE KARA
MAR CÁSPIO
MAR NEGRO
MAR MEDITERRÂNEO
MAR VERMELHO
MAR ARÁBICO

Golfo de Bengala
Golfo de Sião
Golfo de Tonkin
Golfo Pérsico
Golfo de Omã
Golfo de Aden

PENÍNSULA DE TAIMIR
PENÍNSULA DA INDOCHINA
PLANÍCIE DA SIBÉRIA
PLANALTO CENTRAL SIBERIANO
PLANALTO DA MONGÓLIA
DESERTO DE GOBI
PLANALTO DO TIBETE
DESERTO DE TAKLA MAKAN
HIMALAIA
KARACORUM
HINDO KUSH
PAMIR
TIAN SHAN
KUNLUN
MONTES ALTAI
MTES. SAIAN
MTES. STANOVOI
MTES. IABLONOVI
MONTES VERKHOYANSK
MONTES KOLIMA
MONTES URAIS
CÁUCASO
ELBURZ
MONTES ZAGROS
TAURUS
ARARAT

PLANALTO DO IRÃ
PLANALTO DA ARÁBIA
DESERTO DA ARÁBIA
DESERTO
PLANÍCIE DO GANGES
PLANALTO DO DECÃ
GATE ORIENTAL
GATE OCIDENTAL

EVEREST 8 848 m
MINYA KONKA 7 590 m
DHAULAGIRI 8 172 m
FUJI 3 778 m
KINABALU 4 175 m
KERINCI 3 805 m

I. Hokkaido
I. Honshu
I. Kiushu
I. Sacalina
I. Formosa
I. Luzon
I. Mindanao
I. Sulawesi
I. Borneo
I. Java
I. Sumatra
I. Timor
I. Nova Guiné
Is. Nova Zembla
Is. Terra do Norte
Is. Maldivas
Is. Chagos
I. Diego Garcia
I. Ceilão

KAMCHATKA
PEN.

Rios: Lena, Ob, Ienissei, Amur, Kolima, Tobol, Ural, Syr Daria, Amu Daria, Ganges, Indo, Brahmaputra, Mekong, Yang-Tse-Kiang, Hoang-Ho, Sikiang, Tigre, Eufrates

L. Baikal
L. Balkhash
L. Aral
DEPRESSÃO CASPIANA

TRÓPICO DE CÂNCER
EQUADOR
CÍRCULO POLAR ÁRTICO
LESTE DE GREENWICH
OESTE DE GREENWICH

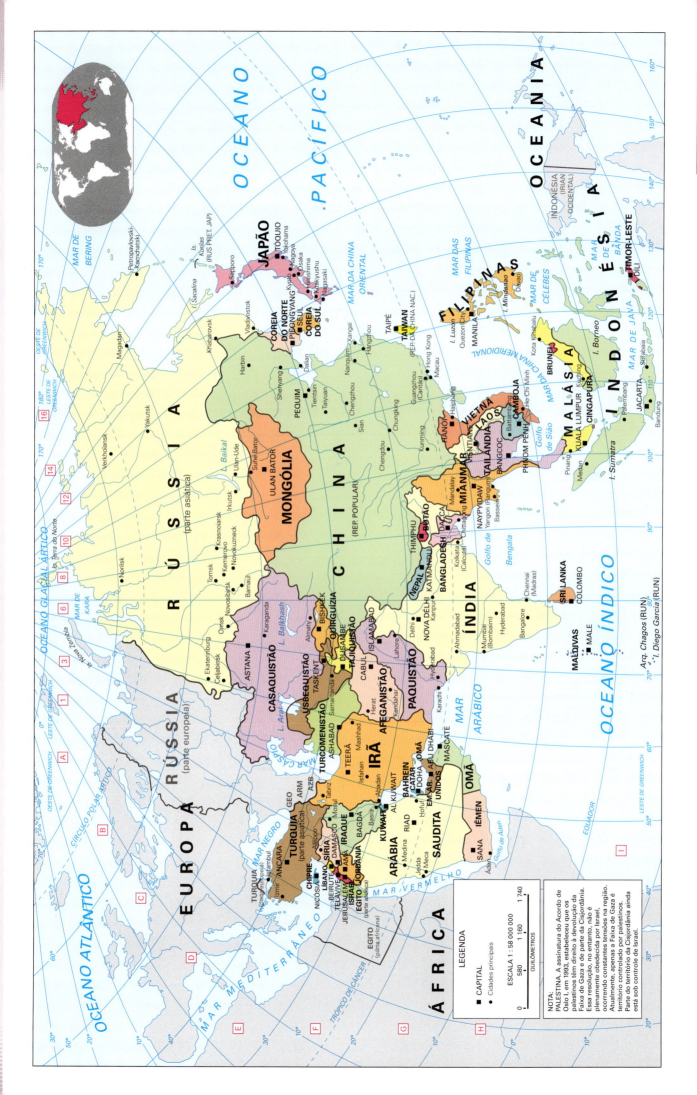

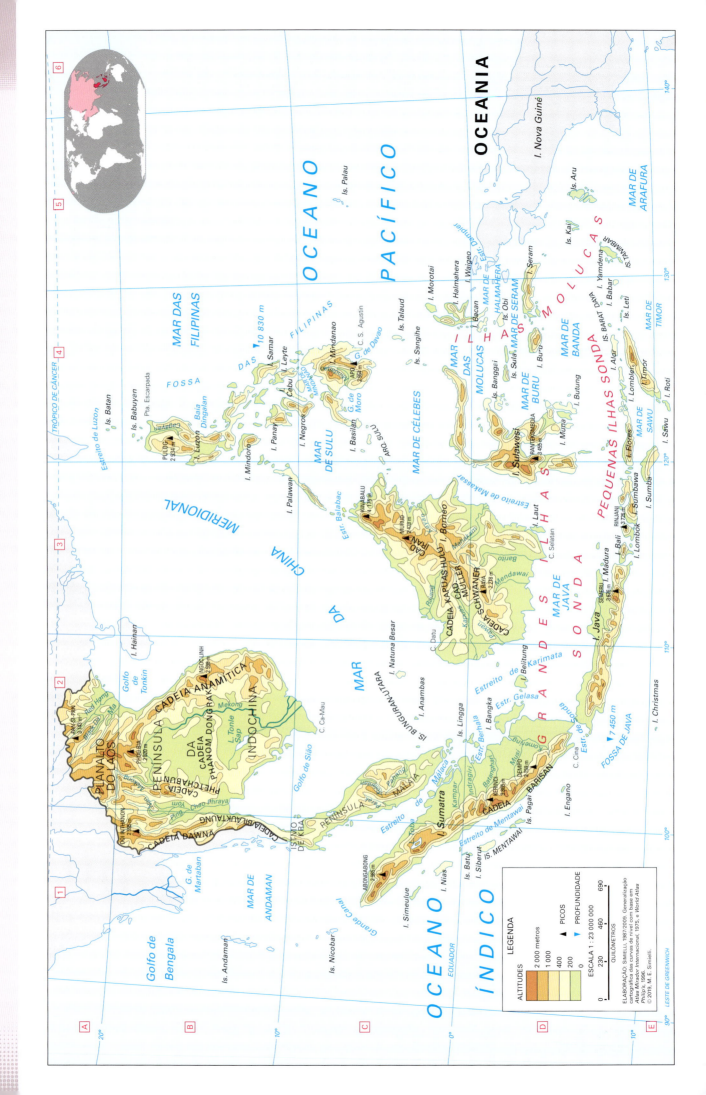

ÁSIA DE SUDESTE FÍSICO

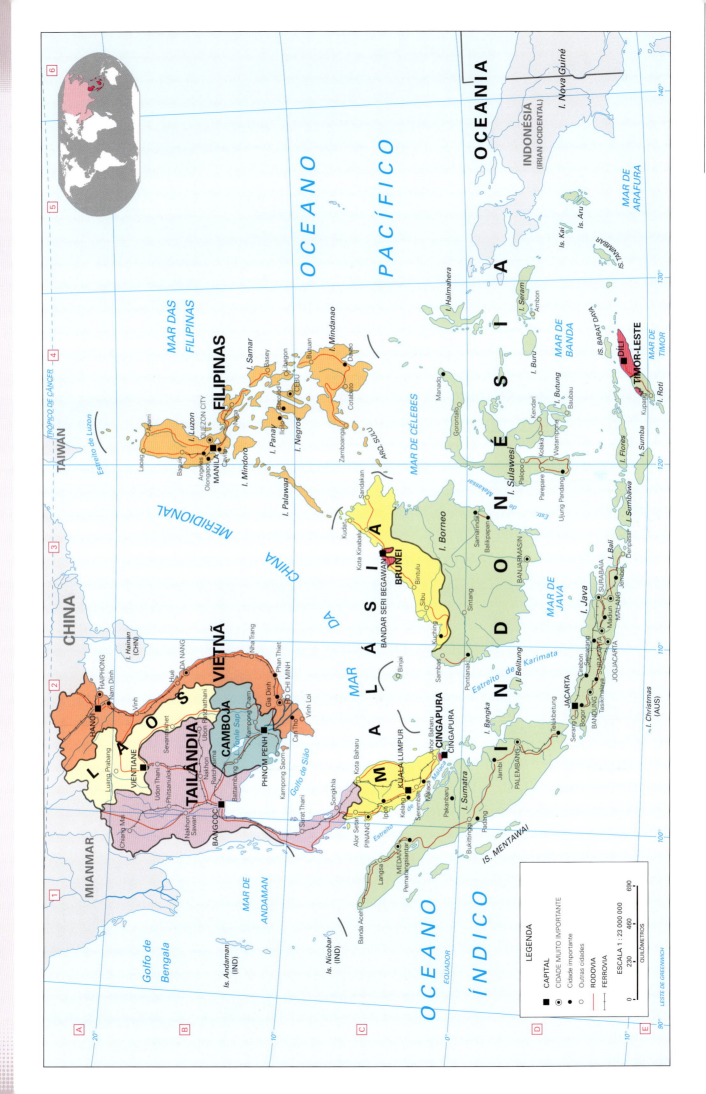

92 SUL DA ÁSIA FÍSICO

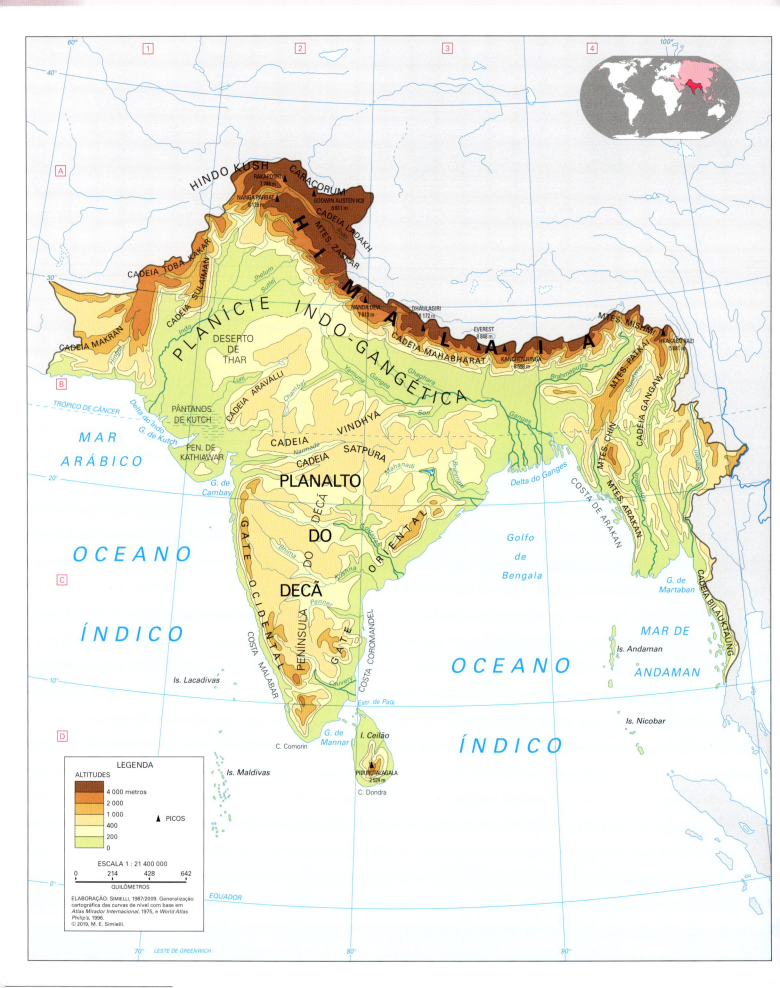

SUL DA ÁSIA POLÍTICO

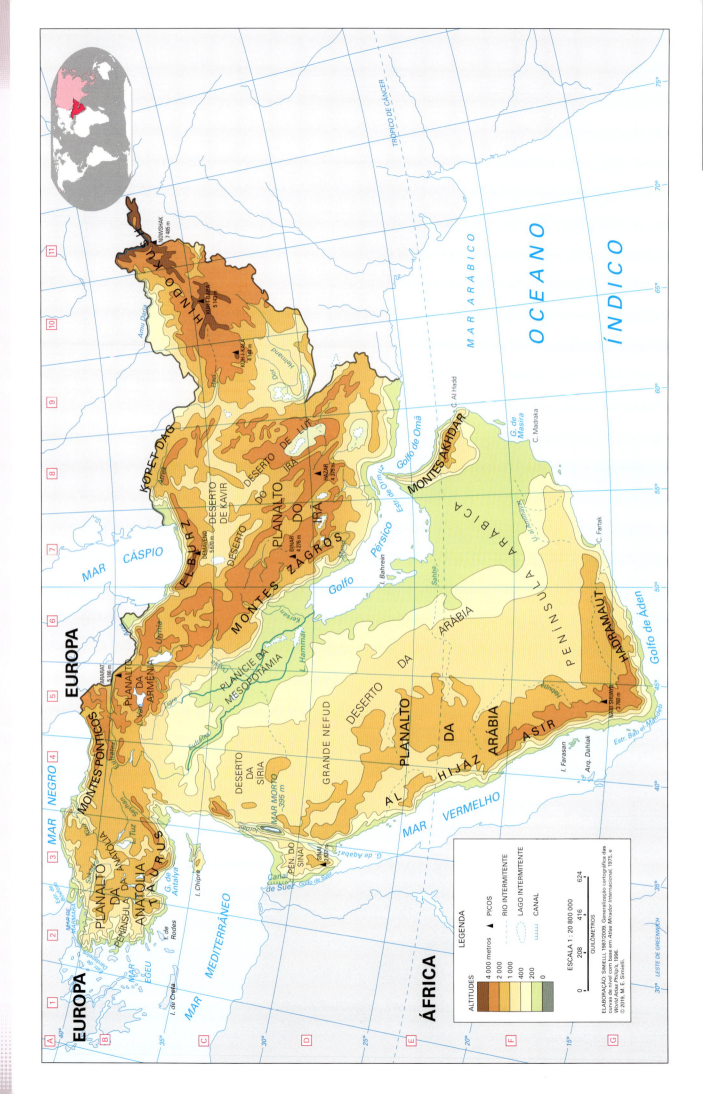

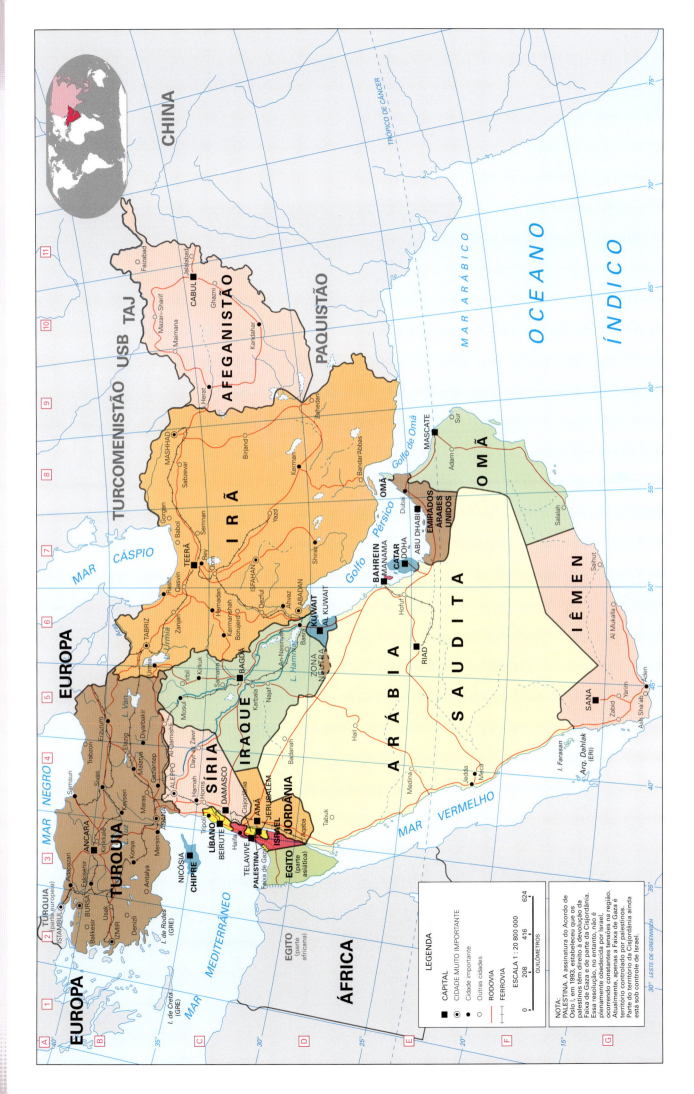

EXTREMO ORIENTE FÍSICO

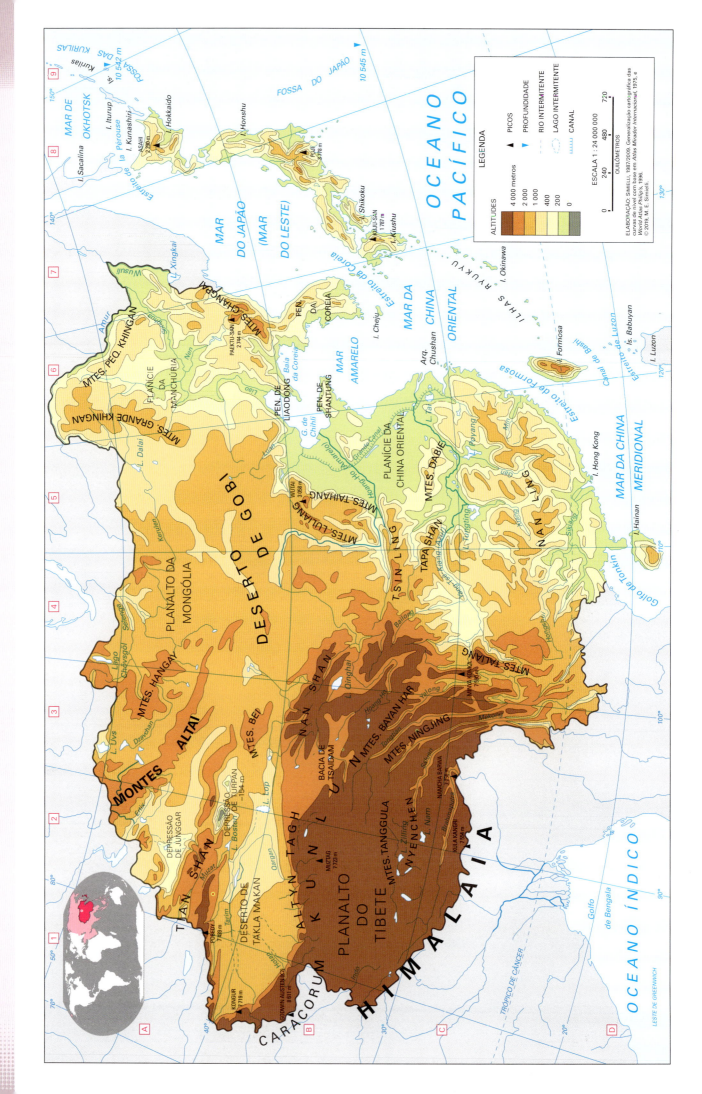

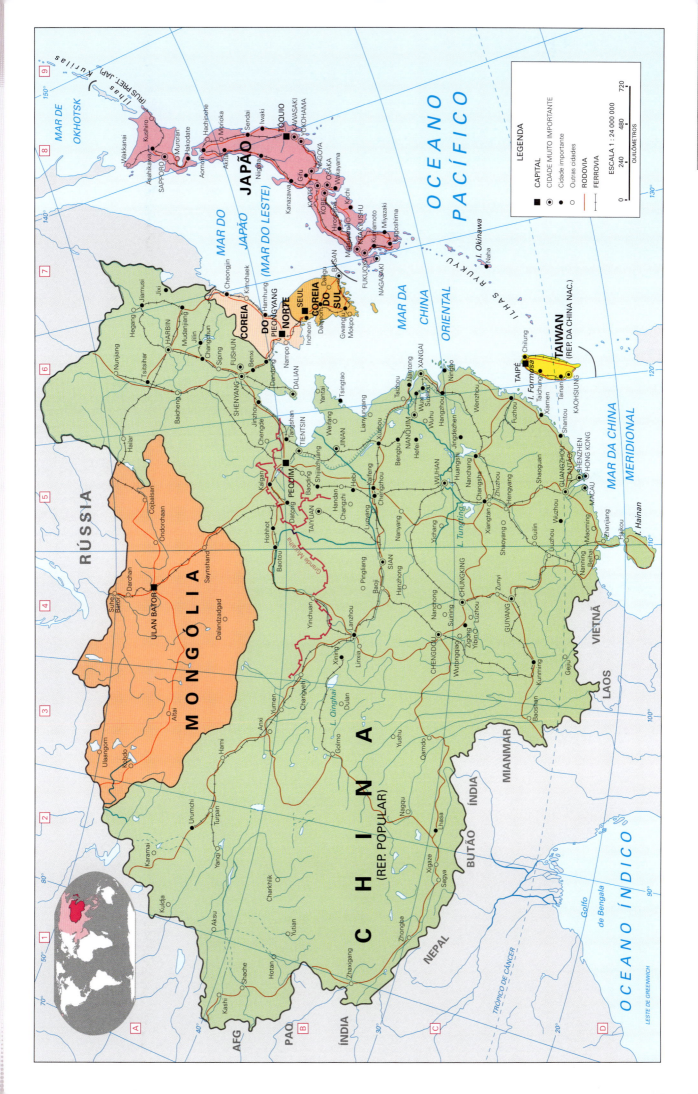

ÁSIA TEMÁTICOS

ÍNDIA E PAQUISTÃO – CONFLITOS

JAPÃO, COREIA DO NORTE, COREIA DO SUL E CHINA – CONFLITOS

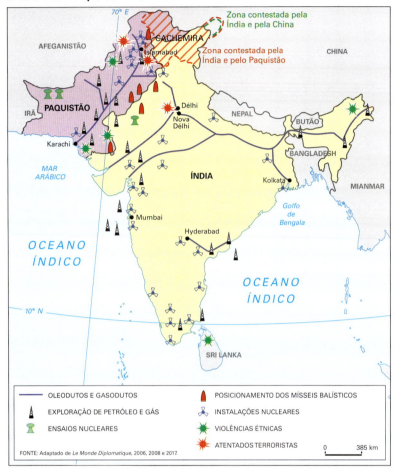

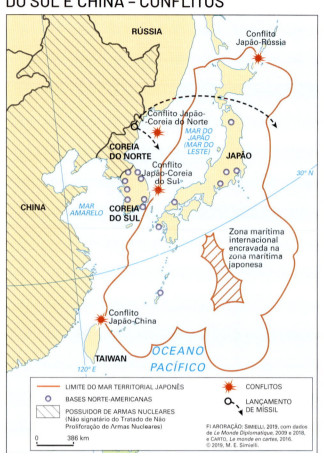

ECONOMIA – IMPORTÂNCIA DO SETOR PRIMÁRIO

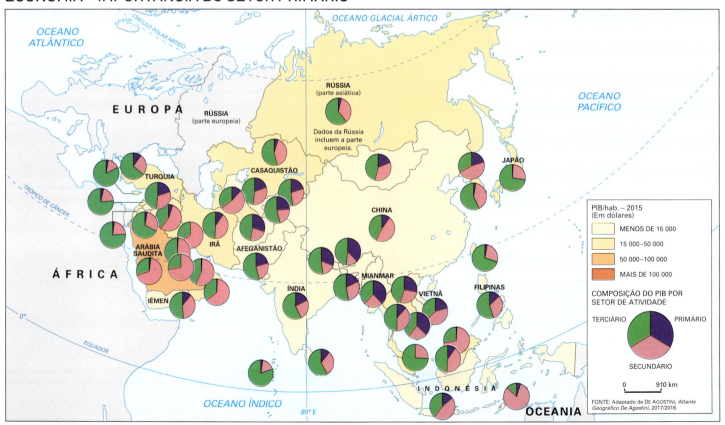

ÁSIA TEMÁTICOS 99

ORIENTE MÉDIO – CONFLITOS

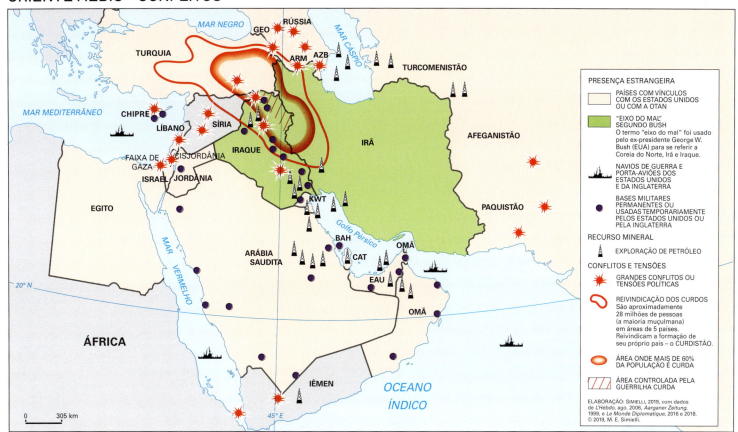

GEOPOLÍTICA – PERMANÊNCIAS OU MUDANÇAS
ISRAEL E PALESTINA – CONFLITOS

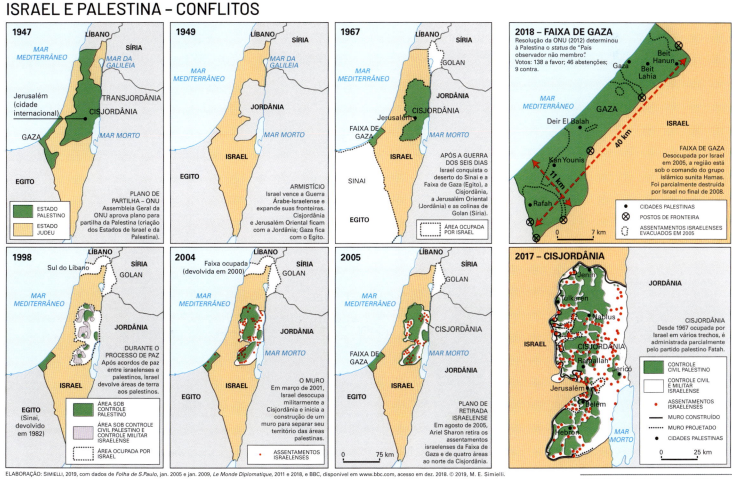

OCEANIA — IMAGENS DE SATÉLITE

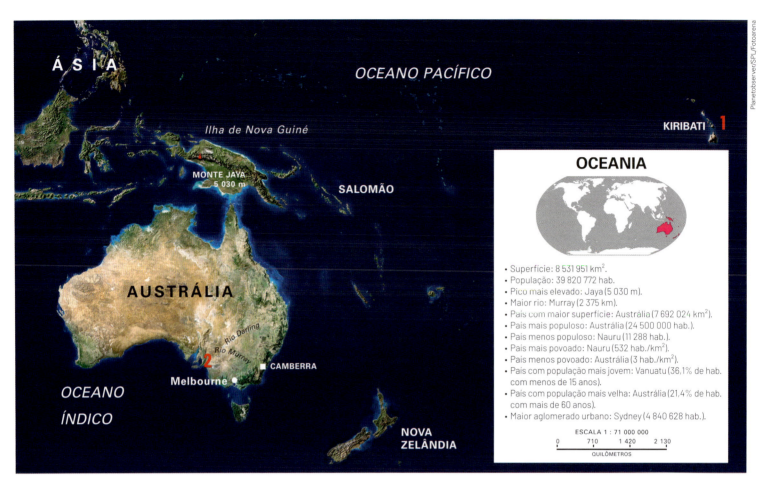

OCEANIA

- Superfície: 8 531 951 km².
- População: 39 820 772 hab.
- Pico mais elevado: Jaya (5 030 m).
- Maior rio: Murray (2 375 km).
- País com maior superfície: Austrália (7 692 024 km²).
- País mais populoso: Austrália (24 500 000 hab.).
- País menos populoso: Nauru (11 288 hab.).
- País mais povoado: Nauru (532 hab./km²).
- País menos povoado: Austrália (3 hab./km²).
- País com população mais jovem: Vanuatu (36,1% de hab. com menos de 15 anos).
- País com população mais velha: Austrália (21,4% de hab. com mais de 60 anos).
- Maior aglomerado urbano: Sydney (4 840 628 hab.).

ESCALA 1 : 71 000 000

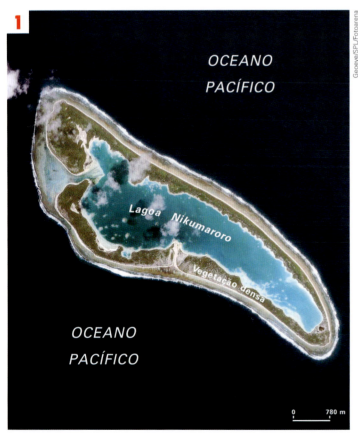

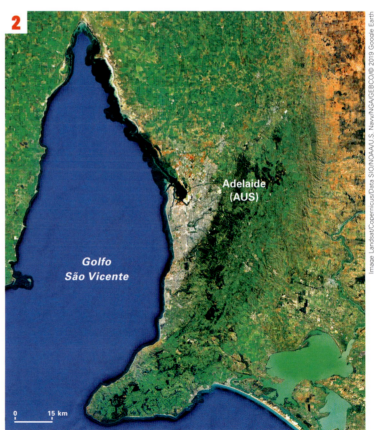

A ilha de **Nikumaroro** é um atol de corais inabitado do arquipélago Phoenix, em **KIRIBATI**. Com clima equatorial, é esporadicamente visitada por expedições científicas atraídas pela intensa vida marinha e pelos ecossistemas aviários.

A cidade de **Adelaide**, situada no golfo São Vicente, é uma das maiores da **AUSTRÁLIA**, com, aproximadamente, 1,3 milhão de habitantes. Na economia, a cidade se destaca pela produção de opala, pedra preciosa típica das minas do sul da Austrália.

OCEANIA

OCEANIA FÍSICO

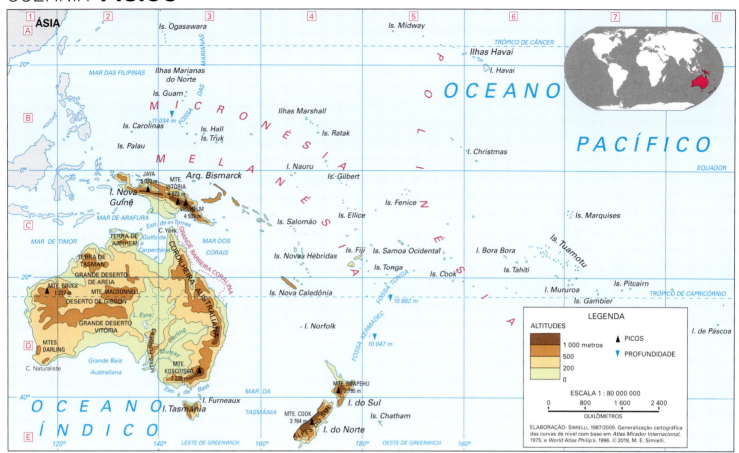

OCEANIA POLÍTICO

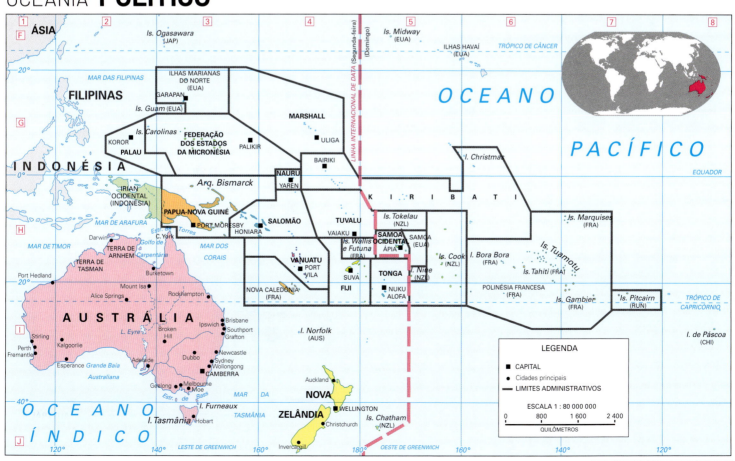

102 OCEANIA TEMÁTICOS

ARCO DO PACÍFICO

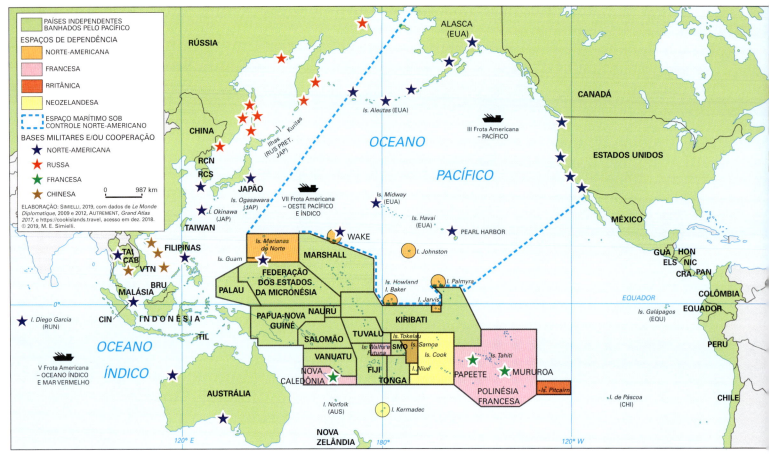

GEOPOLÍTICA – PERMANÊNCIAS OU MUDANÇAS
ESPAÇO ESTRATÉGICO

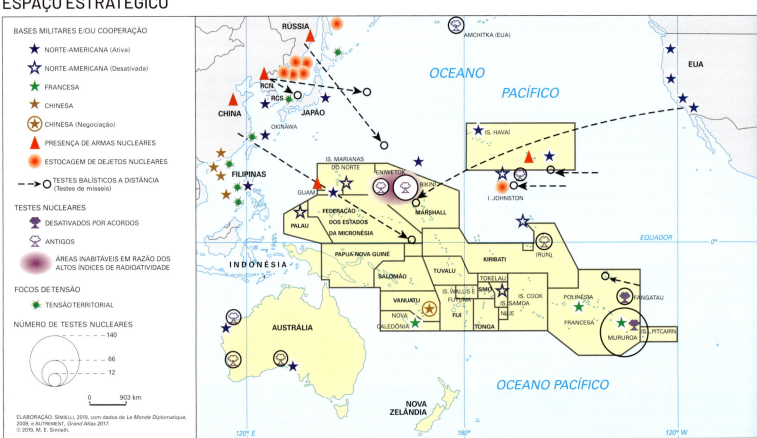

ANTÁRTIDA **IMAGENS DE SATÉLITE** 103

ANTÁRTIDA

- Superfície: 14 000 000 km².
- População: temporária, constituída pelas equipes científicas das estações de pesquisa. Em geral, a população temporária da Antártida é de 5 000 pessoas; no inverno esse número reduz-se a 1 000 pessoas.
- Pico mais elevado: Vinson (4 897 m).

ESCALA 1 : 52 000 000
0 — 520 — 1 040 — 1 560
QUILÔMETROS

A estação científica do Brasil na Antártida — **Estação Comandante Ferraz** — fica na ilha Rei George. A região antártica é utilizada apenas para pesquisas com fins pacíficos, uma vez que a exploração econômica ou para uso militar e nuclear é proibida.

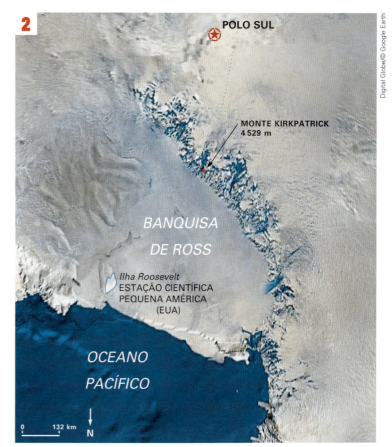

Banquisa é uma grande camada superficial de gelo, resultante do congelamento da água do mar. É flutuante e ocorre nos litorais das altas latitudes (regiões polares), constituindo um verdadeiro obstáculo à navegação.

104 ANTÁRTIDA FÍSICO E POLÍTICO

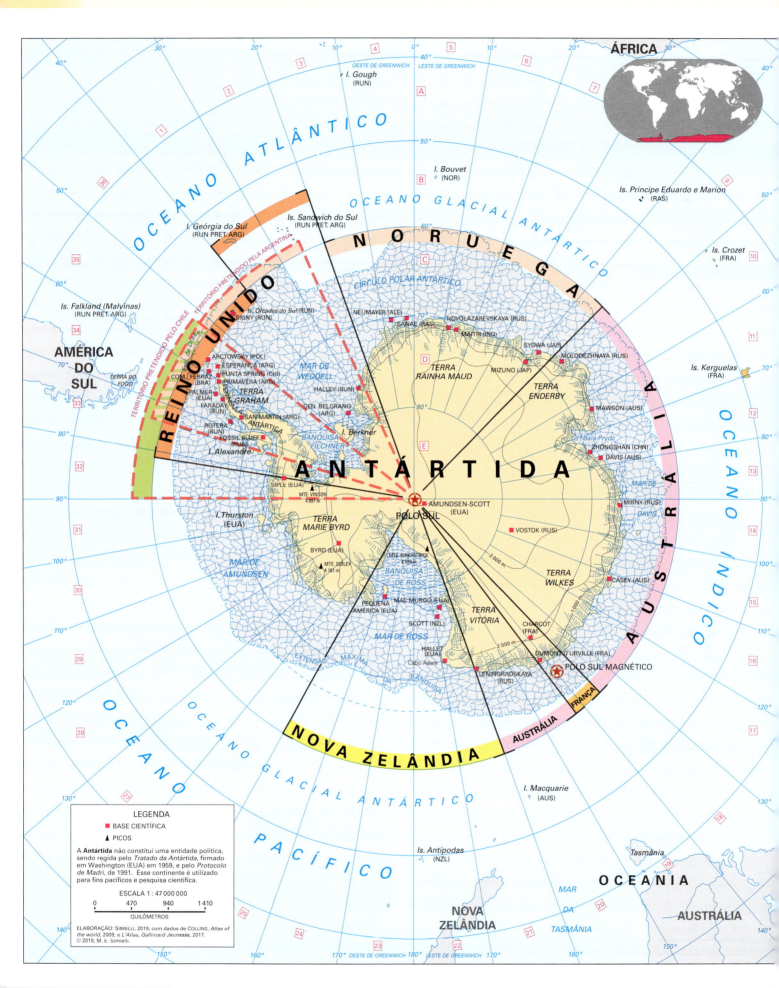

REGIÕES POLARES TEMÁTICOS

ANTÁRTIDA – POLO SUL

A **Antártida** é um continente com 13 720 000 km², nenhum habitante e temperaturas mínimas de até –89,6 °C. É cercada pelas águas dos oceanos Pacífico, Atlântico e Índico.
Em 1959, foi firmado o *Tratado da Antártida*, em Washington (EUA), regulamentando o uso da região para pesquisas científicas com fins pacíficos. O Brasil passou a fazer parte do restrito grupo que desenvolve atividades na Antártida em maio de 1975. Em 1991, foi assinado o *Protocolo de Madri* (Espanha), que visa à proteção integral do continente por, pelo menos, 50 anos. Esse protocolo concedeu à Antártida o *status* de "Reserva Natural Internacional dedicada à Ciência e à Paz", e só poderá ser modificado a partir de 2048.
Trinta países possuem bases de pesquisa científica no continente, onde não são permitidos exercícios militares, testes nucleares ou depósitos de lixo radioativo.
Nas bases de pesquisa científica trabalham aproximadamente 5 000 pessoas (no inverno, apenas 1 000).

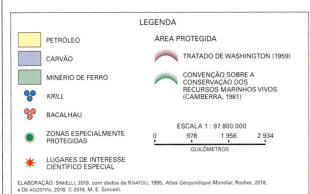

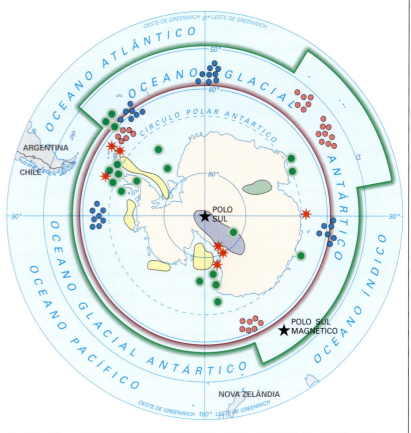

ÁRTICO – POLO NORTE

A **Zona do Ártico** não constitui um continente, mas uma área situada entre a Ásia e a América do Norte. É constituída pela Groenlândia (possessão da Dinamarca), Sibéria (território da Rússia), Alasca (território dos Estados Unidos) e Canadá, ocupando uma área de 12 milhões de km².
As temperaturas mínimas nessa região atingem –67,7 °C. Por causa das baixíssimas temperaturas, o oceano glacial Ártico fica permanentemente recoberto pela banquisa.
Possui 5 milhões de habitantes, sendo aproximadamente 100 mil inuítes (esquimós).
É uma área de grande importância estratégica. Aí estão instaladas bases militares americanas e russas e, na Groenlândia, depósitos de lixo radioativo.
É um espaço utilizado pela navegação aérea porque as rotas polares são mais curtas. Por exemplo, um avião que sai de Copenhague (Dinamarca), pela rota polar, faz escala em Anchorage (Alasca), seguindo depois para Vancouver (Canadá).

BRASIL — IMAGEM DE SATÉLITE

Imagem diurna do Brasil. Esta imagem de satélite mostra a complexidade das paisagens brasileiras e de países vizinhos. Nela podemos visualizar, entre outros elementos, as águas, vegetações e diferentes formas de relevo. Por não se tratar de uma simples fotografia, as cores que vemos na imagem não são, necessariamente, as mesmas que enxergamos nas paisagens reais. Esta imagem é um mosaico resultante de várias imagens parciais.

BRASIL — IMAGEM DE SATÉLITE

Imagem noturna do Brasil. Esta imagem de satélite destaca, de forma nítida, os maiores aglomerados urbanos do nosso país.

108 BRASIL BANDEIRAS

LEGENDA
- **C** Capital do estado[1]
- **S** Superfície[1]
- **P** População[1]
- **D** IDHM – Índice de Desenvolvimento Humano Municipal (Valor do índice/classificação)[2]
- **U** População urbana[1]
- **A** População Economicamente Ativa[3]
- • Esperança de vida (em anos)[2]
- ✱ Analfabetismo[2]
- ▼ Rendimento mensal domiciliar (em reais)[4]

ACRE – AC
- C Rio Branco
- S 164 122,3 km²
- P 806 382 hab.
- D 0,710 (17º)
- U 71,1%
- A 73,5%
- • 73,61 anos
- ✱ 13,76%
- ▼ R$ 769

p. 149

ALAGOAS – AL
- C Maceió
- S 27 779,3 km²
- P 3 344 961 hab.
- D 0,663 (27º)
- U 73,9%
- A 60,8%
- • 73,61 anos
- ✱ 20,01%
- ▼ R$ 658

p. 151

AMAPÁ – AP
- C Macapá
- S 142 827,9 km²
- P 770 903 hab.
- D 0,719 (15º)
- U 86,7%
- A 68,8%
- • 73,66 anos
- ✱ 5,89%
- ▼ R$ 936

p. 149

AMAZONAS – AM
- C Manaus
- S 1 559 161,7 km²
- P 3 952 460 hab.
- D 0,703 (21º)
- U 84%
- A 73,3%
- • 71,67 anos
- ✱ 6,67%
- ▼ R$ 850

p. 149

BAHIA – BA
- C Salvador
- S 564 830,9 km²
- P 15 220 335 hab.
- D 0,698 (22º)
- U 74,1%
- A 69,8%
- • 73,23 anos
- ✱ 13,52%
- ▼ R$ 862

p. 151

CEARÁ – CE
- C Fortaleza
- S 148 920,5 km²
- P 8 923 524 hab.
- D 0,715 (16º)
- U 72,5%
- A 63,4%
- • 73,62 anos
- ✱ 17,33%
- ▼ R$ 824

p. 151

DISTRITO FEDERAL – DF
- C Brasília
- S 5 787,8 km²
- P 2 925 260 hab.
- D 0,839 (1º)
- U 95,3%
- A 72,3%
- • 77,85 anos
- ✱ 3%
- ▼ R$ 2 548

p. 157

ESPÍRITO SANTO – ES
- C Vitória
- S 46 098,6 km²
- P 3 938 764 hab.
- D 0,777 (7º)
- U 85%
- A 71,5%
- • 77,85 anos
- ✱ 5,95%
- ▼ R$ 1 205

p. 153

GOIÁS – GO
- C Goiânia
- S 340 103,5 km²
- P 6 630 851 hab.
- D 0,756 (11º)
- U 91,6%
- A 74,1%
- • 74 anos
- ✱ 6,09%
- ▼ R$ 1 777

p. 157

MARANHÃO – MA
- C São Luís
- S 331 935,5 km²
- P 6 910 367 hab.
- D 0,677 (25º)
- U 59,6%
- A 72,2%
- • 70,28 anos
- ✱ 18,81%
- ▼ R$ 597

p. 151

MATO GROSSO – MT
- C Cuiabá
- S 903 329,7 km²
- P 3 274 089 hab.
- D 0,763 (9º)
- U 81,7%
- A 74%
- • 73,97 anos
- ✱ 7,12%
- ▼ R$ 1 247

p. 157

MATO GROSSO DO SUL – MS
- C Campo Grande
- S 357 145,8 km²
- P 2 659 102 hab.
- D 0,756 (10º)
- U 89,2%
- A 73,1%
- • 75,28 anos
- ✱ 5,98%
- ▼ R$ 1 291

p. 157

MINAS GERAIS – MG
- C Belo Horizonte
- S 586 520,4 km²
- P 20 899 890 hab.
- D 0,769 (8º)
- U 84%
- A 73,2%
- • 76,97 anos
- ✱ 6,79%
- ▼ R$ 1 224

p. 153

PARÁ – PA
- C Belém
- S 1 247 950,0 km²
- P 8 192 970 hab.
- D 0,682 (23º)
- U 68,5%
- A 72,5%
- • 71,91 anos
- ✱ 9,94%
- ▼ R$ 715

p. 149

PARAÍBA – PB
- C João Pessoa
- S 56 469,5 km²
- P 3 976 321 hab.
- D 0,709 (19º)
- U 80%
- A 70,1%
- • 72,93 anos
- ✱ 17,13%
- ▼ R$ 928

p. 151

PARANÁ – PR
- C Curitiba
- S 199 316,7 km²
- P 11 186 588 hab.
- D 0,790 (4º)
- U 87,4%
- A 71%
- • 76,78 anos
- ✱ 5,11%
- ▼ R$ 1 472

p. 155

PERNAMBUCO – PE
- C Recife
- S 98 146,3 km²
- P 9 359 494 hab.
- D 0,710 (18º)
- U 79,8%
- A 62,5%
- • 73,48 anos
- ✱ 15,36%
- ▼ R$ 852

p. 151

PIAUÍ – PI
- C Teresina
- S 251 576,6 km²
- P 3 206 665 hab.
- D 0,675 (26º)
- U 67,1%
- A 74,4%
- • 70,87 anos
- ✱ 18,18%
- ▼ R$ 750

p. 151

RIO DE JANEIRO – RJ
- C Rio de Janeiro
- S 43 780,2 km²
- P 16 577 749 hab.
- D 0,779 (5º)
- U 97,4%
- A 66%
- • 75,88 anos
- ✱ 3,02%
- ▼ R$ 1 445

p. 153

RIO GRANDE DO NORTE – RN
- C Natal
- S 52 810,7 km²
- P 3 450 361 hab.
- D 0,725 (14º)
- U 77,1%
- A 68,2%
- • 75,48 anos
- ✱ 15,77%
- ▼ R$ 845

p. 151

RIO GRANDE DO SUL – RS
- C Porto Alegre
- S 268 781,9 km²
- P 11 264 688 hab.
- D 0,778 (6º)
- U 85%
- A 71%
- • 77,5 anos
- ✱ 3,53%
- ▼ R$ 1 635

p. 155

RONDÔNIA – RO
- C Porto Velho
- S 237 590,9 km²
- P 1 772 941 hab.
- D 0,708 (20º)
- U 76,5%
- A 73,3%
- • 71,14 anos
- ✱ 8,01%
- ▼ R$ 957

p. 149

RORAIMA – RR
- C Boa Vista
- S 224 301,0 km²
- P 508 736 hab.
- D 0,743 (12º)
- U 84,2%
- A 77,3%
- • 71,22 anos
- ✱ 7,96%
- ▼ R$ 1 006

p. 149

SANTA CATARINA – SC
- C Florianópolis
- S 95 703,5 km²
- P 6 838 878 hab.
- D 0,816 (3º)
- U 83,7%
- A 69,9%
- • 79,07 anos
- ✱ 3,53%
- ▼ R$ 1 597

p. 155

SÃO PAULO – SP
- C São Paulo
- S 248 197,0 km²
- P 44 499 755 hab.
- D 0,819 (2º)
- U 96,6%
- A 69,5%
- • 77,79 anos
- ✱ 3,53%
- ▼ R$ 1 712

p. 153

SERGIPE – SE
- C Aracaju
- S 21 918,4 km²
- P 2 248 682 hab.
- D 0,681 (24º)
- U 70,9%
- A 70,9%
- • 72,41 anos
- ✱ 15,63%
- ▼ R$ 834

p. 151

TOCANTINS – TO
- C Palmas
- S 277 621,9 km²
- P 1 519 385 hab.
- D 0,732 (13º)
- U 78,4%
- A 70,7%
- • 73,11 anos
- ✱ 11,43%
- ▼ R$ 937

p. 149

REGIÕES ADMINISTRATIVAS

NORTE
- S 3 853 575,6 km²
- P 17 523 777 hab.
- D 0,714 (4º)
- U 75,01%
- A 57,01%
- • 72 anos
- ✱ 9,1%
- ▼ R$ 859

NORDESTE
- S 1 554 387,7 km²
- P 56 640 710 hab.
- D 0,695 (5º)
- U 73,12%
- A 55,44%
- • 72,8 anos
- ✱ 16,2%
- ▼ R$ 796

SUDESTE
- S 924 596,1 km²
- P 85 916 158 hab.
- D 0,786 (2º)
- U 93,14%
- A 60,86%
- • 77,2 anos
- ✱ 4,3%
- ▼ R$ 1 504

SUL
- S 563 802,1 km²
- P 29 290 154 hab.
- D 0,779 (3º)
- U 85,61%
- A 62,47%
- • 77,5 anos
- ✱ 4,1%
- ▼ R$ 1 513

CENTRO-OESTE
- S 1 606 366,8 km²
- P 15 489 302 hab.
- D 0,795 (1º)
- U 89,81%
- A 62,09%
- • 74,9 anos
- ✱ 5,7%
- ▼ R$ 1 525

IDH – Mede o progresso social de uma região em três dimensões básicas do desenvolvimento humano: *educação, esperança de vida e renda* per capita (varia de 0 a 1).
O IDHM é semelhante ao IDH: inclui as três dimensões mencionadas, mas com algumas adaptações para adequar o índice (concebido para comparar países) ao município.
FONTES: 1. https://www.ibge.gov.br/, acesso em dez. 2018. 2. http://www.atlasbrasil.org.br/, acesso em dez. 2018. 3. https://cidades.ibge.gov.br/, acesso em dez. 2018. 4. https://biblioteca.ibge.gov.br/, acesso em dez. 2018.

© 2019, M. E. Simielli. Direitos autorais protegidos.

BRASIL GRÁFICOS 109

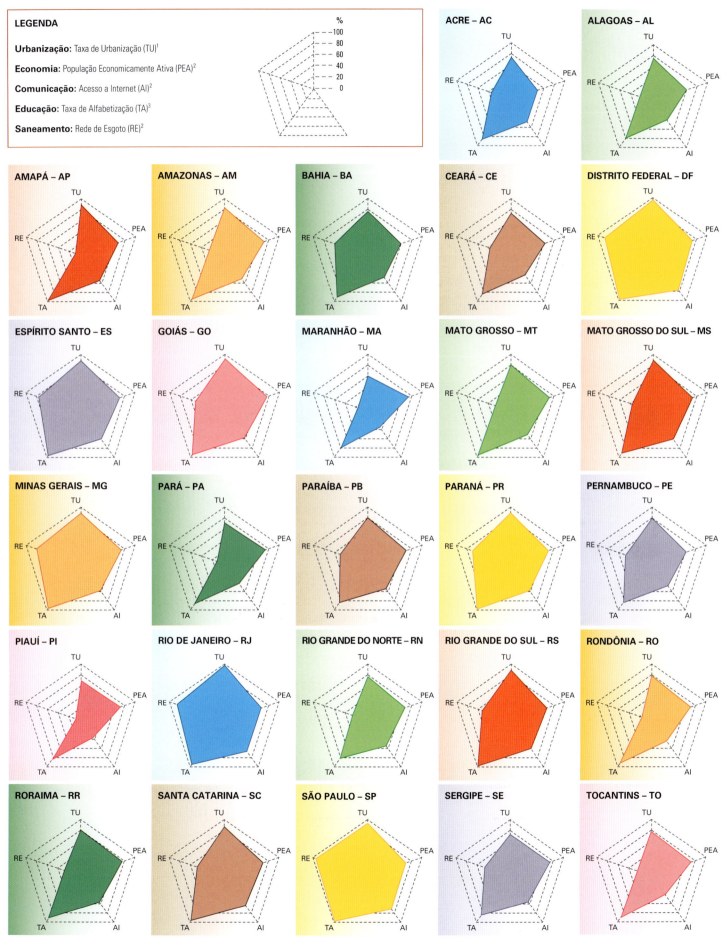

110 BRASIL POLÍTICO

BRASIL REGIÕES

REGIÕES ADMINISTRATIVAS

REGIÃO ADMINISTRATIVA
O critério da regionalização é principalmente de ordem natural, considerando ainda aspectos socioeconômicos. Esta divisão, que respeita os limites estaduais, corresponde à divisão oficial do território brasileiro (IBGE), e é utilizada para fins estatísticos e didáticos.

FONTE: IBGE, 1998.

REGIÕES GEOECONÔMICAS

REGIÃO GEOECONÔMICA
O critério da regionalização é basicamente socioeconômico e não considera os limites estaduais. Cada complexo regional tem características importantes em comum, que ultrapassam as divisões político-administrativas dos estados.

FONTE: IBGE, 2002.

REGIÕES – OS "QUATRO BRASIS"

REGIÃO (MEIO TÉCNICO-CIENTÍFICO-INFORMACIONAL)
O critério da regionalização é baseado na difusão diferencial do meio técnico-científico-informacional e nas heranças do passado. Considera a robotização das indústrias; a tecnologia usada no setor agropecuário; a localização dos centros de decisões políticas, de sedes financeiras e de outras instituições que se vinculam ao mercado e à política global; e a existência de instituições voltadas para pesquisas aplicadas aos setores produtivos.

FONTE: SANTOS, Milton, 2001.

REGIÕES LITERÁRIAS

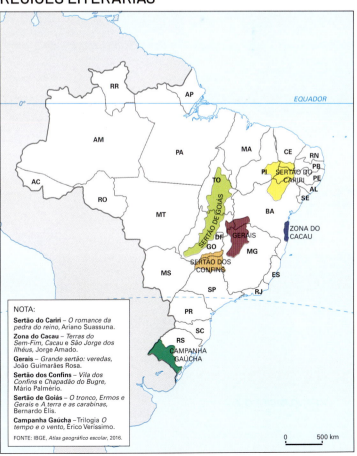

NOTA:
Sertão do Cariri – *O romance da pedra do reino*, Ariano Suassuna.
Zona do Cacau – *Terras do Sem-Fim, Cacau* e *São Jorge dos Ilhéus*, Jorge Amado.
Gerais – *Grande sertão: veredas*, João Guimarães Rosa.
Sertão dos Confins – *Vila dos Confins* e *Chapadão do Bugre*, Mário Palmério.
Sertão de Goiás – *O tronco, Ermos e Gerais* e *A terra e as carabinas*, Bernardo Élis.
Campanha Gaúcha – Trilogia *O tempo e o vento*, Érico Verissimo.

FONTE: IBGE, *Atlas geográfico escolar*, 2016.

© 2019, M. E. Simielli. Direitos autorais protegidos.

112 BRASIL FÍSICO

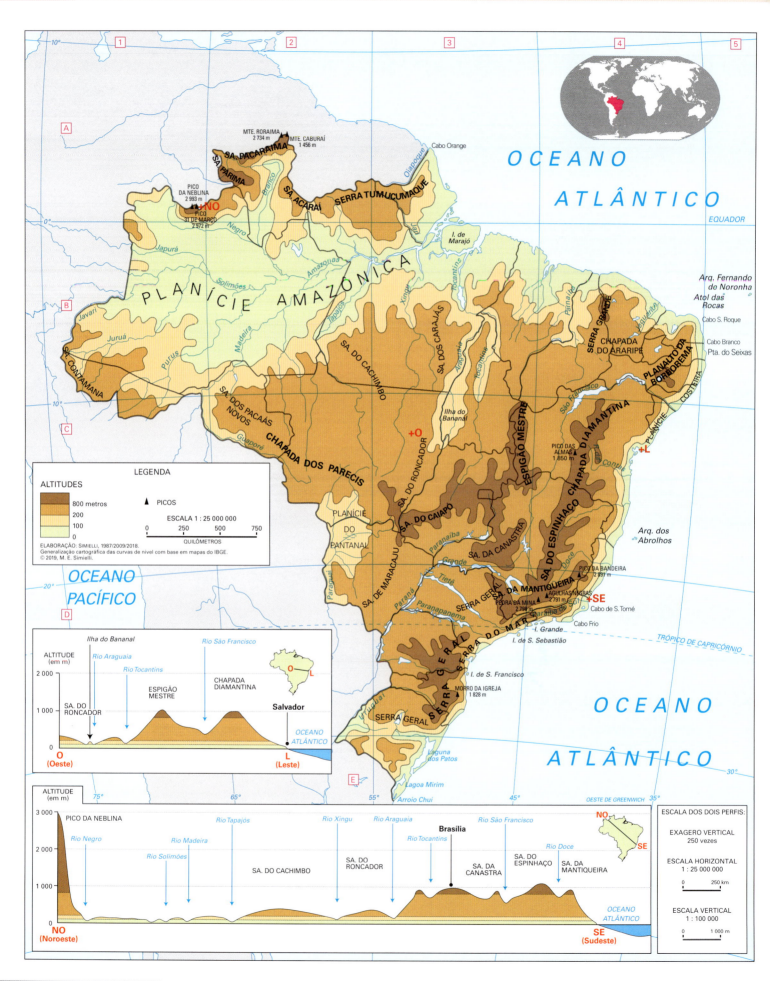

BRASIL RECURSOS ENERGÉTICOS 113

BACIAS HIDROGRÁFICAS E POTENCIAL HIDRELÉTRICO

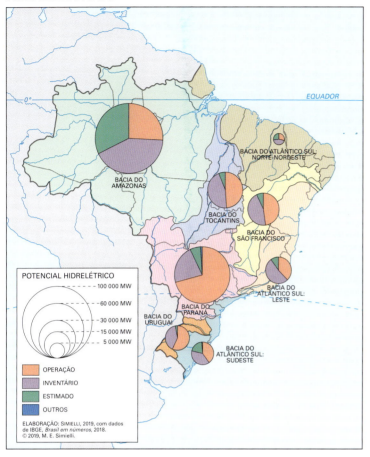

GERAÇÃO DE ENERGIA

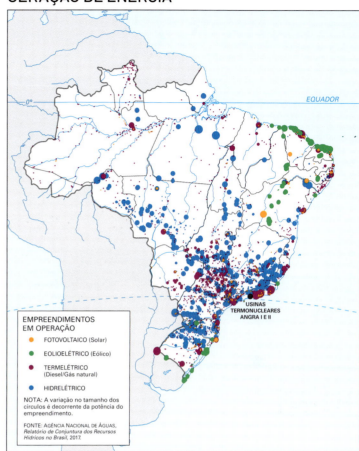

PRODUÇÃO DE PETRÓLEO E GÁS

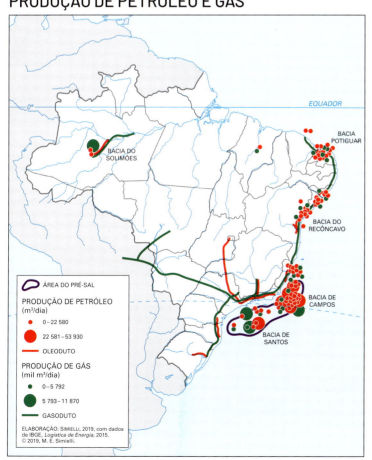

SISTEMA INTERLIGADO NACIONAL – SIN

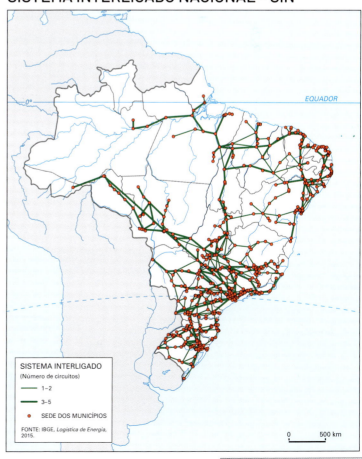

BRASIL RELEVO

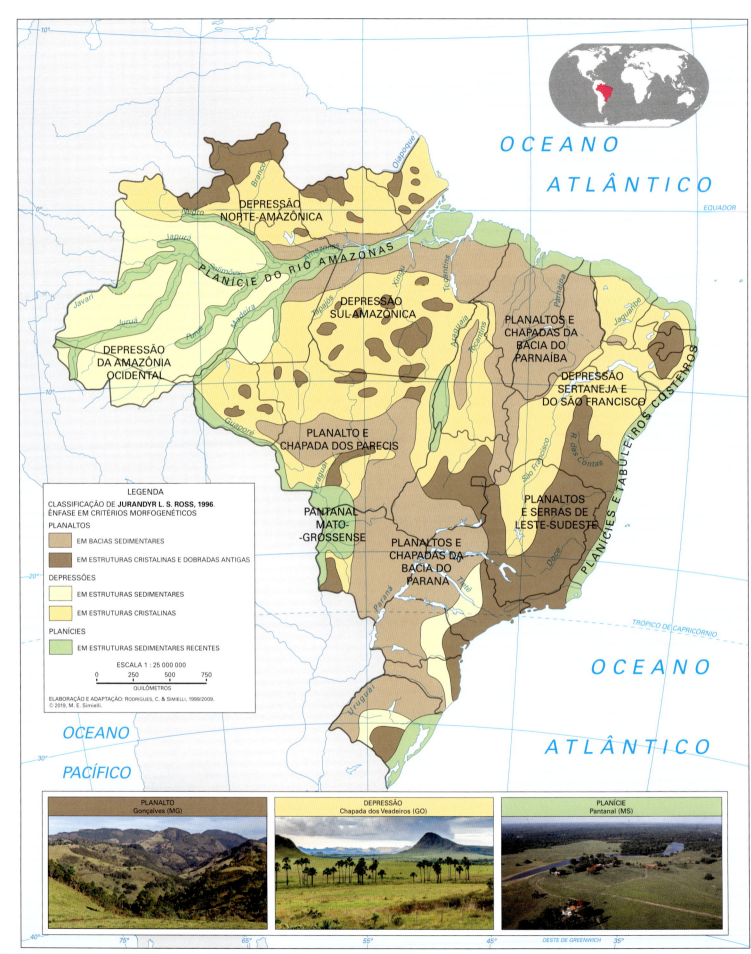

BRASIL FÍSICO 115

RELEVO

DOMÍNIOS MORFOCLIMÁTICOS

AQUÍFEROS GUARANI E ALTER DO CHÃO

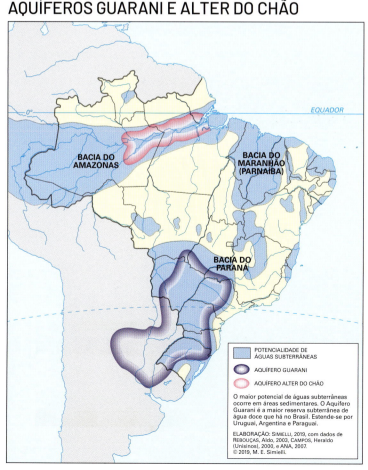

USO DE ÁGUAS SUBTERRÂNEAS

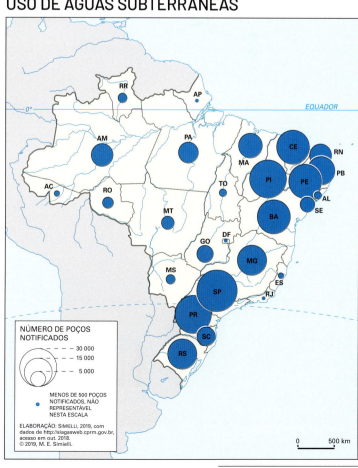

BRASIL GEOLOGIA

BRASIL GEOLOGIA – RECURSOS E AMEAÇAS 117

MINERAIS

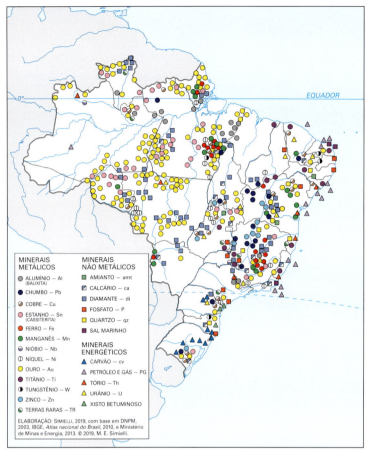

TERREMOTOS

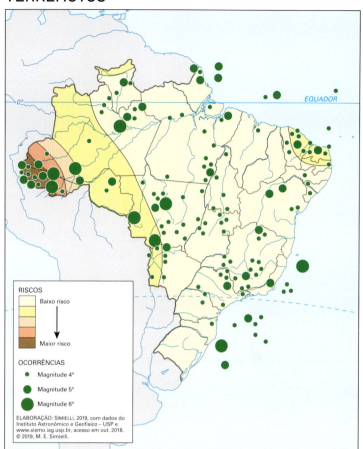

CONCENTRAÇÕES MINERAIS – CRISTALINO

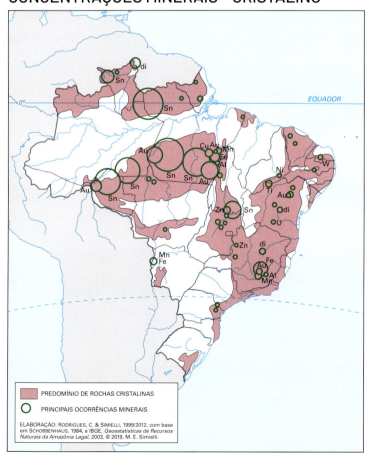

CONCENTRAÇÕES MINERAIS – SEDIMENTAR

BRASIL CLIMA

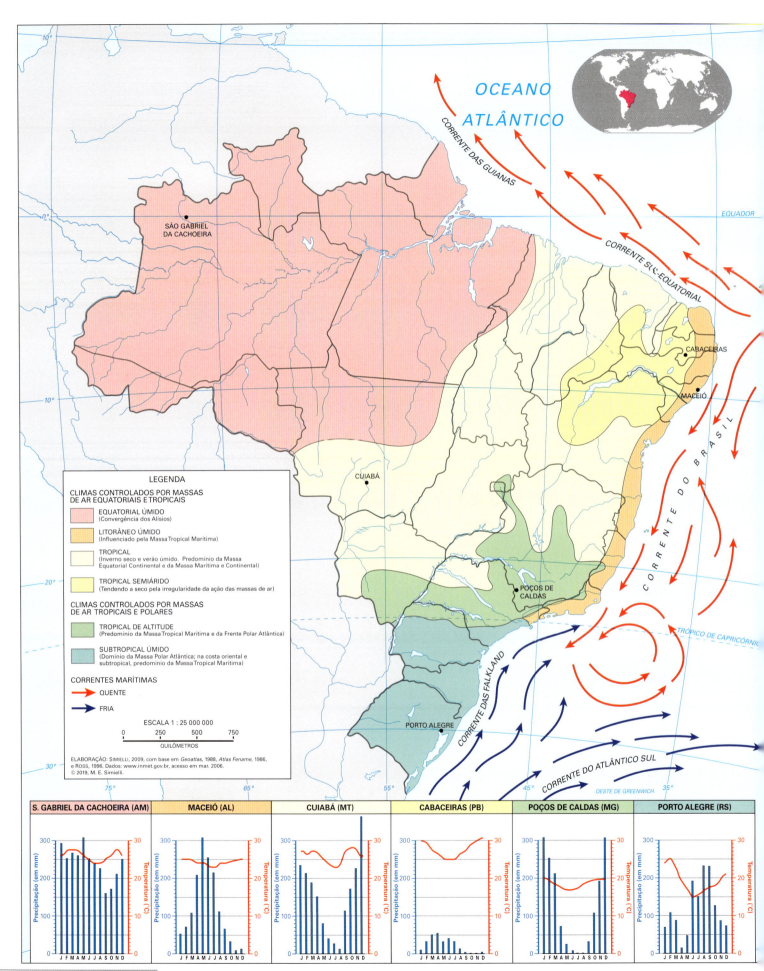

BRASIL DINÂMICA CLIMÁTICA

MASSAS DE AR

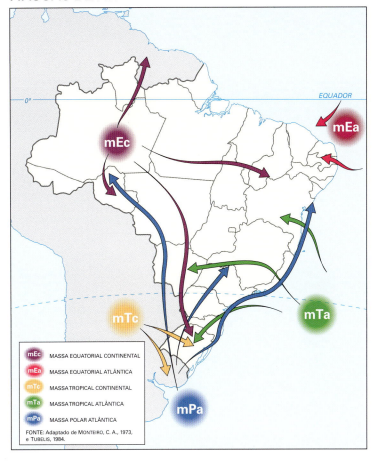

TEMPERATURA MÉDIA ANUAL

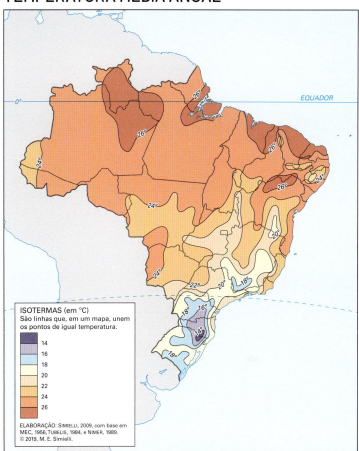

DURAÇÃO DO PERÍODO SECO

PRECIPITAÇÃO MÉDIA ANUAL

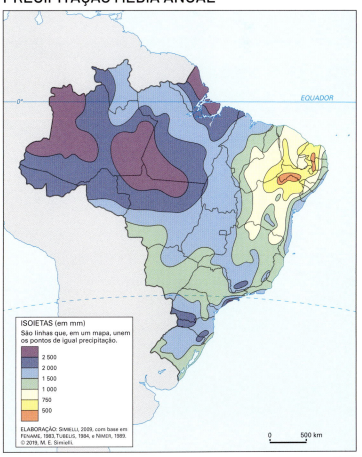

120 BRASIL VEGETAÇÃO NATURAL

BRASIL VEGETAÇÃO – RECURSOS E EXPLORAÇÃO

EVOLUÇÃO DA VEGETAÇÃO – 1960

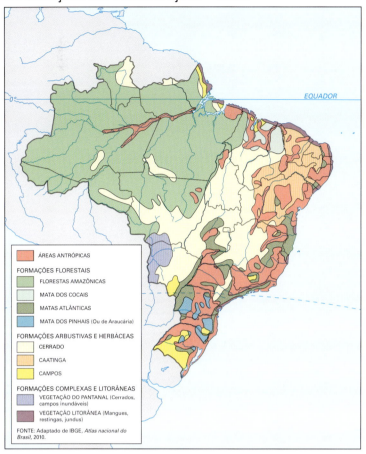

EVOLUÇÃO DA VEGETAÇÃO – 2015

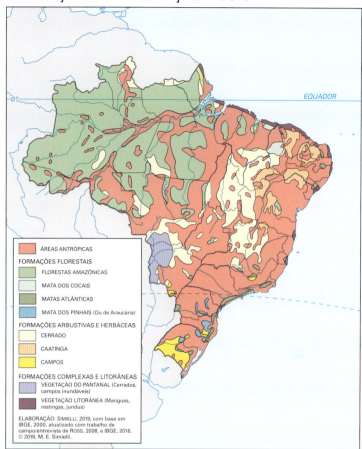

FOCOS DE CALOR

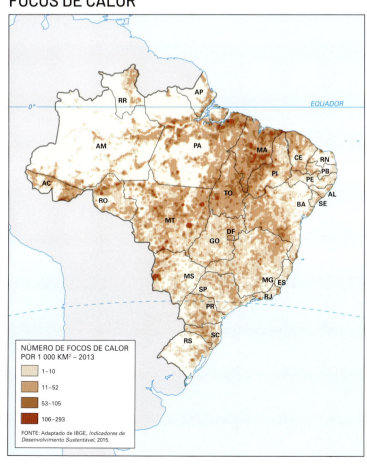

UNIDADES DE CONSERVAÇÃO

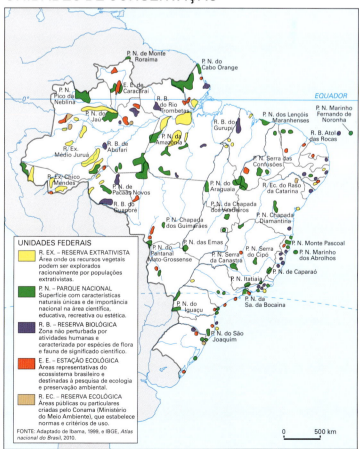

122 BRASIL MEIO AMBIENTE

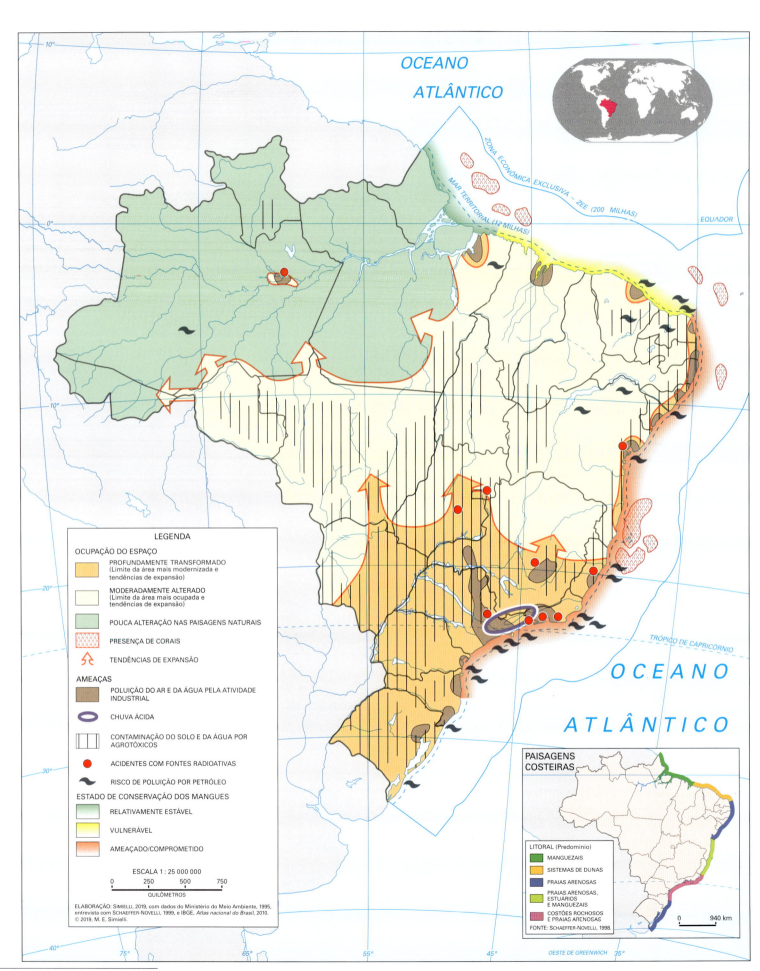

BRASIL MEIO AMBIENTE – RECURSOS E EXPLORAÇÃO 123

EXPLORAÇÃO MADEIREIRA

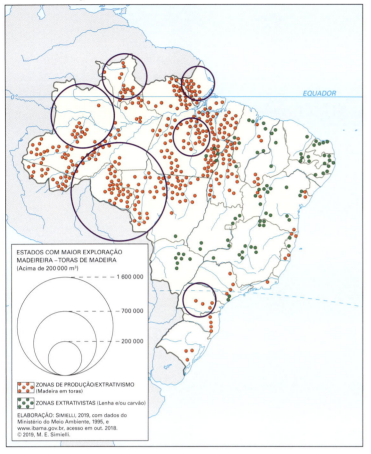

AGROTÓXICOS COMERCIALIZADOS

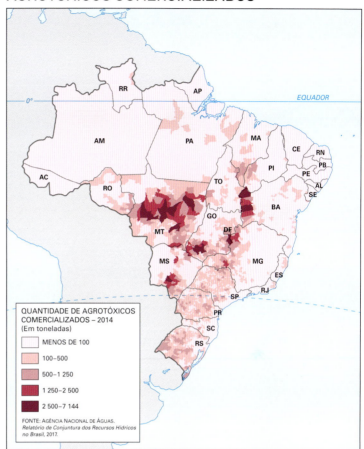

IMPACTOS AMBIENTAIS

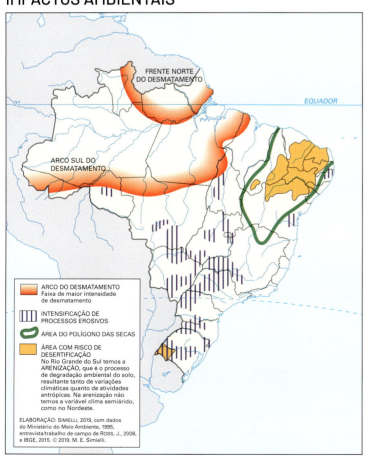

CORREDORES ECOLÓGICOS

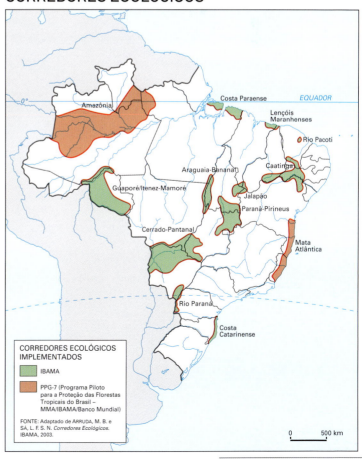

124 BRASIL TERRAS INDÍGENAS

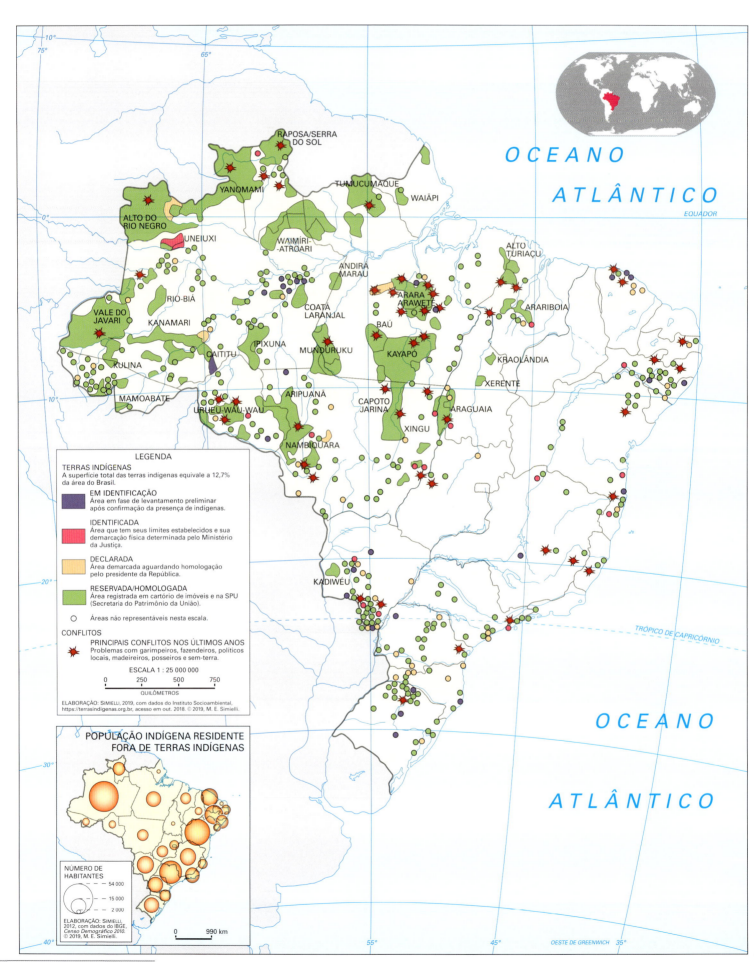

BRASIL TERRAS INDÍGENAS – SITUAÇÃO ATUAL

ÁREA DAS TERRAS

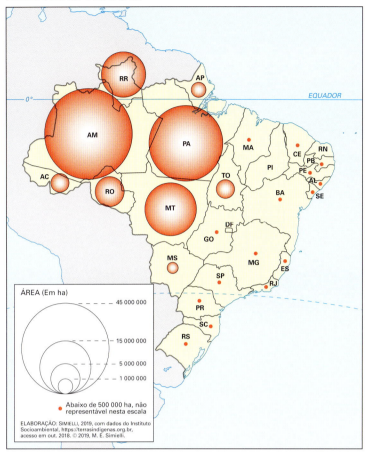

POPULAÇÃO INDÍGENA

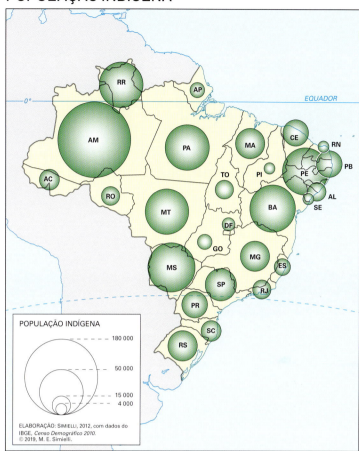

FAMÍLIAS LINGUÍSTICAS

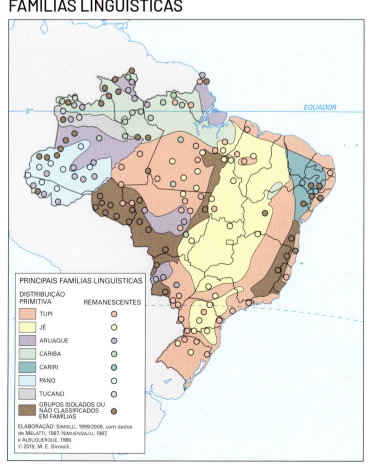

VIOLÊNCIA CONTRA POVOS INDÍGENAS

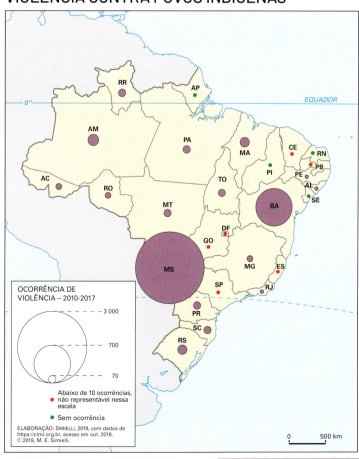

126 BRASIL USO DA TERRA

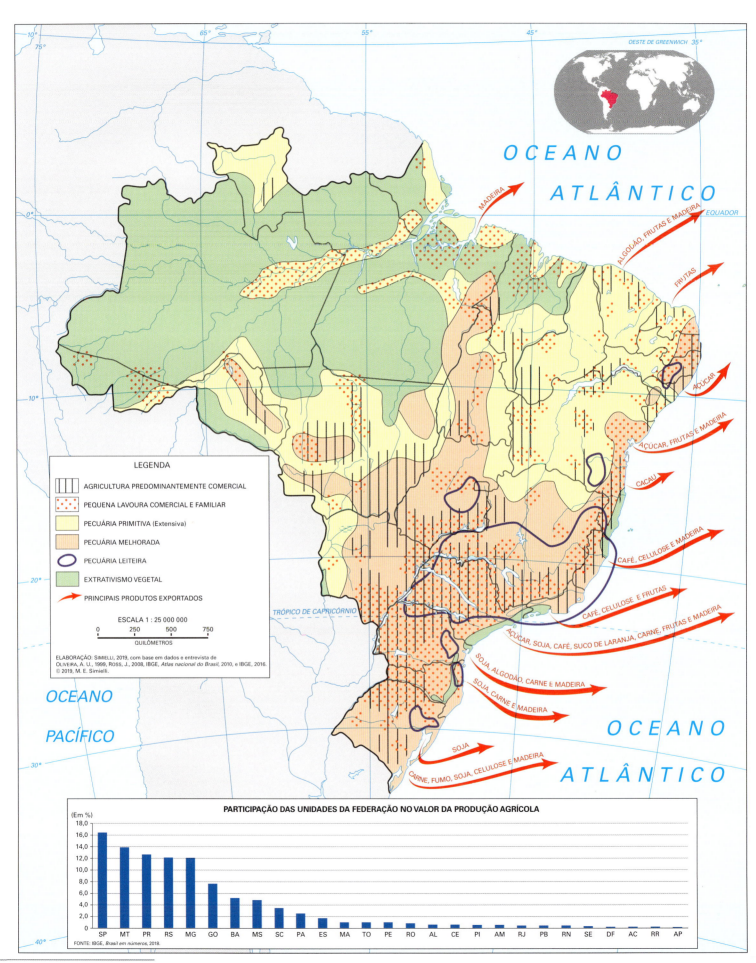

BRASIL TENSÃO NO CAMPO

FAMÍLIAS ASSENTADAS NO CAMPO
1979-2016

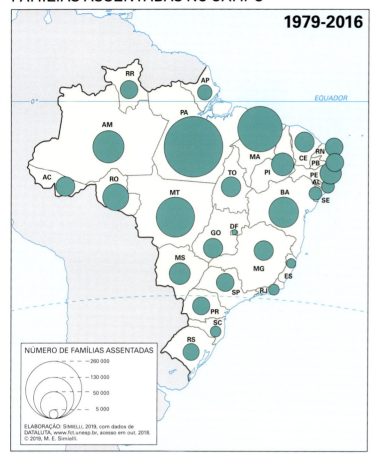

CONFLITOS NO CAMPO
2012-2018

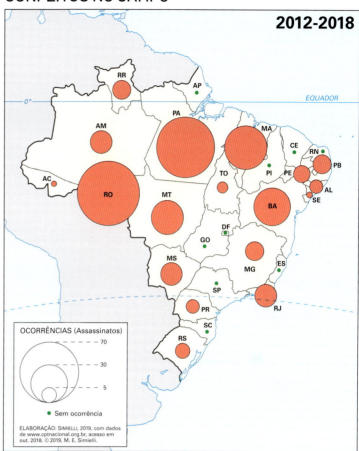

COMUNIDADES QUILOMBOLAS

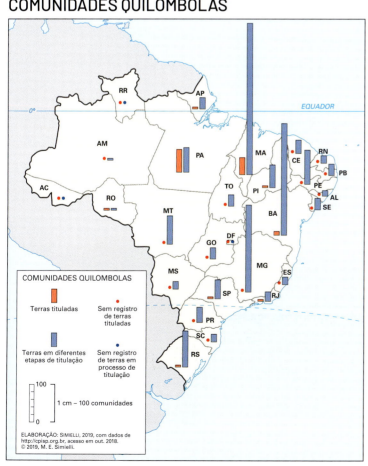

PROBABILIDADE DE ESCRAVIDÃO

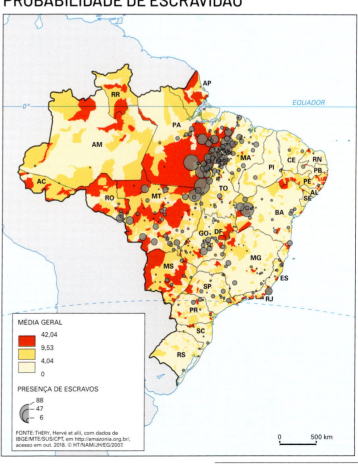

BRASIL CIRCULAÇÃO

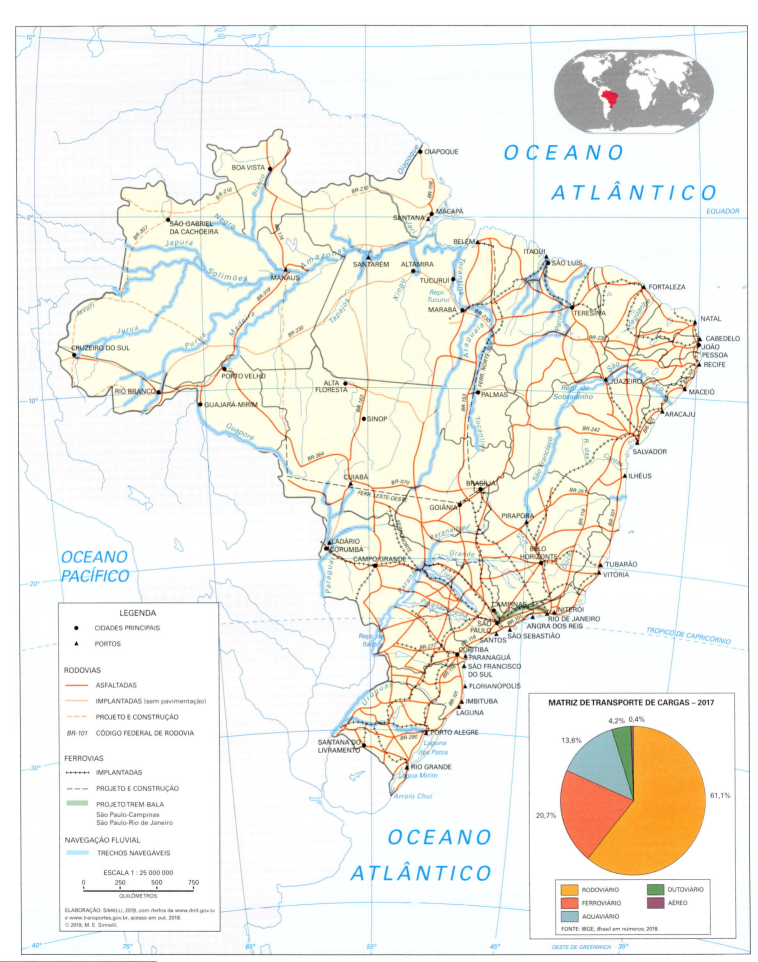

BRASIL DINAMISMO ECONÔMICO

TRANSPORTE AÉREO – CARGA E CORREIO

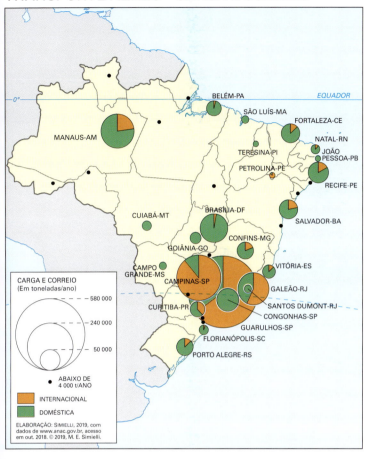

TRANSPORTE AÉREO – PASSAGEIROS

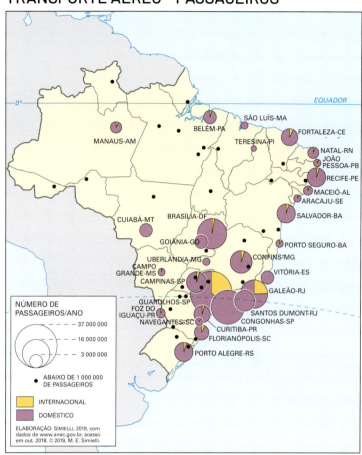

PORTOS E CORREDORES DE EXPORTAÇÃO

IMPORTAÇÃO E EXPORTAÇÃO

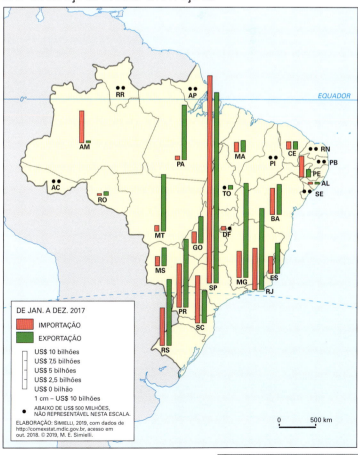

© 2019, M. E. Simielli. Direitos autorais protegidos.

130 BRASIL INDÚSTRIA

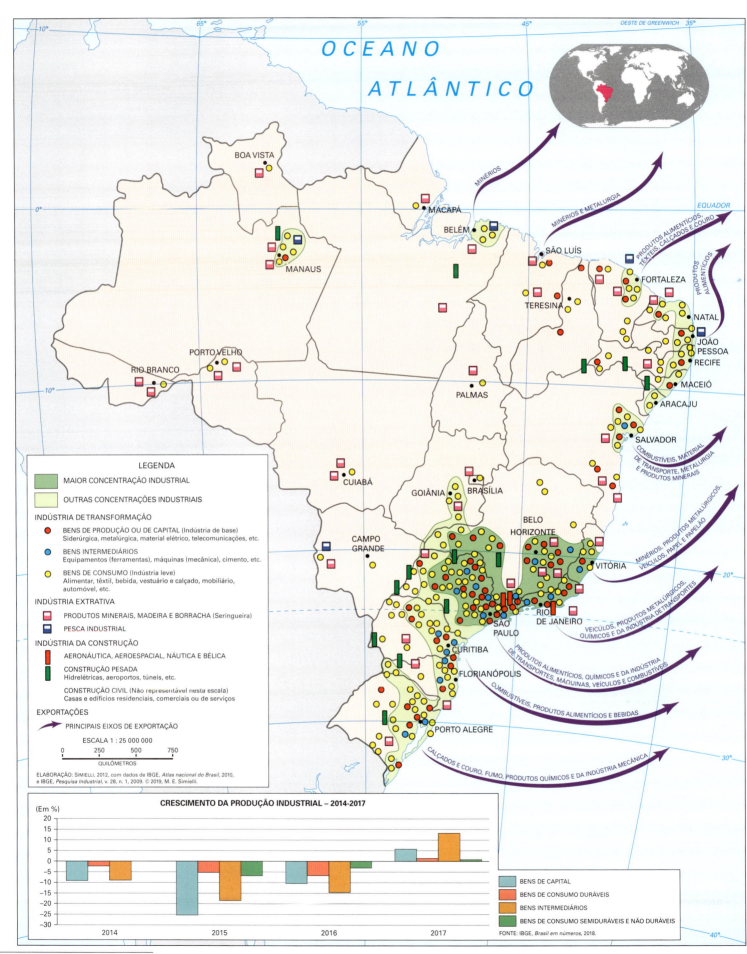

BRASIL ESPAÇO ECONÔMICO

UNIDADES INDUSTRIAIS

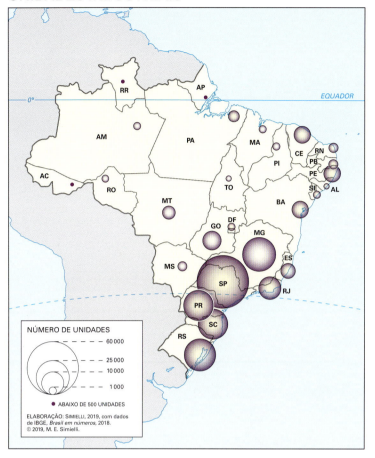

PESSOAL OCUPADO NA INDÚSTRIA

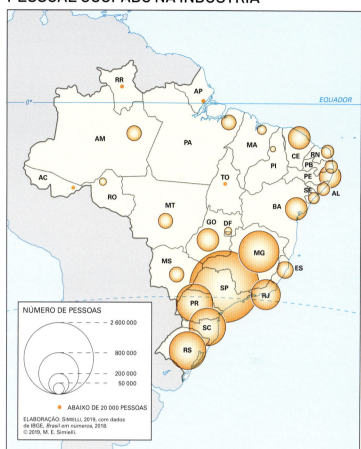

AGROINDÚSTRIA

INDÚSTRIA DO TURISMO E LAZER

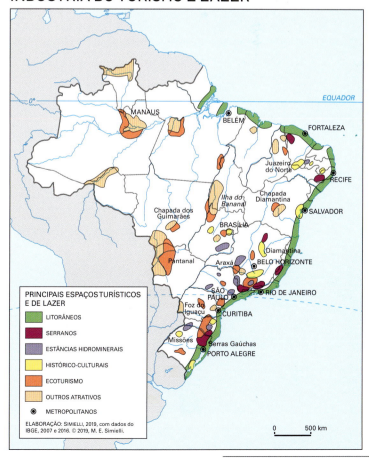

BRASIL POPULAÇÃO

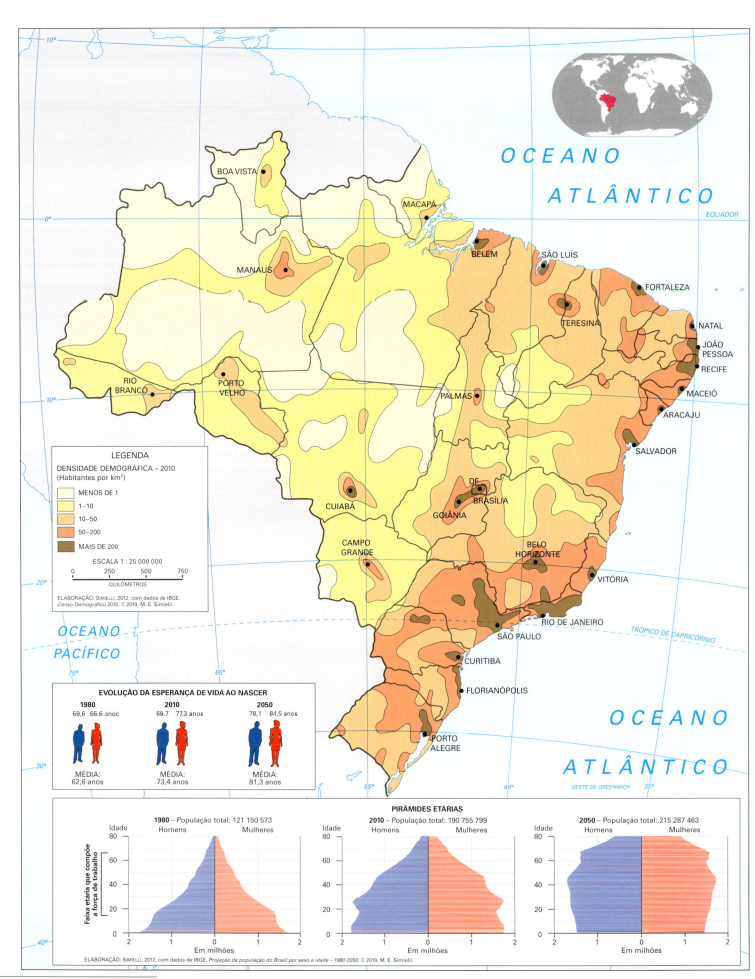

BRASIL EVOLUÇÃO DA POPULAÇÃO

EVOLUÇÃO DA POPULAÇÃO – 1872

EVOLUÇÃO DA POPULAÇÃO – 1920

EVOLUÇÃO DA POPULAÇÃO – 1950
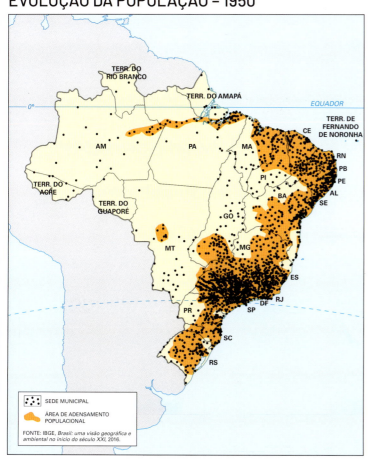

EVOLUÇÃO DA POPULAÇÃO – 1980

FONTE: IBGE, *Brasil: uma visão geográfica e ambiental no início do século XXI*, 2016.

© 2019, M. E. Simielli. Direitos autorais protegidos.

BRASIL MIGRANTES NA POPULAÇÃO

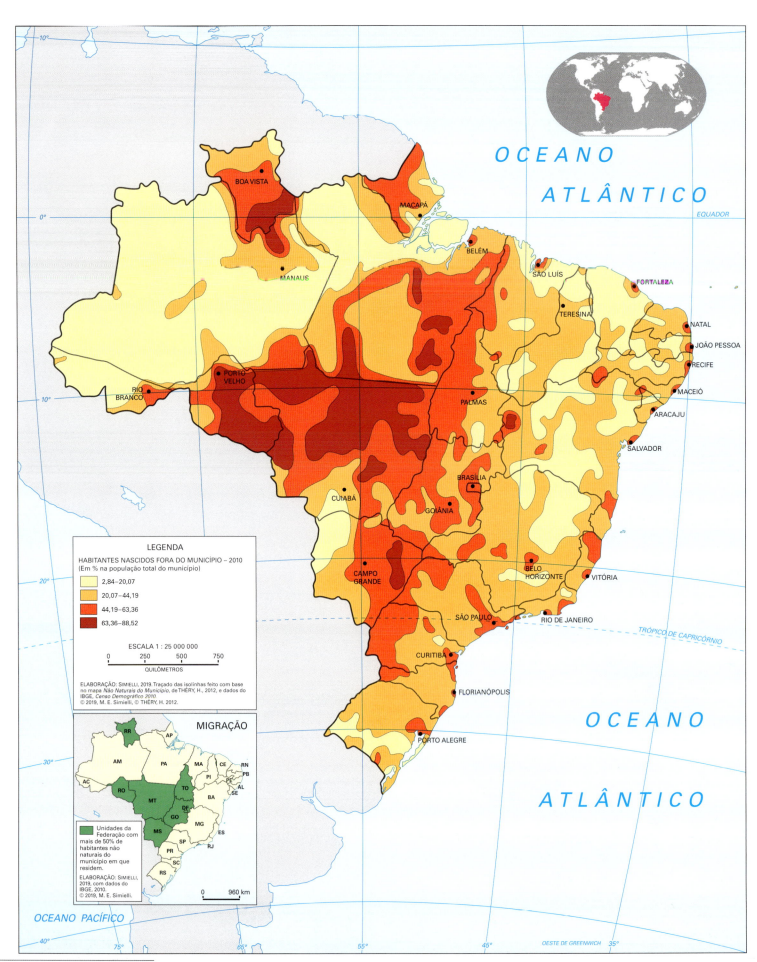

BRASIL MIGRAÇÕES INTERNAS

MIGRAÇÃO – 1950-1970

MIGRAÇÃO – 1970-1990
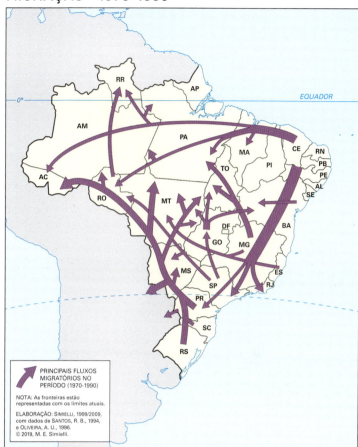

MIGRAÇÃO – 1990-2000

MIGRAÇÃO – 2005-2010
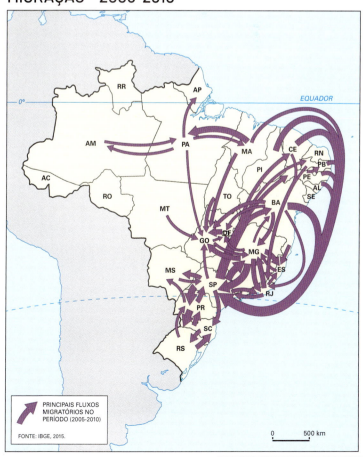

BRASIL **URBANIZAÇÃO E GRANDES CIDADES**

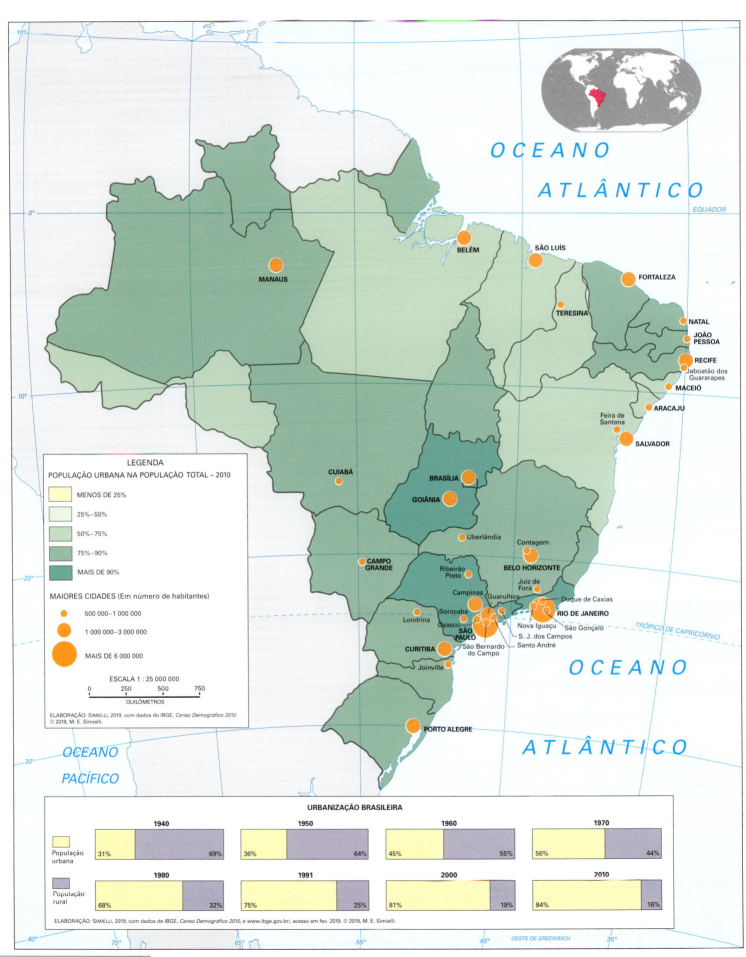

BRASIL EVOLUÇÃO DA URBANIZAÇÃO

URBANIZAÇÃO – 1940
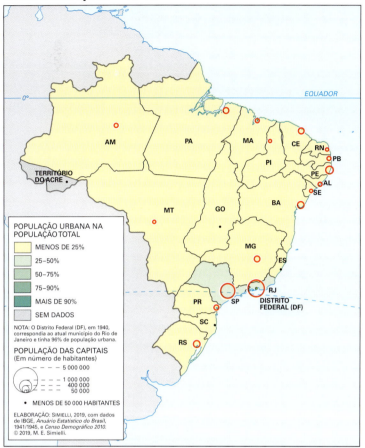

URBANIZAÇÃO – 1960
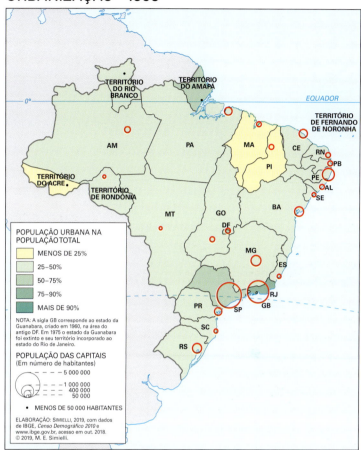

URBANIZAÇÃO – 1980
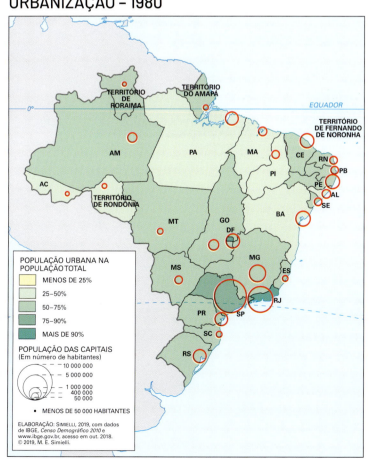

URBANIZAÇÃO – 2000
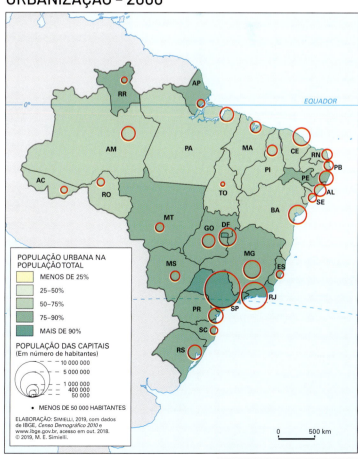

138 BRASIL REDE URBANA

BRASIL DINÂMICA URBANA

REGIÕES METROPOLITANAS

POPULAÇÃO NAS REGIÕES METROPOLITANAS

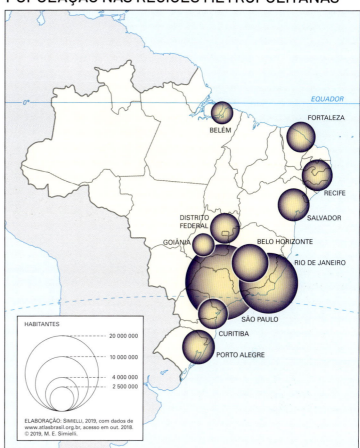

USUÁRIOS DE INTERNET

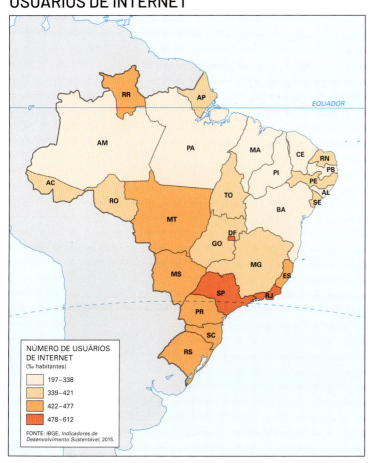

POLOS DE TECNOLOGIA

140 BRASIL RAZÃO DE SEXO

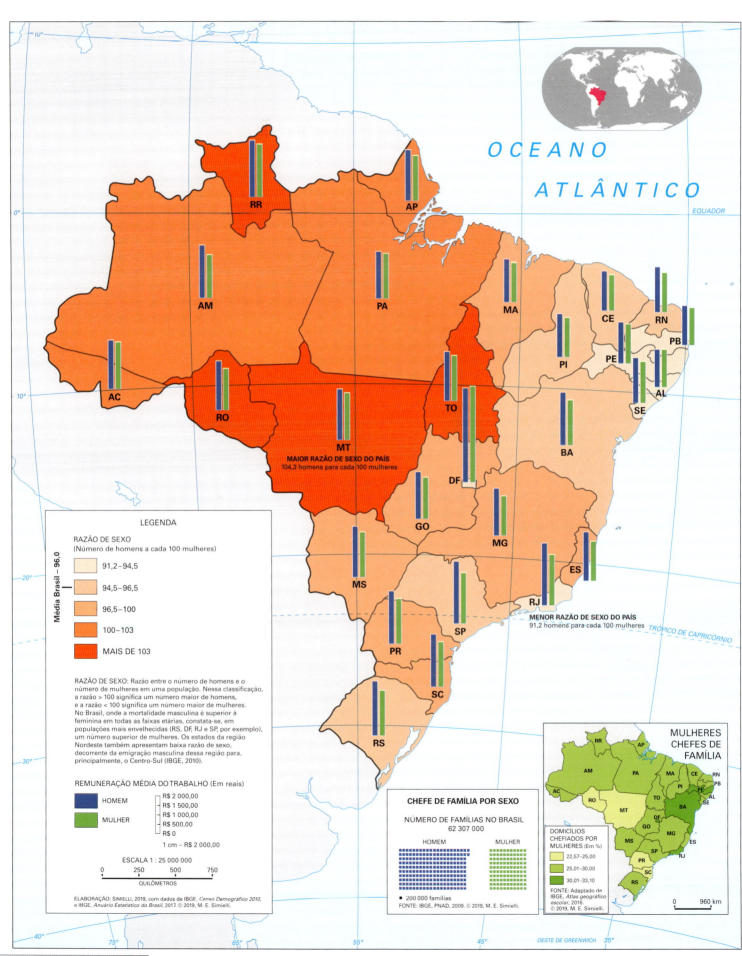

BRASIL DESIGUALDADES DE GÊNERO

ENSINO SUPERIOR – HOMENS

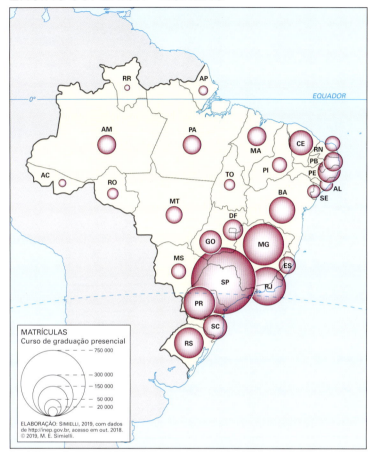

ENSINO SUPERIOR – MULHERES

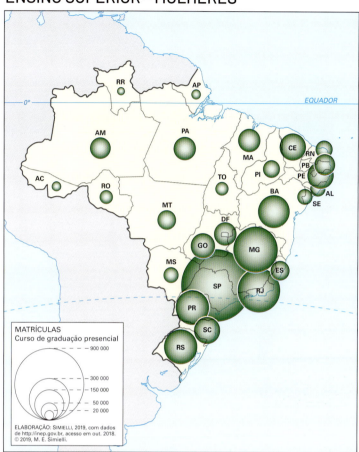

TAXA DE DESOCUPAÇÃO – HOMENS

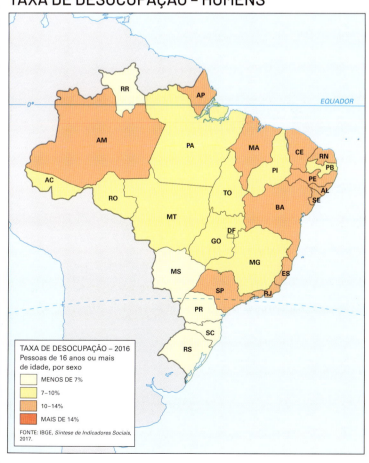

TAXA DE DESOCUPAÇÃO – MULHERES

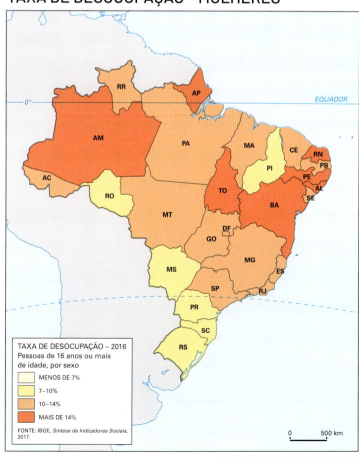

142 BRASIL ÍNDICE DE DESENVOLVIMENTO HUMANO (IDH)

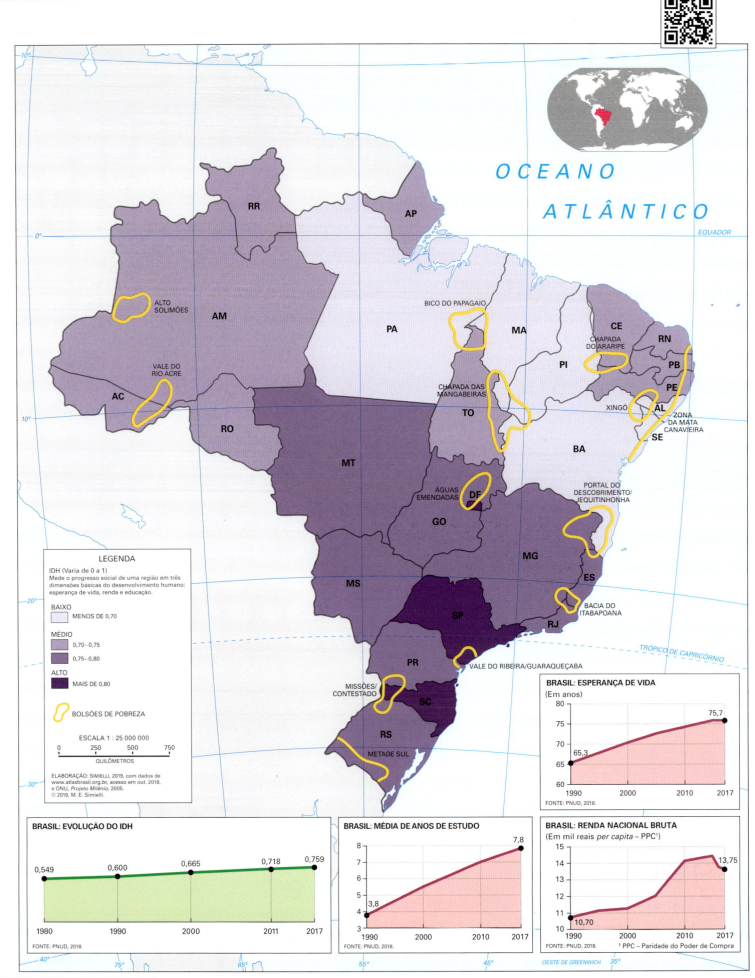

BRASIL INDICADORES BÁSICOS DO DESENVOLVIMENTO HUMANO

ESPERANÇA DE VIDA

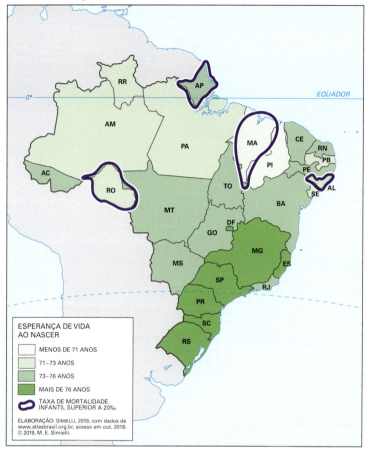

ALFABETIZAÇÃO

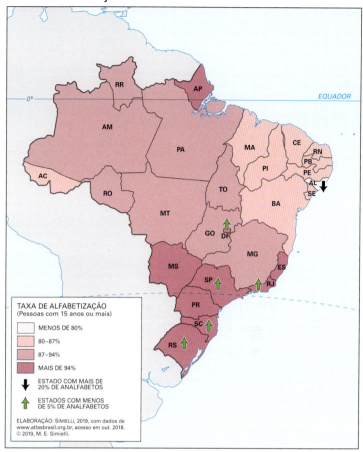

PIB PER CAPITA

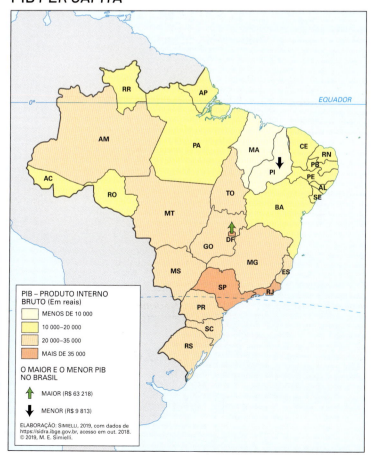

ÍNDICE DE GINI

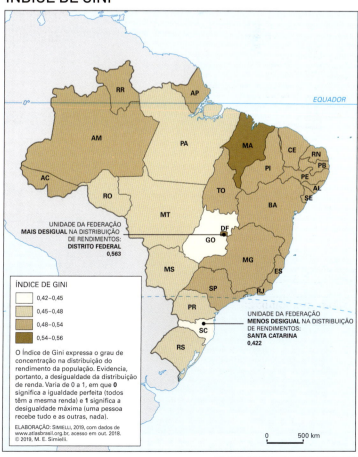

BRASIL ESPAÇO GEOGRÁFICO

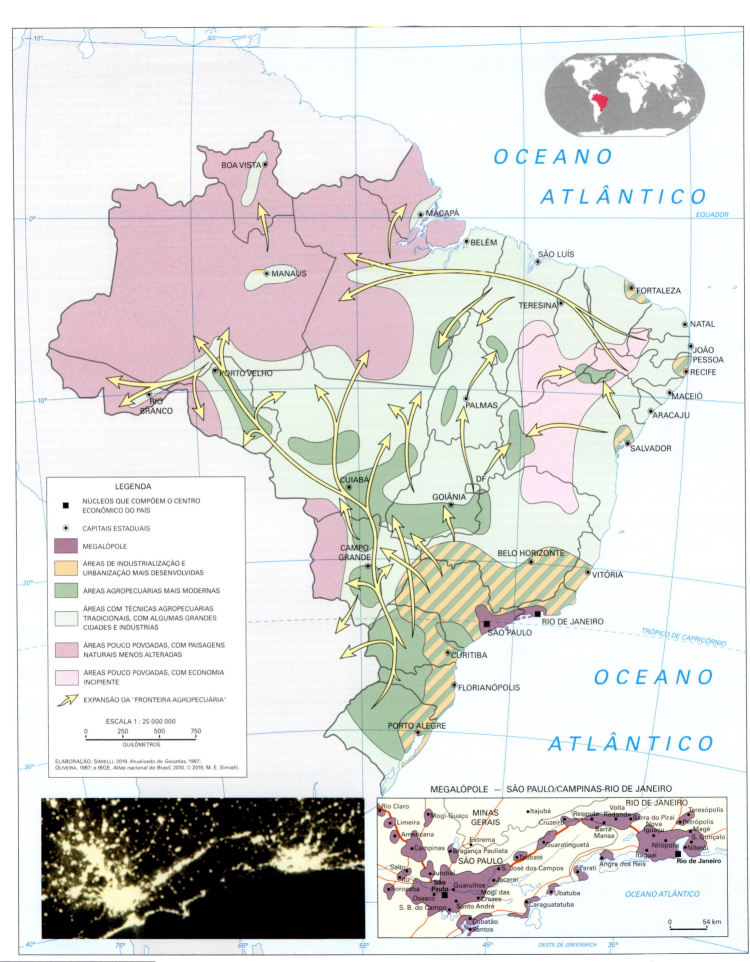

BRASIL FORMAÇÃO DO TERRITÓRIO

COLÔNIA – INÍCIO DO SÉCULO XIX

IMPÉRIO – EM 1889

REPÚBLICA – EM 1950

CRIAÇÃO DE NOVOS ESTADOS E TERRITÓRIOS

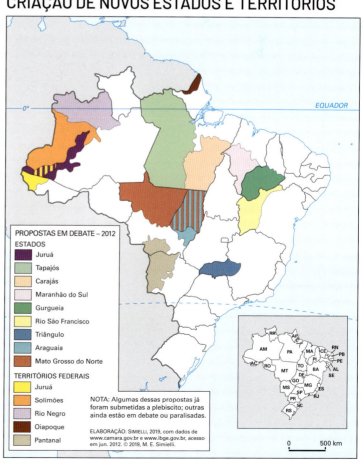

BRASIL ANAMORFOSES

POPULAÇÃO

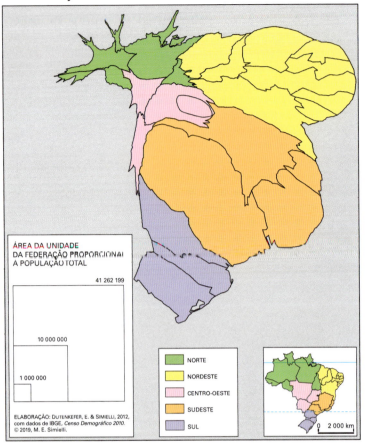

PRODUTO INTERNO BRUTO (PIB)

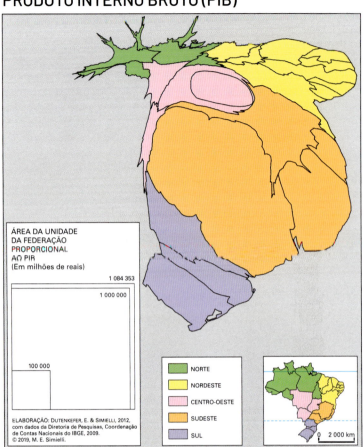

PRODUÇÃO AGRÍCOLA PATRONAL

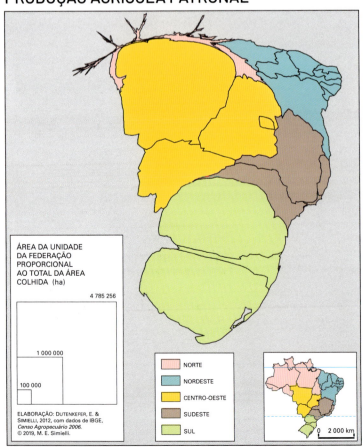

PRODUÇÃO AGRÍCOLA FAMILIAR

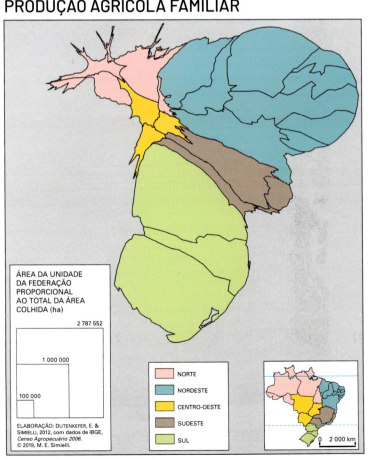

BRASIL ANAMORFOSES 147

COMPOSIÇÃO DA POPULAÇÃO BRASILEIRA

REGIÕES ADMINISTRATIVAS

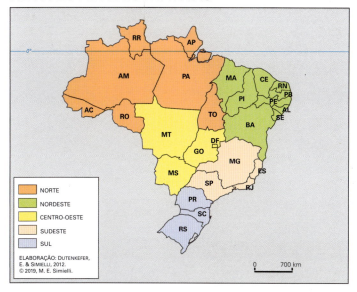

POPULAÇÃO BRANCA

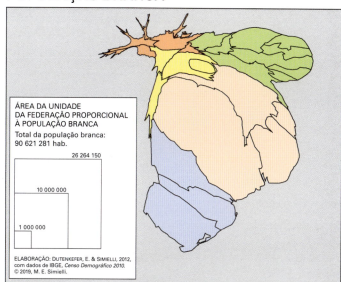

Total da população branca: 90 621 281 hab.

POPULAÇÃO PRETA

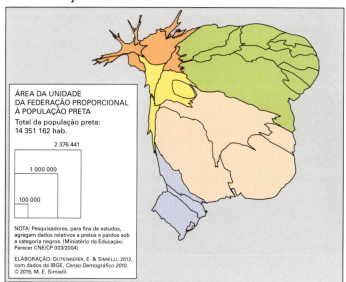

Total da população preta: 14 351 162 hab.

NOTA: Pesquisadores, para fins de estudos, agregam dados relativos a pretos e pardos sob a categoria negros. (Ministério da Educação. Parecer CNE/CP 003/2004)

POPULAÇÃO PARDA

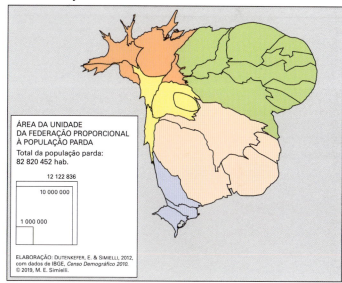

Total da população parda: 82 820 452 hab.

POPULAÇÃO INDÍGENA

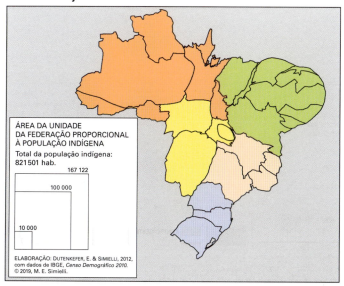

Total da população indígena: 821 501 hab.

POPULAÇÃO AMARELA

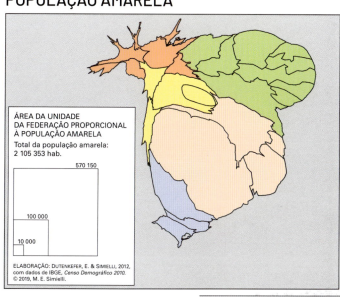

Total da população amarela: 2 105 353 hab.

ELABORAÇÃO: DUTENKEFER, E. & SIMIELLI, 2012, com dados de IBGE, Censo Demográfico 2010.
© 2019, M. E. Simielli.

REGIÕES DO BRASIL

REGIÃO NORTE
FÍSICO

148

OCEANO ATLÂNTICO

CHAPADA DAS MANGABEIRAS

ESPIGÃO DO ESTRONDO

SA. PELADA

SA. DO INAJÁ

SA. DO MATÃO

Ilha do Bananal

SERRA DOS CARAJÁS

SA. DO TAPARÁ

SERRA DO CACHIMBO

A M A Z Ô N I C A

P L A N Í C I E

SA. TUMUCUMAQUE

SERRA ACARAÍ

SA. PACARAIMA

SA. PARIMA

SA. TAPIRAPECO

SA. IMERI

SA. DO MUCAJAÍ

CHAPADA DOS PARECIS

SA. DOS PACAÁS NOVOS

SA. CONTAMANA

Picos / pontos
- Ponto mais setentrional do Brasil: nascente do rio Ailã
- RORAIMA 2 734 m
- CABURAÍ 1 456 m
- NEBLINA 2 993 m
- 31 DE MARÇO 2 972 m
- Ponto mais ocidental do Brasil: nascente do rio Moa

Rios e ilhas (rótulos)
I. Maracá, C. Norte, I. Caviana, I. Mexiana, C. Meguari, C. Gunupi, I. de Marajó, I. Grande de Gurupá, I. do Careiro, Is. Macuapanim, I. Tupinambaranas, C. Orange

Oiapoque, Araguari, Jari, Paru, Curuapanema, Cumina, Maguari, Trombetas, Uatumã, Repr. de Balbina, Negro, Branco, Uaupés, Japurá, Içá, Juruá, Jutaí, Javari, Envira, Acre, Purus, Madeira, Aripuanã, Juruena, Telles Pires, Teles Pires, Tapajós, Jamanxim, Xingu, Iriri, Fresco, Itacaiúnas, Araguaia, Tocantins, Capim, Guamá, Gurupi, Manuel Alves, Rio do Sono, Palma, Repr. Tucuruí, Pacajá, Xingu, Solimões, Amazonas, Estr. de Óbidos, Rio Negro, Mamoré, Guaporé

EQUADOR

LEGENDA

ALTITUDES
- 1 200 metros
- 800
- 500
- 200
- 100
- 0

▲ PICOS

ESCALA 1 : 13 600 000

| 0 | 136 | 272 | 408 |
QUILÔMETROS

ELABORAÇÃO: SIMIELLI, 1987/2009. Generalização cartográfica das curvas de nível com base em mapas do IBGE. © 2019, M. E. Simielli.

© 2019, M. E. Simielli. Direitos autorais protegidos.

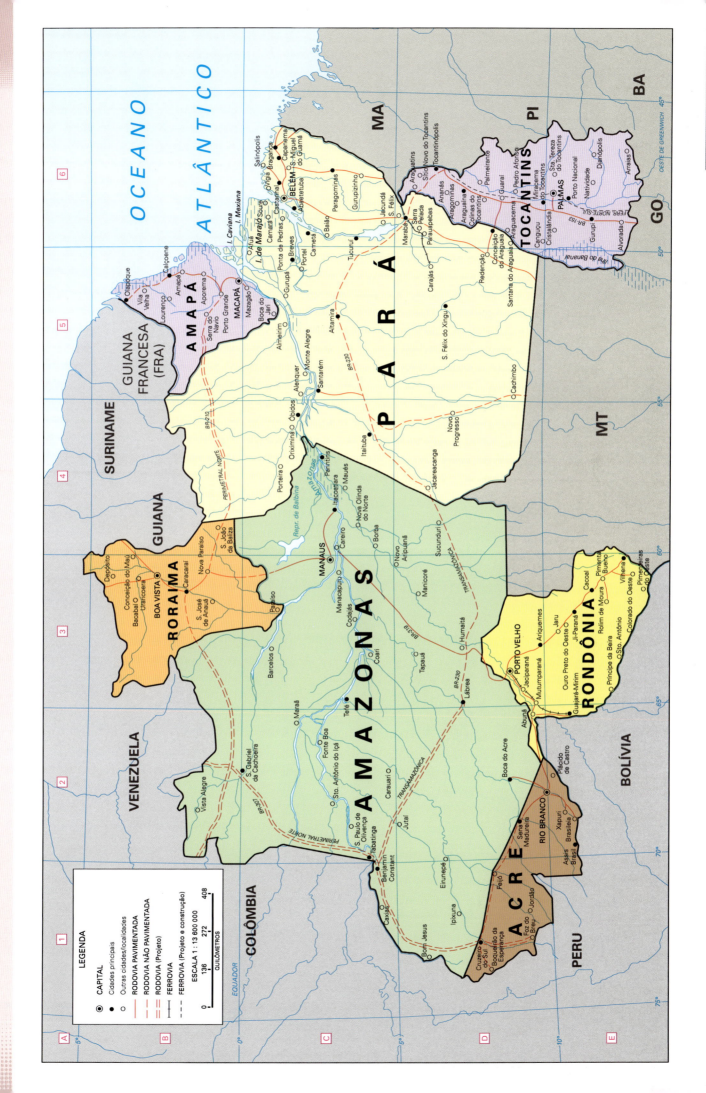

REGIÃO NORDESTE FÍSICO

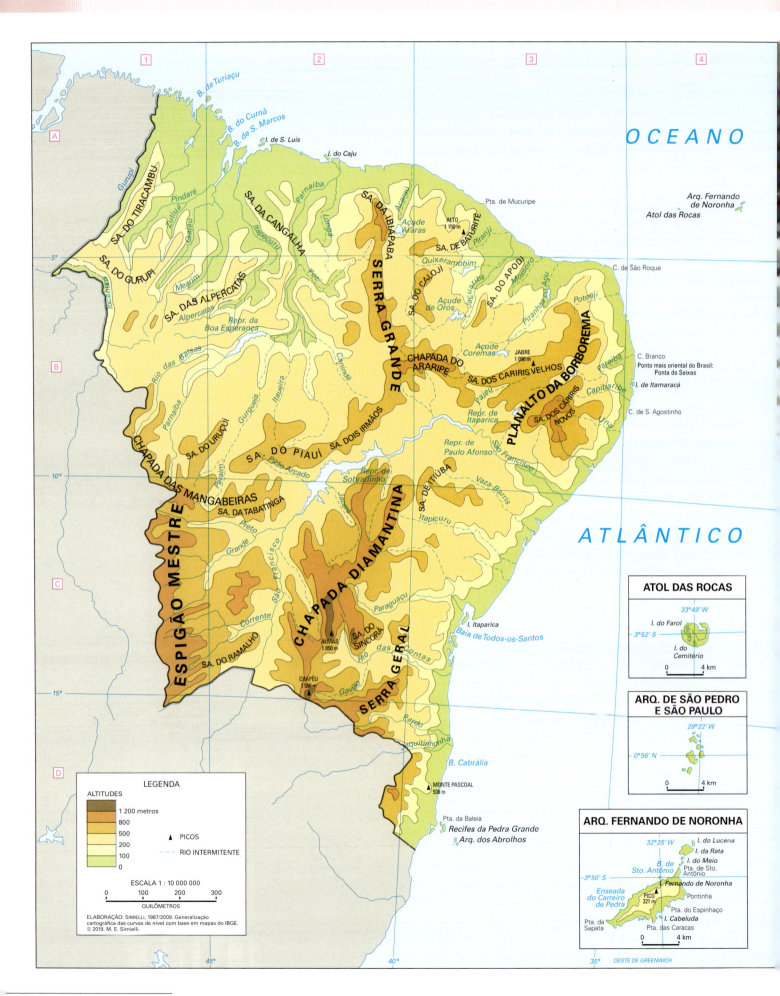

REGIÃO NORDESTE POLÍTICO

REGIÃO SUDESTE: FÍSICO

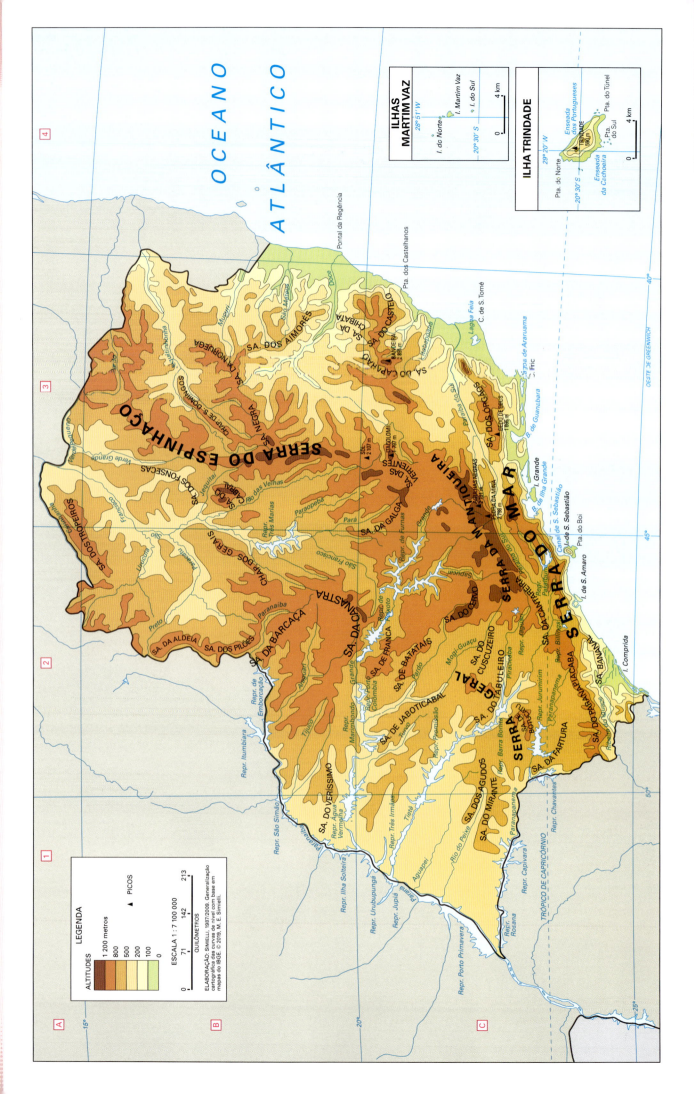

LEGENDA

- ◉ CAPITAL
- ● Cidades principais
- ○ Outras cidades
- ▬ RODOVIA PAVIMENTADA
- ┼┼ FERROVIA

ESCALA 1 : 7 100 000

| 0 | 71 | 142 | 213 |

QUILÔMETROS

OCEANO ATLÂNTICO

MINAS GERAIS

SÃO PAULO

ESPÍRITO SANTO

RIO DE JANEIRO

BA

DF

GO

MS

PR

TRÓPICO DE CAPRICÓRNIO

OESTE DE GREENWICH

Manga, Formoso, Januária, São João da Ponte, São Francisco, Monte Azul, Espinosa, Rio Pardo de Minas, Janaúba, Salinas, Pedra Azul, Almenara, Jequitinhonha, Buritis, Unaí, Coração de Jesus, Montes Claros, Grão-Mogol, Araçuaí, Padre Paraíso, Paracatu, Pirapora, Bocaiuva, Minas Novas, Novo Cruzeiro, Carlos Chagas, Nanuque, João Pinheiro, Várzea da Palma, Capelinha, Teófilo Otoni, Itambacuri, Três Marias, Corinto, Diamantina, Itamarandiba, Montanha, Nova Venécia, Capinópolis, Tupaciguara, Araguari, Monte Carmelo, Patos de Minas, Patrocínio, Curvelo, Conceição do Mato Dentro, Guanhães, Governador Valadares, Mantena, Barra de S. Francisco, São Mateus, Santa Vitória, Ituiutaba, Uberlândia, Prata, Abaeté, Pompéu, Bom Despacho, Açucena, Conselheiro Pena, Aimorés, Colatina, Linhares, Iturama, Campina Verde, Frutal, Uberaba, Sacramento, Araxá, Ibiá, Sete Lagoas, Pará de Minas, Contagem, Sabará, Itabira, Timóteo, Ipatinga, Caratinga, Ipanema, Manhuaçu, Baixo Guandu, Aracruz, Lagoa da Prata, Betim, BELO HORIZONTE, Itaúna, João Monlevade, Caeté, Cariacica, VITÓRIA, Vila Velha, Jales, Fernandópolis, Votuporanga, Barretos, S. José do Rio Preto, Orlândia, Franca, Cássia, Passos, Divinópolis, Formiga, Oliveira, Congonhas, Ouro Preto, Conselheiro Lafaiete, Viçosa, Ponte Nova, Carangola, Guaçuí, Ibatiba, Castelo, Cachoeiro de Itapemirim, Guarapari, Pereira Barreto, Andradina, Monte Aprazível, Bebedouro, Jaboticabal, Ribeirão Preto, Mococa, Guaxupé, S. Sebastião do Paraíso, Campo Belo, S. João del-Rei, Ubá, Muriaé, Cataguases, Itaperuna, Araçatuba, Birigui, Penápolis, Catanduva, Alfenas, Poços de Caldas, Varginha, Lavras, Barbacena, Santos Dumont, Além-Paraíba, S. Fidélis, S. João da Barra, Dracena, Adamantina, Osvaldo Cruz, Tupã, Lins, Ibitinga, Araraquara, Pirassununga, S. João da Boa Vista, Três Corações, Pouso Alegre, Juiz de Fora, Campos dos Goytacazes, Pres. Epitácio, Pres. Venceslau, Cafelândia, Pirajuí, Bauru, São Carlos, Araras, Mogi-Mirim, Caxambu, São Lourenço, Valença, Nova Friburgo, Macaé, Teodoro Sampaio, Rancharia, Marília, Garça, Jaú, Rio Claro, Limeira, Campos do Jordão, Extrema, Cruzeiro, Resende, Barra Mansa, Barra do Piraí, Três Rios, Teresópolis, Petrópolis, Magé, Presidente Prudente, Assis, S. Manuel, Piracicaba, Americana, Campinas, Itu, Jundiaí, Bragança Paulista, Guaratinguetá, Lorena, Volta Redonda, Nova Iguaçu, S. Gonçalo, Niterói, Ourinhos, Avaré, Botucatu, Tatuí, Sorocaba, Mogi das Cruzes, Jacareí, S. José dos Campos, Taubaté, Angra dos Reis, Parati, Ubatuba, RIO DE JANEIRO, Cabo Frio, Piraju, Itapetininga, Osasco, Guarulhos, SÃO PAULO, Santo André, Caraguatatuba, Itapeva, S. Bernardo do Campo, Cubatão, S. Vicente, Santos, S. Sebastião, Itararé, Capão Bonito, Itanhaém, Registro, Iguape, Eldorado, Cananeia

Rios: São Francisco, Paraná, Paranapanema

BR-116, BR-040, BR-101, SP-300, SP-330

ILHAS MARTIM VAZ (ES)

28° 51' W
I. do Norte, I. Martim Vaz, I. do Sul
20° 30' S

| 0 | 4 km |

ILHA TRINDADE (ES)

29° 20' W
Pta. do Norte
20° 30' S
Pta. do Sul, Pta. do Túnel

| 0 | 4 km |

154 REGIÃO SUL FÍSICO

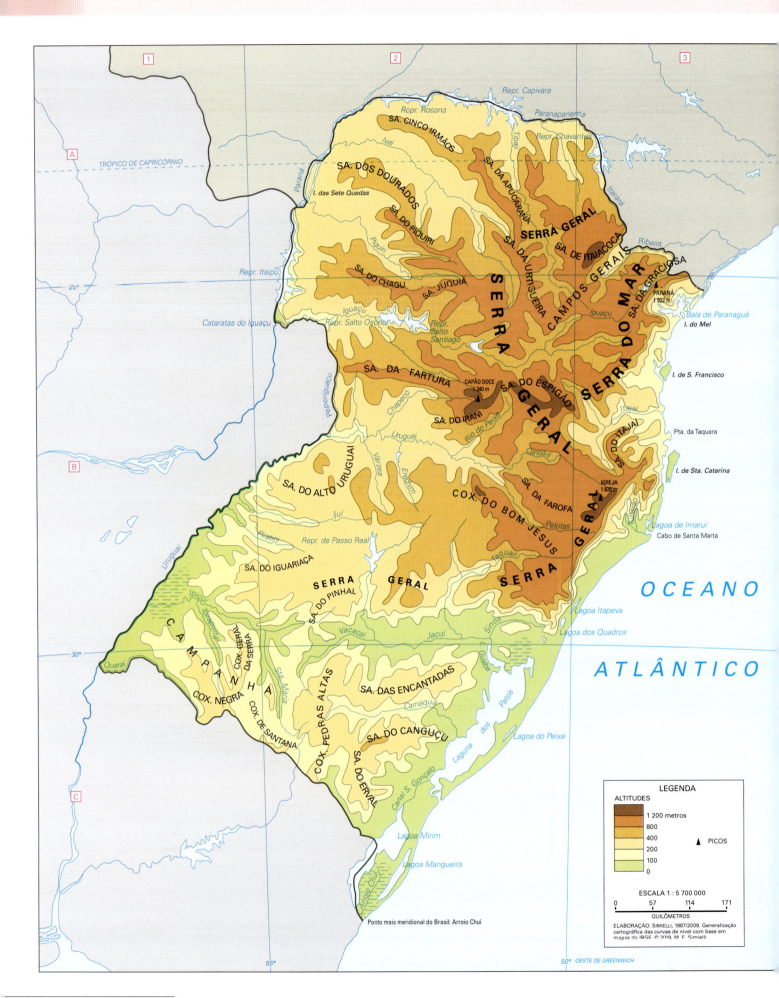

REGIÃO SUL POLÍTICO

156 REGIÃO CENTRO-OESTE FÍSICO

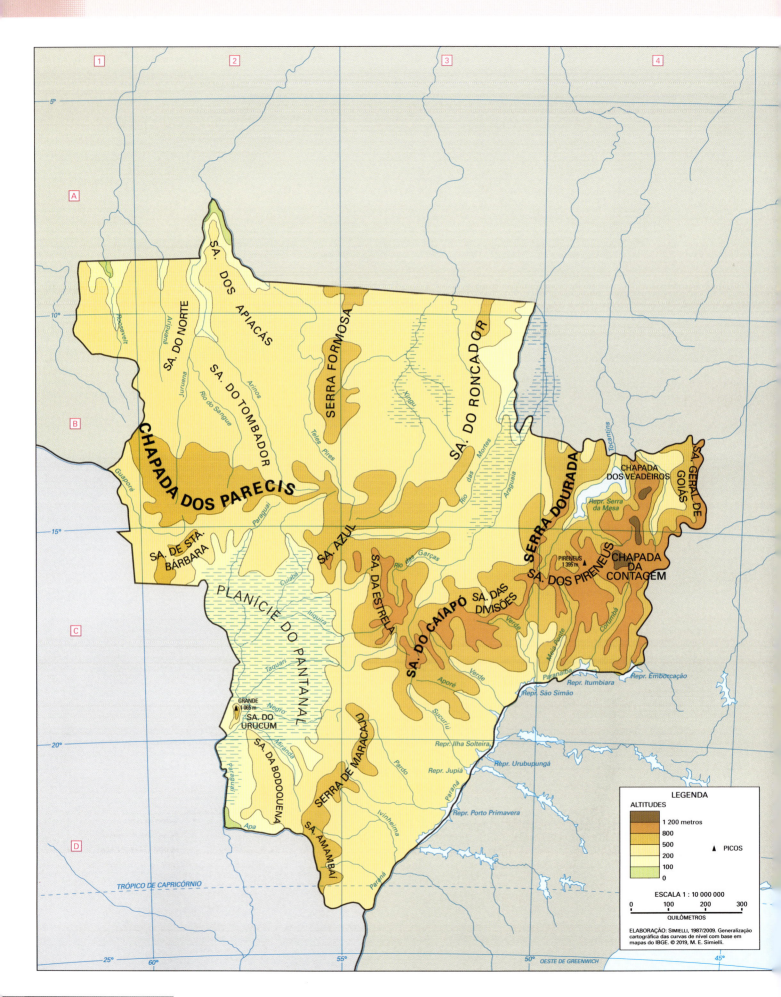

REGIÃO CENTRO-OESTE POLÍTICO

BRASIL DISTRITO FEDERAL

Imagem de satélite da área do Distrito Federal.

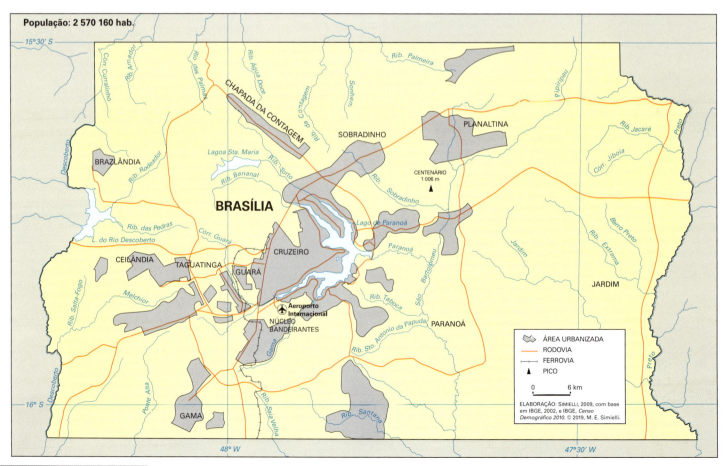

BRASIL DISTRITO FEDERAL

Imagem de satélite com destaque para o plano piloto.

BRASÍLIA – PLANO PILOTO

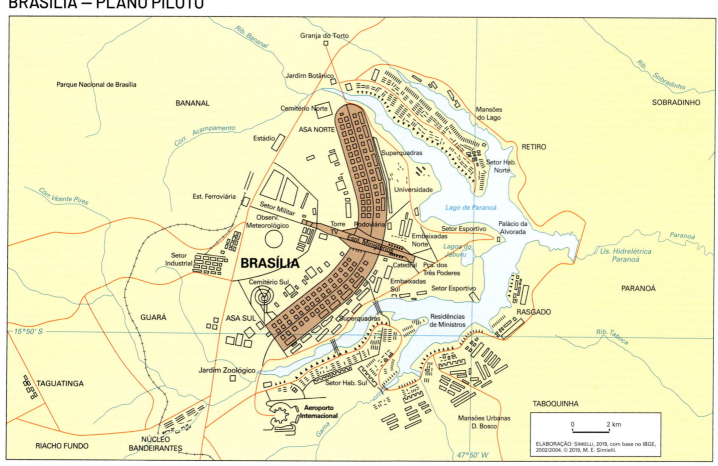

BRASIL PRINCIPAIS REGIÕES METROPOLITANAS

Imagem de satélite com destaque para a mancha urbana (em rosa) da Região Metropolitana de São Paulo.

SÃO PAULO – SP

População: 19 683 975 hab.

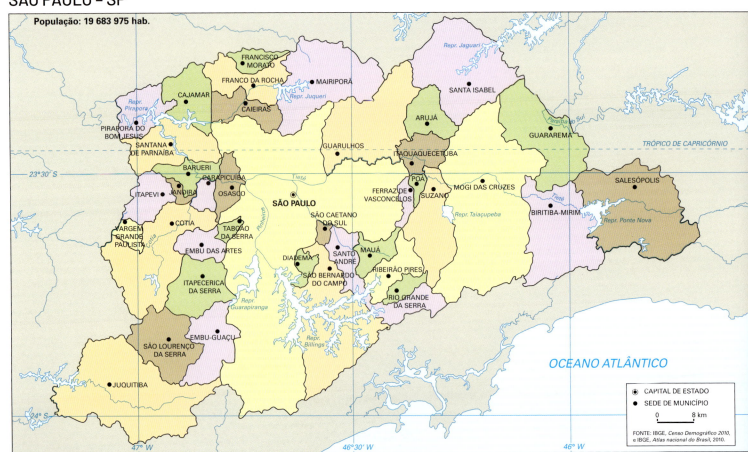

FONTE: IBGE, *Censo Demográfico 2010*, e IBGE, *Atlas nacional do Brasil*, 2010.

BRASIL PRINCIPAIS REGIÕES METROPOLITANAS

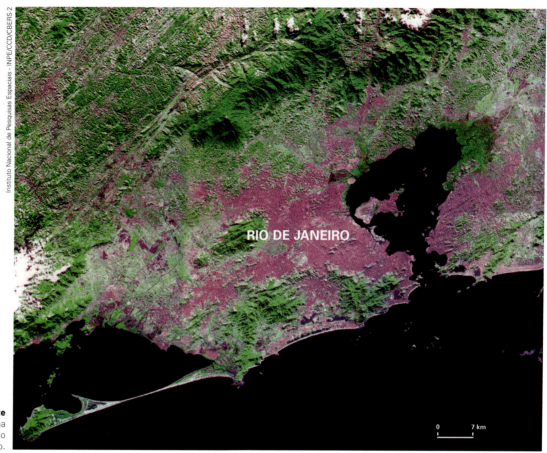

Imagem de satélite com destaque para a mancha urbana (em rosa) da Região Metropolitana do Rio de Janeiro.

RIO DE JANEIRO – RJ

População: 11 945 664 hab.

BRASIL PRINCIPAIS REGIÕES METROPOLITANAS

BELO HORIZONTE – MG

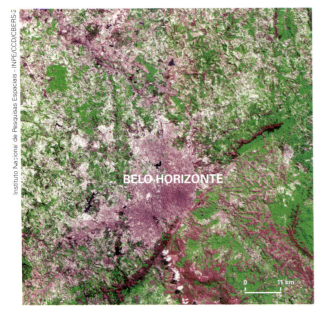

Imagem de satélite com destaque para a mancha urbana (em rosa) da Região Metropolitana de Belo Horizonte.

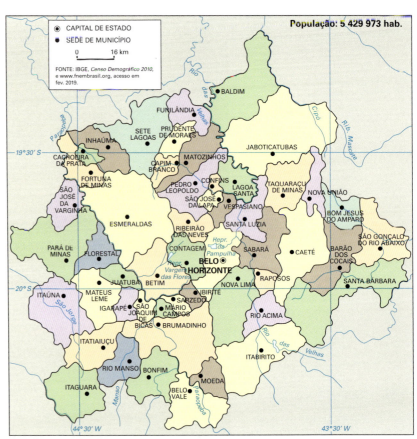

RECIFE – PE

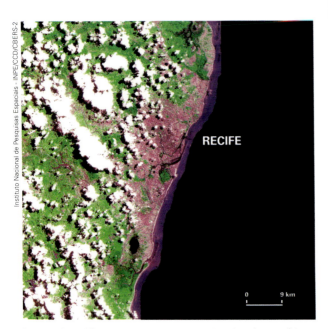

Imagem de satélite com destaque para a mancha urbana (em rosa) da Região Metropolitana de Recife.

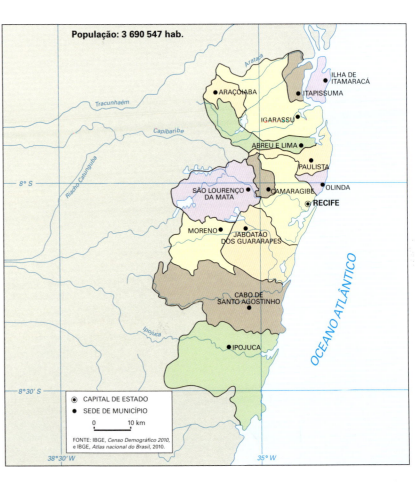

BRASIL PRINCIPAIS REGIÕES METROPOLITANAS

163

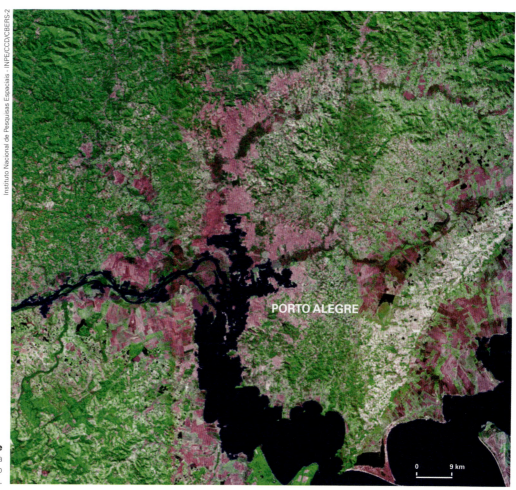

Imagem de satélite com destaque para a mancha urbana (em rosa) da Região Metropolitana de Porto Alegre.

PORTO ALEGRE – RS

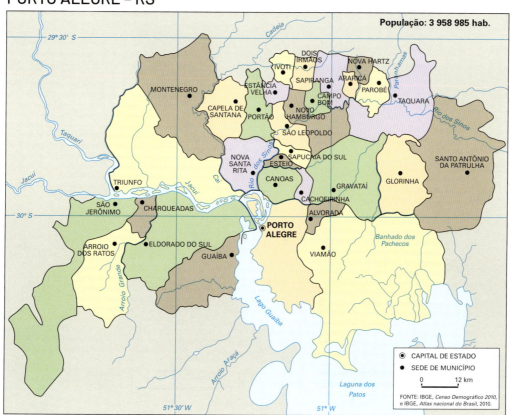

População: 3 958 985 hab.

- ◉ CAPITAL DE ESTADO
- ● SEDE DE MUNICÍPIO

FONTE: IBGE, *Censo Demográfico 2010*, e IBGE, *Atlas nacional do Brasil*, 2010.

© 2019. M. E. Simielli. Direitos autorais protegidos.

BRASIL PRINCIPAIS REGIÕES METROPOLITANAS

SALVADOR – BA

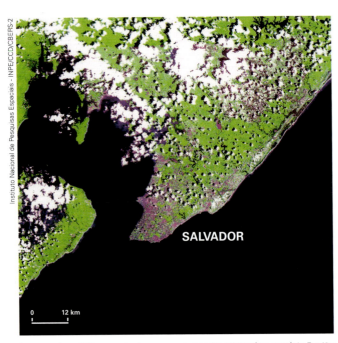

Imagem de satélite com destaque para a mancha urbana (em rosa) da Região Metropolitana de Salvador.

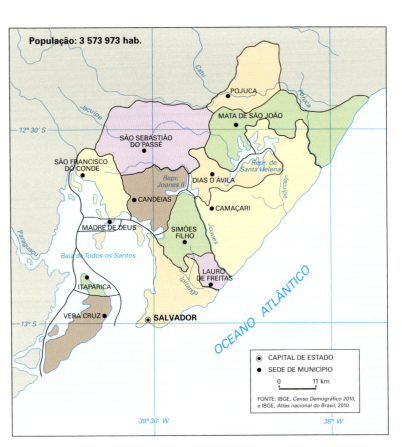

FORTALEZA – CE

Imagem de satélite com destaque para a mancha urbana (em rosa) da Região Metropolitana de Fortaleza.

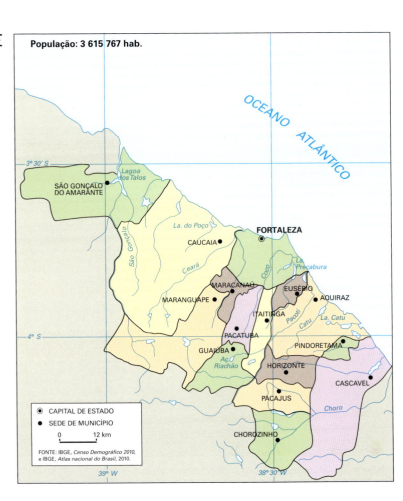

BRASIL PRINCIPAIS REGIÕES METROPOLITANAS

CURITIBA - PR

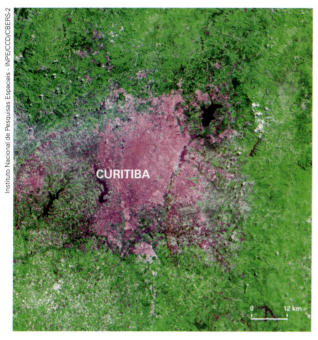

Imagem de satélite com destaque para a mancha urbana (em rosa) da Região Metropolitana de Curitiba.

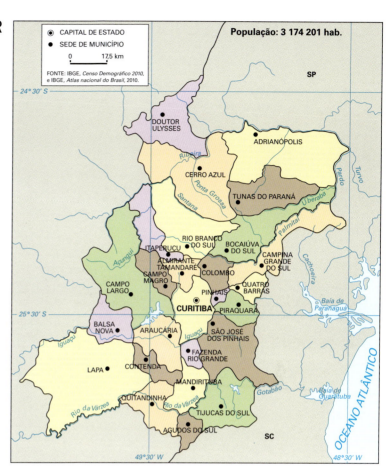

BELÉM - PA

Imagem de satélite com destaque para a mancha urbana (em rosa) da Região Metropolitana de Belém.

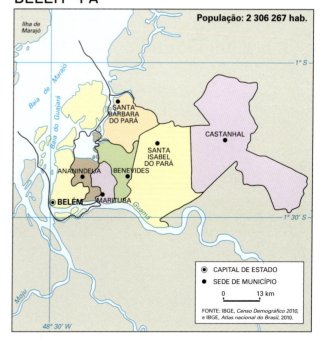

© 2019, M. E. Simielli. Direitos autorais protegidos.

BRASIL CONCENTRAÇÕES URBANAS

DESLOCAMENTOS PENDULARES PARA TRABALHO E ESTUDO

BRASÍLIA – DF

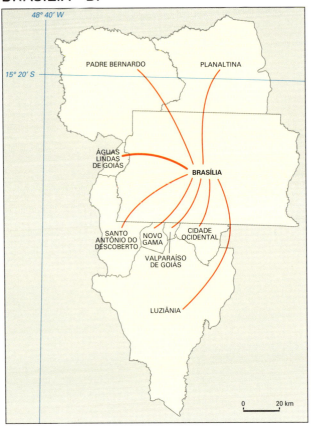

BELO HORIZONTE – MG

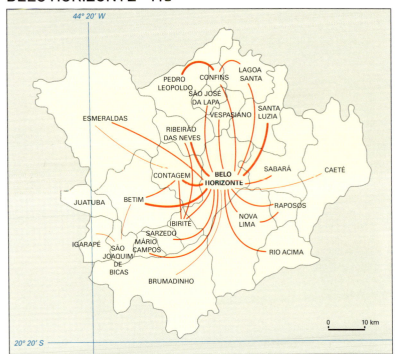

SÃO PAULO – SP

CURITIBA – PR

Limite da concentração urbana
DESLOCAMENTO
— MÉDIO
— ALTO
— MUITO ALTO

FONTE: Adaptado de IBGE, *Arranjos Populacionais e Concentrações Urbanas do Brasil*, 2016.

BRASIL CONCENTRAÇÕES URBANAS

RECIFE – PE
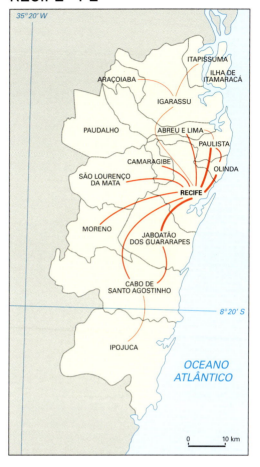

RIO DE JANEIRO – RJ

FORTALEZA – CE

SALVADOR – BA

PORTO ALEGRE – RS

Limite da concentração urbana
DESLOCAMENTO
- MÉDIO
- ALTO
- MUITO ALTO

FONTE: Adaptado de IBGE, *Arranjos Populacionais e Concentrações Urbanas do Brasil*, 2016.

© 2019. M. E. Simielli. Direitos autorais protegidos.

CURIOSIDADES GEOGRÁFICAS

FORMAS TERRESTRES: EMERSAS E SUBMERSAS

Os perfis topográficos mostram picos, rios, além de fossas submarinas, ilhas e dorsal submarina. Evidenciam, portanto, a partir da referência do nível do mar, as formas terrestres que estão emersas e as submersas. O perfil AB estende-se do oceano Pacífico até o mar Vermelho, na parte leste da África. O perfil CD inicia-se no oceano Atlântico, ao norte do Reino Unido, e atravessa a Europa e a Ásia, terminando no oceano Pacífico.

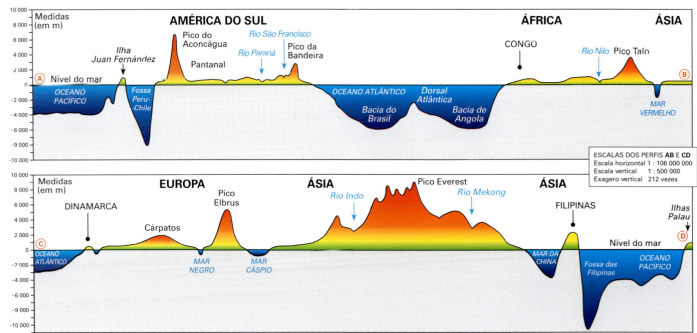

ELABORAÇÃO: SIMIELLI, 2019, com dados de altimetria de Geoatlas, 2009, e batimetria do World Atlas, HARPERCOLLINS, 2004. © 2019, M. E. Simielli.

PICOS MAIS ELEVADOS

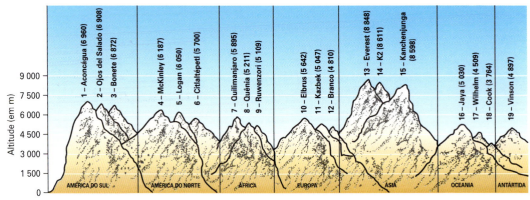

MAIORES PROFUNDIDADES – FOSSAS SUBMARINAS

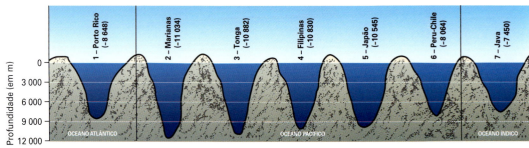

© 2019, M. E. Simielli. Direitos autorais protegidos.

GEOATLAS CURIOSIDADES GEOGRÁFICAS

RIOS MAIS EXTENSOS

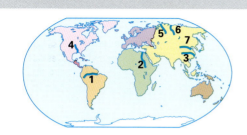

Rio	km
1 – Amazonas[1]	6 992
2 – Nilo	6 670
3 – Yang-Tsé-Kiang	6 380
4 – Mississípi-Missouri	5 970
5 – Ob-Irtysh	5 568
6 – Ienissei-Angara	5 550
7 – Hoang-Ho	5 464

[1] O INPE desenvolveu estudos com imagens de satélites para medição dos rios Amazonas e Nilo. O Amazonas aparece como o rio mais extenso considerando-se o percurso da margem sul da ilha de Marajó.

MAIORES LAGOS

1. Mar Cáspio
Europa/Ásia
371 000 km²

2. Superior
América do Norte
82 100 km²

3. Vitória
África
69 500 km²

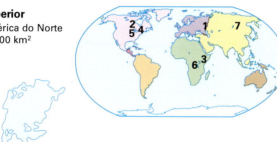

4. Huron
América do Norte
59 600 km²

5. Michigan
América do Norte
57 800 km²

6. Tanganica
África
32 900 km²

7. Baikal
Ásia
31 500 km²

MAIORES ILHAS

1. Groenlândia
Dinamarca
2 175 600 km²

2. Nova Guiné
Indonésia/Papua-Nova Guiné
792 500 km²

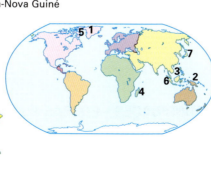

3. Borneo
Indonésia/Malásia/Brunei
725 500 km²

4. Madagascar
Madagascar
587 000 km²

5. Baffin
Canadá
507 500 km²

6. Sumatra
Indonésia
427 300 km²

7. Honshu
Japão
227 400 km²

ELABORAÇÃO: SIMIELLI, 2019, com dados de *World Atlas*, HARPER COLLINS, 2004, *Atlas of the World*, NATIONAL GEOGRAPHIC, 2009, e *Calendario Atlante*, DE AGOSTINI, 2018. © 2019, M. E. Simielli.

© 2019, M. E. Simielli. Direitos autorais protegidos.

GEOATLAS CURIOSIDADES GEOGRÁFICAS

SUPERFÍCIE DOS PAÍSES: OS EXTREMOS

MAIOR SUPERFÍCIE

RÚSSIA
17 075 400 km²

MENOR SUPERFÍCIE

• VATICANO
0,44 km²

A Rússia é aproximadamente 39 milhões de vezes maior que o Vaticano. É como se comparássemos o tamanho de uma moeda de 10 centavos com o de um quarteirão regular (100 m × 100 m).

PAÍSES POPULOSOS E PAÍSES POVOADOS: OS EXTREMOS

MAIS POPULOSO

CHINA
P: 1 409 500 000 hab.
S: 9 572 900 km²
147,24 hab./km²

MENOS POPULOSO

VATICANO
P: 572 hab.
S: 0,44 km²
1 300,00 hab./km²

MAIS POVOADO

MÔNACO
P: 37 550 hab.
S: 2,02 km²
18 589,10 hab./km²

MENOS POVOADO

MONGÓLIA
P: 3 100 000 hab.
S: 1 564 160 km²
1,98 hab./km²

Populoso refere-se à população absoluta, ou seja, ao número de habitantes de um país.
Povoado refere-se à população relativa, ou seja, à densidade demográfica (hab./km²).

ELABORAÇÃO: SIMIELLI, 2019, com dados de https://population.un.org, acesso em nov. 2018.
© 2019, M. E. Simielli.

GRANDES AGLOMERAÇÕES URBANAS DO MUNDO

TÓQUIO (JAPÃO) – 37,468 milhões de habitantes

DÉLHI (ÍNDIA) – 28,514 milhões de habitantes

GEOATLAS CURIOSIDADES GEOGRÁFICAS

XANGAI (CHINA) – 25,582 milhões de habitantes

SÃO PAULO (BRASIL) – 21,650 milhões de habitantes

CIDADE DO MÉXICO (MÉXICO) – 21,581 milhões de habitantes

CAIRO (EGITO) – 20,076 milhões de habitantes

MUMBAI (ÍNDIA) – 19,980 milhões de habitantes

PEQUIM (CHINA) – 19,618 milhões de habitantes

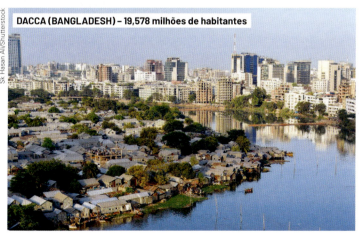
DACCA (BANGLADESH) – 19,578 milhões de habitantes

NOVA YORK (EUA) – 18,819 milhões de habitantes

GEOATLAS **BARREIRAS DO MUNDO**

No mundo todo, em diferentes períodos da História, foram erguidas barreiras, cercas, muros e outras limitações que cerceiam o caminho das pessoas, gerando separação ou isolamento de territórios e segregação de comunidades.

Sob a alegação de proteção ou defesa de território, de limitação à entrada ilegal de pessoas, de proteção ao mercado interno de trabalho, de combate ao tráfico, etc., essas barreiras acabam servindo de instrumento para separar, muitas vezes, áreas socialmente desiguais.

No planisfério ao lado, apresentamos a localização de diferentes tipos de barreiras construídas em vários continentes.

Estados Unidos/México

Esta barreira foi construída pelos Estados Unidos para barrar a imigração ilegal oriunda do México e de outros países latino-americanos, inclusive do Brasil. Outro objetivo dela é coibir o tráfico de drogas.

Israel/Cisjordânia

A barreira construída na divisa com a Cisjordânia é considerada por Israel essencial à manutenção da segurança do país. A construção dessa barreira, entretanto, é contestada internacionalmente e acarreta graves transtornos à população palestina que vive na Cisjordânia.

Coreia do Norte/Coreia do Sul

Ao lado, a barreira que separa a Coreia do Norte (país de regime autocrático que conta com o apoio político da Rússia e da China) da Coreia do Sul (país de regime democrático e apoiado pelos Estados Unidos).

© 2019, M. E. Simielli. Direitos autorais protegidos.

GEOATLAS BARREIRAS DO MUNDO 173

Grécia/Turquia

A Grécia construiu barreiras na fronteira com a Turquia para impedir a entrada de imigrantes em seu território. Essa região tornou-se, nos últimos anos, um dos movimentados eixos de migração ilegal de pessoas no mundo.

Melilla/Marrocos

Melilla é uma possessão espanhola encravada no território do Marrocos. As barreiras, na possessão, foram construídas para limitar a imigração ilegal africana para a Europa via Espanha (Melilla).

Berlim

Muro
Extensão do muro – 162,2 km
RDA – República Democrática Alemã
RFA – República Federal da Alemanha

Adaptado de: *Geoatlas*, 1995.

A cidade de Berlim, na década de 1960, ficava encravada na República Democrática Alemã (RDA), ou Alemanha Oriental. Era dividida em parte oriental (apoio soviético) e parte ocidental (apoio francês, britânico e norte-americano). Um fluxo muito grande de pessoas migrava da parte oriental para a ocidental em busca de melhores oportunidades de trabalho. Para limitar esse fluxo, foi construído pela RDA, em 1961, o Muro de Berlim, derrubado em 1989.

© 2019, M. E. Simielli. Direitos autorais protegidos.

GEOATLAS VISÕES DO MUNDO

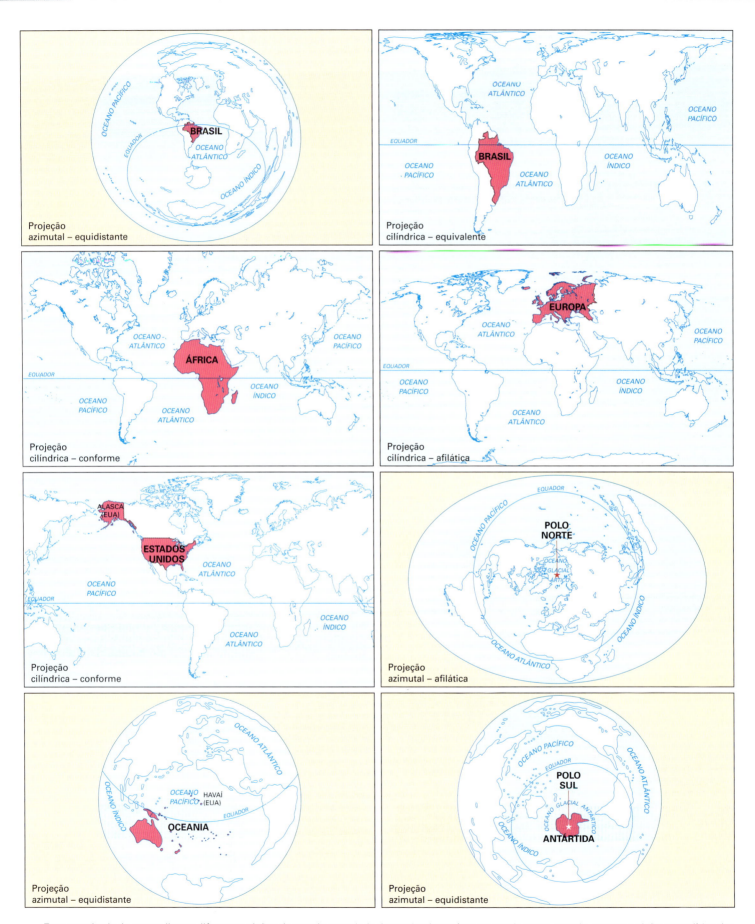

Esta sequência de mapas ilustra diferentes visões do mundo a partir de determinados países ou continentes, ou seja, mostra a visão geopolítica dos países ou continentes ilustrados no contexto mundial.

Todos os mapas apresentam distorções em superfície, área ou distância. Cada tipo de projeção prioriza uma variável. Assim, conforme a área mapeada ou em função do objetivo do mapeamento, opta-se pela projeção mais adequada.

© 2019, M. E. Simielli. Direitos autorais protegidos.

GEOATLAS GLOSSÁRIO GEOGRÁFICO

AÇUDE: lago natural ou artificial represado principalmente para irrigação.

ARQUIPÉLAGO: conjunto de ilhas localizadas em mares e oceanos ou mesmo em grandes rios.

Vista aérea do arquipélago Pakleni Otoci, na Croácia.

BAÍA: reentrância da costa litorânea por onde o mar avança para o interior do continente. As baías apresentam entrada estreita e interior mais largo; possuem dimensões menores que os golfos.

Imagem de satélite da baía de Guanabara, no Rio de Janeiro.

CABO: porção de terra na costa litorânea que avança para o mar. Os cabos são menos extensos do que as penínsulas e maiores do que as pontas.

Cabo da Boa Esperança, na África do Sul.

CACHOEIRA: queda-d'água natural no curso de um rio, ocasionada por um degrau em seu leito.

Cachoeira Casca D'Anta, no Parque Nacional da Serra da Canastra, em Minas Gerais.

CADEIA DE MONTANHAS: sucessão de montanhas que, ligadas entre si, formam um conjunto alongado que define o alinhamento montanhoso. Origina-se de forças tectônicas de grande dimensão. Em geral, uma cadeia de montanhas também é denominada cordilheira.

CANAL: escavação natural ou artificial por onde correm águas fluviais ou marítimas, que podem ligar dois corpos de água. Dependendo da profundidade das águas do canal, ele pode ser utilizado para navegação.

Canal de Suez, no Egito, ligando o mar Vermelho ao mar Mediterrâneo.

© 2019, M. E. Simielli. Direitos autorais protegidos.

GEOATLAS **GLOSSÁRIO GEOGRÁFICO**

CATARATA: grande queda-d'água causada por declive ou degraus no leito de um rio.

Cataratas do Iguaçu, no rio Iguaçu, no Parque Nacional do Iguaçu, no Paraná.

CHAPADA: grande superfície com altitudes acima de 600 metros, que geralmente apresenta o topo plano, em forma de mesa.

Parque Nacional da Chapada Diamantina, na Bahia.

COLINA: pequena elevação do terreno com declive suave e baixas altitudes. Possui formas bastante suavizadas, decorrentes de processos erosivos.

CORDILHEIRA: conjunto ou série de montanhas integradas e alinhadas. Área muito elevada, com as laterais bastante inclinadas, originada de forças tectônicas, é também denominada cadeia de montanhas.

Cordilheira do Himalaia, no Nepal.

CÓRREGO: rio de pequeno porte, riacho.

Córrego no município de Itambacuri, em Minas Gerais.

COXILHA: grande extensão de terra, de relevo suave, com elevações arredondadas de pequena altitude. No Brasil, as coxilhas são mais comumente encontradas no Rio Grande do Sul.

DEPRESSÃO: porção de terra rebaixada entre áreas mais elevadas (planaltos) ou terreno abaixo do nível do mar. As depressões apresentam formas planas ou levemente onduladas.

Depressão Sertaneja Meridional, na Bahia.

GEOATLAS GLOSSÁRIO GEOGRÁFICO

DESERTO: lugar seco e árido, onde chove muito pouco. Os desertos apresentam solo e vegetação característicos. Muitos estão em zonas quentes onde a temperatura média ultrapassa 30 °C, mas também há desertos nos polos Norte e Sul, áreas onde faz muito frio. Os desertos, portanto, podem ser quentes ou frios.

Grande Erg Ocidental, em deserto da Argélia.

ENSEADA: pequena reentrância da costa litorânea em direção ao mar. Limitada por dois cabos com altitudes mais elevadas, forma um pequeno arco de círculo.

Enseada de Lulworth, na Inglaterra.

ESCARPA: vertente com inclinação acentuada. As escarpas podem ser modeladas por agentes erosivos ou tectônicos, entre outros.

Escarpa na serra do Rio do Rastro, em Santa Catarina.

ESTREITO: canal natural ou passagem que liga mares ou partes de um mesmo mar.

FIORDE: corredor estreito e profundo, com paredes rochosas altas, localizado no litoral. Os fiordes são escavações geradas por antiga erosão glacial (ação do gelo) e fluvial.

Fiorde Troll, na Noruega.

FOSSA OCEÂNICA: cavidade no fundo oceânico com profundidade entre 6 000 e 15 000 metros.

GELEIRA: massa de gelo formada em regiões onde a queda de neve é superior ao degelo; o próprio peso de uma geleira pode fazê-la deslocar-se.

Geleira no Parque Nacional de Mount Rainier, nos Estados Unidos.

© 2019, M. E. Simielli. Direitos autorais protegidos.

GEOATLAS **GLOSSÁRIO GEOGRÁFICO**

GOLFO: extensa e ampla reentrância da costa litorânea, delimitada por penínsulas, cabos ou pontas.

Golfo de Tarento, no sul da Itália.

ILHA: porção de terra emersa relativamente pequena, se comparada aos continentes, cercada de água doce ou salgada por todos os lados.

Ilha de Saint Michael, em Cornwall, no litoral da Inglaterra.

ISTMO: faixa de terra estreita e alongada, situada entre dois mares, que une porções maiores de terra.

Istmo do Panamá separando os oceanos Atlântico e Pacífico.

LAGO: grande porção de água doce ou salgada que ocupa uma depressão na superfície terrestre. A forma, a profundidade e a extensão dos lagos são muito variáveis. Os lagos são maiores que as lagoas.

LAGOA: porção de água doce ou salgada que ocupa uma depressão na superfície terrestre. As lagoas são menores e mais rasas que os lagos.

Lagoas no Pantanal Mato-Grossense, em Mato Grosso do Sul.

LAGUNA: porção de água salgada ou salobra que ocupa uma depressão na superfície litorânea. As lagunas mantêm um canal de conexão com o mar, recebendo, simultaneamente, água doce dos rios e água salgada do mar (quando ocorrem as marés altas).

MACIÇO: grande e extensa massa de rochas magmáticas ou metamórficas que se apresenta como área montanhosa.

MONTANHA: área muito elevada, com as laterais bastante inclinadas. Em geral, as montanhas aparecem agrupadas, formando cadeias montanhosas ou cordilheiras. São originadas de forças tectônicas.

Montanhas no povoado de Ollantaytambo, no Vale Sagrado dos Incas, no Peru.

© 2019, M. E. Simielli. Direitos autorais protegidos.

GEOATLAS GLOSSÁRIO GEOGRÁFICO

MONTE: grande elevação do terreno em relação às áreas vizinhas. Geralmente os montes aparecem isolados.

Monte Pascoal, na Bahia.

PÂNTANO: terreno plano e inundável, de pequena profundidade, cujo fundo é mais ou menos lodoso e pouco consistente. Localiza-se próximo aos rios em planícies de inundação ou planícies costeiras.

PENÍNSULA: extensa faixa alongada de terra que avança para o mar, ligada ao continente e cercada de água pelos outros lados. As penínsulas são maiores que os cabos e as pontas.

Pântano na Louisiana, nos Estados Unidos.

Península da Califórnia, no México.

PICO: ponto mais elevado de uma montanha ou serra. Apresenta uma parte pontiaguda, constituída de rocha mais resistente aos processos erosivos.

Pico da Neblina com serra do Imeri ao fundo, no Amazonas.

GEOATLAS GLOSSÁRIO GEOGRÁFICO

PLANALTO: superfície elevada, mais ou menos plana, inclinada em uma única direção e delimitada por um declive acentuado em pelo menos um dos lados. Em áreas de planalto geralmente ocorre muita erosão. Nos planaltos brasileiros encontram-se serras e chapadas.

Planalto no município de Passa Quatro, em Minas Gerais.

PLANÍCIE: superfície plana ou suavemente ondulada, localizada geralmente em baixas altitudes e caracterizada pela acumulação de materiais ou sedimentação.

Planície do Pantanal, em Mato Grosso do Sul.

PONTA: extremidade saliente da costa litorânea que avança para o mar. De baixas altitudes, as pontas são menores que as penínsulas e os cabos.

Ponta do Seixas, ponto extremo oriental do continente americano, em João Pessoa, na Paraíba.

RIBEIRÃO: rio pequeno, porém maior que um riacho.

SERRA: cristas contínuas com encostas de declives proeminentes. São superfícies com acentuados desníveis, como as escarpas de planalto. No Brasil, dá-se o nome de serra às escarpas que delimitam planaltos.

Serra no litoral de Santa Catarina.

VULCÃO: fenda ou abertura da crosta terrestre por onde o magma é expelido. Os vulcões podem assumir forma de cone ou fissura.

Vulcão Augustine, no Alasca, nos Estados Unidos.

GEOATLAS **SIGLAS E ABREVIATURAS**

SIGLAS DOS PAÍSES

AFG – Afeganistão	**DOC** – Dominica	**LIB** – Líbia	**RDC** – República Democrática do Congo
ALB – Albânia	**DOM** – República Dominicana	**LIE** – Libéria	**ROM** – Romênia
ALE – Alemanha	**EAU** – Emirados Árabes Unidos	**LIT** – Liechtenstein	**RPA** – Palau
AND – Andorra	**ELS** – El Salvador	**LIU** – Lituânia	**RUA** – Ruanda
ANG – Angola	**EQU** – Equador	**LUX** – Luxemburgo	**RUN** – Reino Unido
ANT – Antígua e Barbuda	**ERI** – Eritreia	**MAD** – Madagascar	**RUS** – Rússia
ARG – Argentina	**ESP** – Espanha	**MAI** – Malauí	**SAN** – San Marino
ARL – Argélia	**ESQ** – Eslováquia	**MAH** – Marshall	**SAO** – Salomão
ARM – Armênia	**EST** – Estônia	**MAL** – Malásia	**SCN** – São Cristóvão e Névis
ARS – Arábia Saudita	**ESV** – Eslovênia	**MAN** – Macedônia do Norte	**SDS** – Sudão do Sul
AUS – Austrália	**ETP** – Etiópia	**MAR** – Marrocos	**SEL** – Serra Leoa
AUT – Áustria	**EWT** – Eswatini	**MAT** – Malta	**SEN** – Senegal
AZB – Azerbaijão	**EUA** – Estados Unidos da América	**MAU** – Maurício	**SER** – Sérvia
BAA – Bahamas	**FIL** – Filipinas	**MDV** – Maldivas	**SEY** – Seychelles
BAD – Bangladesh	**FIN** – Finlândia	**MEX** – México	**SIR** – Síria
BAH – Bahrein	**FJI** – Fiji	**MGL** – Mongólia	**SMO** – Samoa Ocidental
BAR – Barbados	**FRA** – França	**MIC** – Federação dos Estados da Micronésia	**SOC** – Saara Ocidental
BEL – Bélgica	**GAB** – Gabão		**SOM** – Somália
BEN – Benin	**GAM** – Gâmbia	**MIN** – Mianmar	**SRI** – Sri Lanka
BER – Belarus	**GAN** – Gana	**MLI** – Mali	**STL** – Santa Lúcia
BLZ – Belize	**GEO** – Geórgia	**MOÇ** – Moçambique	**STP** – São Tomé e Príncipe
BOH – Bósnia-Herzegovina	**GRA** – Granada	**MOL** – Moldávia	**SUD** – Sudão
BOL – Bolívia	**GRE** – Grécia	**MON** – Mônaco	**SUE** – Suécia
BOT – Botsuana	**GUA** – Guatemala	**MTN** – Montenegro	**SUI** – Suíça
BRA – Brasil	**GUB** – Guiné-Bissau	**MUR** – Mauritânia	**SUR** – Suriname
BRU – Brunei	**GUE** – Guiné Equatorial	**NAM** – Namíbia	**SVG** – São Vicente e Granadinas
BUK – Burkina Fasso	**GUI** – Guiana	**NAU** – Nauru	**TAI** – Tailândia
BUL – Bulgária	**GUN** – Guiné	**NEP** – Nepal	**TAJ** – Tajiquistão
BUR – Burundi	**HAI** – Haiti	**NIA** – Nigéria	**TAN** – Tanzânia
BUT – Butão	**HON** – Honduras	**NIC** – Nicarágua	**TAW** – Taiwan
CAB – Camboja	**HUN** – Hungria	**NIG** – Níger	**TCH** – República Tcheca
CAM – Camarões	**IEM** – Iêmen	**NOR** – Noruega	**TIL** – Timor-Leste
CAN – Canadá	**IND** – Índia	**NZL** – Nova Zelândia	**TOB** – Trinidad e Tobago
CAS – Casaquistão	**INS** – Indonésia	**OMA** – Omã	**TOG** – Togo
CAT – Catar	**IRA** – Irã	**PAL** – Palestina	**TON** – Tonga
CBV – Cabo Verde	**IRL** – Irlanda	**PAN** – Panamá	**TUN** – Tunísia
CHA – Chade	**IRQ** – Iraque	**PAQ** – Paquistão	**TUQ** – Turquia
CHI – Chile	**ISL** – Islândia	**PAR** – Paraguai	**TUT** – Turcomenistão
CHN – China	**ISR** – Israel	**PBS** – Países Baixos	**TUV** – Tuvalu
CHP – Chipre	**ITA** – Itália	**PER** – Peru	**UCR** – Ucrânia
CIN – Cingapura	**JAM** – Jamaica	**PNG** – Papua-Nova Guiné	**UGA** – Uganda
CMA – Costa do Marfim	**JAP** – Japão	**POL** – Polônia	**URU** – Uruguai
COL – Colômbia	**JOR** – Jordânia	**POR** – Portugal	**USB** – Usbequistão
COM – Comores	**KIR** – Kiribati	**QUE** – Quênia	**VAN** – Vanuatu
CON – Congo	**KOS** – Kosovo	**QUR** – Quirguízia	**VAT** – Vaticano
CRA – Costa Rica	**KWT** – Kuwait	**RAE** – Egito	**VEN** – Venezuela
CRO – Croácia	**LAO** – Laos	**RAS** – República da África do Sul	**VTN** – Vietnã
CUB – Cuba	**LBN** – Líbano	**RCA** – República Centro-Africana	**ZAM** – Zâmbia
DIN – Dinamarca	**LES** – Lesoto	**RCN** – Coreia do Norte	**ZIM** – Zimbábue
DJI – Djibuti	**LET** – Letônia	**RCS** – Coreia do Sul	

ABREVIATURAS

aç. – açude	dep. – depressão	l. – lago	pop. – popular
adm. – administrativa	des., d. – deserto	la. – lagoa	poss. – possessão
admin. – administração	distr. – distrito	lag. – laguna	pret. – pretendido
arq. – arquipélago	enc. – encarte	loc. – localidade	prod. – produtos
b., ba. – baía	ens. – enseada	mac. – maciço	prot. – protetorado
bac. – bacia	est. – estado	mont. – montanha	pta. – ponta
c. – cabo	estr. – estreito	monts. – montanhas	pto. – porto
cach. – cachoeira	fd. – fiorde	mte. – monte	reg. – região
cad., ca. – cadeia	fed. – federal	mtes. – montes	reg. adm. – região administrativa
can. – canal	fid. – fiduciária	nac. – nacionalista	rep. – república
cap. – capital	fos. – fossa	p. – pico	repr. – represa
cat. – catarata	g. – golfo	pânt. – pântano	rib. – ribeirão
ch., chap. – chapada	gal. – general	pas. – passagem	sa. – serra
cid. – cidade	gde. – grande	pen. – península	sto. – santo
com. – comunidade	gel. – geleira	peq. – pequena	terr. – território
cord. – cordilheira	i. ou I. – ilha	peqs. – pequenas	tróp. – trópico
córr. – córrego	is. ou Is. – ilhas	plan. – planície	v. – vulcão
cox. – coxilha	ist. – istmo	plans. – planícies	
democr. – democrática	jud. – judiciária	plto. – planalto	

182 GEOATLAS ÍNDICE ANALÍTICO

A

Aachen, cid., ALE, **79** 1B
Aare, rio, **78** 1C
Abadan, cid., IRA, **89** 3E, **95** 6C
Abaeté, cid., BRA (MG), **153** 2B
Abaetetuba, cid., BRA (PA), **149** 6C
Abakan, cid., RUS, **83** 8D
Abaya, l., **64** 6D
Abéché, cid., CHA, **63** 6C, **65** 5C
Abenra, cid., DIN, **81** 2D
Abeokuta, cid., NIA, **65** 3D
Aberdeen, cid., RUN, **75** 3B
Abidjan, cap. administrativa, CMA, **63** 3D, **65** 2D
Abisko, cid., SUE, **81** 4B
Abongabong, p., **90** 1C
Abrolhos, arq., BRA, **110** 4C, **112** 4C, **150** 3D
Abu Dhabi, cap., EAU, **89** 4F, **95** 7E
Abuja, cap., NIA, **63** 4D, **65** 3D
Abunã, cid., BRA (RO), **149** 2D
Acapulco, cid., MEX, **51** 8H, **57** 10H
Acarai, sa., **52** 4B, **112** 2A, **148** 4B
Acaraú, cid., BRA (CE), **151** 3A
Acaraú, rio, **150** 2A
Accra, cap., GAN, **63** 3D, **65** 2D
Acklins, i., BAA, **54** 5B
Aconcágua, p., **50** 11M, **52** 2-3F
Acopiara, cid., BRA (CE), **151** 3B
Açores, arq., POR, **50** 15F, **74** enc., **75** enc.
Acre, est., BRA, **110** 1B, **149** 1-2D
Acre, rio, **52** 3CD, **148** 2D
Açu, cid., BRA (RN), **151** 3B
Açu ou Piranhas, rio, **150** 3B
Açucena, cid., BRA (MG), **153** 3B
Adam, cid., OMA, **95** 8E
Adamantina, cid., BRA (SP), **153** 1C
Adamaoua, mtes., **62** 4-5D, **64** 4D
Adana, cid., TUQ, **95** 4B
Adapazari, cid., TUQ, **95** 3A
Adare, c., **104** 22D
Adelaide, cid., AUS, **101** 2I
Áden, cid., IEM, **89** 3G, **95** 5-6G
Áden, g., **62** 8-9C, **88** 3G
Adige, rio, **76** 2A
Adis-Abeba, cap., ETP, **63** 7D, **65** 6D
Adrano, cid., ITA, **77** 2C
Adriático, mar, **72** 8-9G, **76** 2-3B
AFEGANISTÃO, **89** 5E, **95** 9-10BC
Afogados da Ingazeira, cid., BRA (PE), **151** 3B
Afrânio, cid., BRA (PE), **151** 2B
Afuá, cid., BRA (PA), **149** 5C
Agadez, cid., NIG, **63** 4C, **65** 3C
Agen, cid., FRA, **75** 4E
Agra, cid., IND, **93** 2B
Agrigento, cid., ITA, **77** 2C
Agrinion, cid., GRE, **77** 4C
Água Boa, cid., BRA (MT), **110** 3C, **157** 3B
Água Branca, cid., BRA (PI) **151** 2B
Aguapeí, rio, **152** 1C
Água Vermelha, repr., **152** 1B
Agudos, cid., **152** 1-2C
Agulhas Negras, p., **52** 5E, **112** 4D, **152** 3C
Ahaggar, mtes., **62** 4B, **64** 3B
Ahmadabad, cid., IND, **89** 6F, **93** 2B
Ahvaz, cid., IRA, **95** 6C
Aimorés, cid., BRA (MG), **153** 3B
Aimorés, sa., **152** 3B
Air, mac., **64** 3C
Aire, rio, **74** 3C
Ajaccio, cid., FRA, **75** 5E
Ajmer, cid., IND, **93** 2B
Akhdar, mtes., **94** 8E
Akita, cid., JAP, **97** 8B
Akranes, cid., **81** enc. Islândia
Aksu, cid., CHN, **97** 2A
Aktyubinsk, cid., CAS, **83** 4D
Akureyri, cid., **81** enc. Islândia

Alabama, rio, **56** 11F
Alagoa Grande, cid., BRA (PB), **151** 3B
Alagoas, est., BRA, **110** 4B, **151** 3B
Alagoinhas, cid., BRA (BA), **151** 3C
Alajuela, cid., CRA, **55** 3D
Aland, is., FIN, **80** 4-5C, **81** 4-5C
Alasca, cad., **56** 4-5C
Alasca, est., EUA, **51** 1 3C, **57** 4-5C
Alasca, g., **50** 3D, **56** 5D
Alasca, pen., **56** 3-4D
Albacete, cid., ESP, **75** 3F
ALBÂNIA, **73** 9-10G, **77** 3-4B
Albany, cid., EUA, **57** 12E
Albany, rio, **56** 11D
Alberto, l., **66** 6A
Alborg, cid., DIN, **81** 2D
Albuquerque, cid., EUA, **57** 9F
Alcântara, cid., BRA (MA), **151** 2A
Alcira, cid., ESP, **75** 3F
Aldabra, is., SEY, **66** 7B, **67** 7B
Aldan, cid., RUS, **83** 11D
Aldan, plto., **82** 11D
Aldan, rio, **82** 11-12D
Aldeia, sa., **152** 2B
Alegrete, cid., BRA (RS), **155** 1B
ALEMANHA, **73** 7-8E, **79** 2-3AB
Além-Paraíba, cid., BRA (MG), **153** 3C
Alençon, cid., FRA, **75** 4D
Alenquer, cid., BRA (PA), **149** 5C
Aleppo, cid., SIR, **89** 2E, **95** 4B
Alessandria, cid., ITA, **77** 1B
Alesund, cid., NOR, **81** 2C
Aleutas, fos., **56** 3D
Aleutas, is., EUA, **50** 1D, **56** 2-3D, **57** 2-3D
Alexandre, arq., EUA, **56** 6D
Alexandre, i., poss. RUN, **104** 33CD
Alexandria, cid., RAE, **63** 6A, **65** 5A
Alfenas, cid., BRA (MG), **153** 2C
Al Hadd, c., **94** 8E
Al Hijaz Asir, cad., **94** 4-5DF
Alicante, cid., ESP, **75** 3F
Alice Springs, cid., AUS, **101** 2I
Aligarh, cid., IND, **93** 2B
Al Kuwait, cap., KWT, **89** 3F, **95** 6D
Allahabad, cid., IND, **93** 3B
Allegheny, mtes., **56** 11-12EF
Almas, p., **112** 4C, **150** 2C
Almaty, cid., CAS, **83** 6E, **89** 6D
Almeirim, cid., BRA (PA), **149** 5C
Almenara, cid., BRA (MG), **153** 3B
Almeria, cid., ESP, **75** 3F
Almirante, cid., PAN, **55** 3E
Al Mukalla, cid., IEM, **95** 6G
Alor, i., INS, **90** 4D
Alor Setar, cid., MAL, **91** 2C
Alpercatas, rio, **150** 1-2B
Alpercatas, sa., **150** 1-2B
Alpes, cad., **72** 7-8FG, **74** 5DE, **76** 1-2A, **78** 1-3C
Alpes Bávaros, cad., **78** 2C
Alpes da Áustria, cad., **78** 3C
Alpes da Transilvânia, cad., **76** 4-5AB
Alpes Dináricos, cad., **72** 8-10FG, **76** 3B
Alpes do Sul, cad., **101** 4E
Alpes Escandinavos, cad., **72** 7-10AD, **80** 2-5BD
Al-Qamishli, cid., SIR **95** 5B
Alta Floresta, cid., BRA (MT), **53** 4C, **110** 2B, **157** 2A
Altai, cid., MGL, **97** 3A
Altai, mtes., **82** 7-8DE, **88** 7-9D, **96** 2-3A
Altamira, cid., BRA (PA), **53** 4C, **110** 3B, **149** 5C
Altenburg, cid., ALE, **79** 3B
Altiplanos, plto., **50** 11K
Alto, p., **150** 3A
Alto Araguaia, cid., BRA (MT), **157** 3C
Alto Atlas, cad., **64** 2A
Alto Garças, cid., BRA (MT), **157** 3C
Alto Paraguai, cid., BRA (MT), **157** 2B

Alto Paraíso de Goiás, cid., BRA (GO), **157** 4B
Alto Parnaíba, cid., BRA (MA), **151** 1B
Alto Taquari, cid., BRA (MT), **157** 3C
Alto Uruguai, sa., **154** 2B
Altyn Tagh, cad., **96** 2B
Alvorada, cid., BRA (TO), **149** 6F
Alvorada do Norte, cid., BRA (GO), **157** 4B
Amã, cap., JOR, **89** 2E, **95** 4C
Amambaí, cid., BRA (MS), **157** 2D
Amambaí, sa., **156** 2D
Amapá, cid., BRA (AP), **53** 4B, **149** 5B
Amapá, est., BRA, **110** 3A, **149** 5B
Amarante, cid., BRA (PI), **151** 2B
Amarelo, mar, **88** 11E, **96** 6B
Amarelo (Hoang-Ho), rio, **88** 10E, **96** 3-5B
Amarillo, cid., EUA, **57** 9F
Amazonas, est., BRA, **110** 1-2B, **149** 2-4CD
Amazonas, rio, **50** 12J, **52** 4C, **112** 2B, **148** 4-5C
Amazônica, plan., **50** 11J, **52** 2-4C, **112** 1-2B, **148** 2-5C
Ambarcik, cid., RUS, **83** 15C
Ambato, cid., EQU, **53** 2C
Ambon, cid., INS, **91** 4D
Amderma, cid., RUS, **83** 5C
Americana, cid., BRA (SP), **153** 2C
Americano, plto., **104** 13-14CD
Amga, rio, **82** 11-12D
Amiens, cid., FRA, **75** 4D
Amot, cid., NOR, **81** 2D
Amravati, cid., IND, **93** 2B
Amritsar, cid., IND, **93** 2A
Amsterdã, cap., PBS, **73** 6-7E, **75** 4C
Amu Daria, rio, **82** 5EF, **88** 5DE, **94** 9-10B
Amundsen, g., **56** 6-7B
Amundsen, mar, **104** 29-30CD
Amur, rio, **82** 11D, **88** 11C, **96** 6-7A
Anadyr, cid., RUS, **83** 16C
Anadyr, g., **82** 17C
Anambas, i., INS, **90** 2C
Anamitica, cad., **90** 2B
Ananás, cid., BRA (TO), **149** 6D
Anápolis, cid., BRA (GO), **53** 5D, **110** 3C, **157** 4C
Anastácio, cid., BRA (MS), **157** 2D
Anatólia, pen., **94** 2-3B
Anatólia, plto., **94** 2-3B
Ancara, cap., TUQ, **89** 2E, **95** 3B
Anchorage, cid., Alasca (EUA), **51** 3C, **57** 5C
Ancona, cid., ITA, **77** 2B
Andaman, is., IND, **90** 1B, **92** 4C, **93** 4C
Andaman, mar, **90** 1B, **92** 4C
Andes, cord., **50** 10-11IN, **52** 2-3BG
Andirá, cid., BRA (PR), **155** 2A
Andizan, cid., USB, **83** 6E
ANDORRA, **73** 6G, **75** 4E
Andorra la Vella, cap., AND, **75** 4E
Andradina, cid., BRA (SP), **110** 3D, **153** 1C
Andros, i., BAA, **54** 4AB, **55** 4AB
Andros, i., GRE, **76** 4-5C
Anegada, pas., **54** 7C
Aneto, p., **72** 6G, **74** 4E
Angara, rio, **82** 8D
Angarsk, cid., RUS, **83** 9D
Ange, cid., SUE, **81** 4C
Angeles, cid., FIL, **91** 4B
Angerman, rio, **80** 4C
Angers, cid., FRA, **75** 3D
Angicos, cid., BRA (RN), **151** 3B
ANGOLA, **63** 5-6EF, **67** 4C
Angra dos Reis, cid., BRA (RJ), **153** 3C
Anguilla, i., poss. RUN, **54** 7C, **55** 7C
Ankaratra, p., **62** 8F, **66** 7C
Annaba, cid., ARL, **65** 3A
An-Nasiriyah, cid., IRQ, **95** 6C
Antalya, cid., TUQ, **95** 3B
Antalya, g., **94** 3B
Antananarivo, cap., MAD, **63** 8F, **67** 7C
Antártica, pen., **104** 34-35CD
Antequera, cid., ESP, **75** 3F

Anticosti, i., CAN, **56** 13E
Antigua, cid., GUA, **55** 1D
Antígua, i., ANT, **54** 7C
ANTÍGUA E BARBUDA, **55** 7C
Antilhas, mar, **50** 10H, **54** 4-6CD
Antípodas, is., NZL, **104** 22A
Antofagasta, cid., CHI, **51** 10L, **53** 2E
Antonina, cid., BRA (PR), **155** 3B
Antônio Enes, cid., MOÇ, **67** 6C
Antsirabe, cid., MAD, **67** 7C
Antuérpia, cid., BEL, **73** 6E, **75** 4C
Anxi, cid., CHN, **97** 3A
Aomori, cid., JAP, **97** 8A
Aosta, cid., ITA, **77** 1A
Aozou, cid., CHA, **65** 4B
Apa, rio, **156** 2D
Apalaches, mtes., **50** 9-10EF, **56** 11-12EF
Aparecida do Taboado, cid., BRA (MS), **157** 3C
Aparri, cid., FIL, **91** 4B
Apeninos, cad., **72** 7-9GH, **76** 2B
Ápia, cap., SMO, **101** 5H
Apiacás, sa., **156** 2AB
Apo, p., **90** 4C
Apodi, cid., BRA (RN), **151** 3B
Apodi, sa., **150** 3B
Aporé, rio, **156** 3C
Aporema, cid., BRA (AP), **149** 5B
Apucarana, cid., BRA (PR), **155** 2A
Apucarana, sa., **154** 2A
Aqaba, cid., JOR, **95** 4D
Aqaba, g., **94** 3D
Aquidauana, cid., BRA (MS), **157** 2D
Aquitânia, bac., **74** 3E
Arábia, des., **88** 2-3F, **94** 5-6DE
Arábia, plto., **88** 3F, **94** 5DE
ARÁBIA SAUDITA, **89** 3F, **95** 5-6DE
Arábica, cad., **62** 7B, **64** 6B
Arábica, pen., **94** 6-7EF
Arábico, des., **64** 6B
Arábico, mar, **88** 5FG, **92** 1B, **94** 9-10E
Aracaju, cid., BRA (SE), **51** 14K, **53** 6D, **110** 4C, **151** 3C
Aracati, cid., BRA (CE), **151** 3A
Araçatuba, cid., BRA (SP), **110** 3D, **153** 1C
Aracruz, cid., BRA (ES) **153** 3B
Araçuaí, cid., BRA (MG), **153** 3B
Arad, cid., ROM, **77** 4A
Arafura, mar, **90** 5D, **101** 2C
Aragarças, cid., BRA (GO), **157** 3C
Aragominas, cid., BRA (TO), **149** 6D
Araguacema, cid., BRA (TO), **149** 6D
Araguaia, rio, **52** 4CD, **112** 3B, **148** 6D, **156** 3B
Araguaína, cid., BRA (TO), **110** 3B, **149** 6D
Araguari, cid., BRA (MG), **153** 2B
Araguari, rio, **52** 4B, **148** 5B
Araguari, rio, **152** 2D
Araguatins, cid., BRA (TO), **149** 6D
Arakan, mtes., **92** 4BC
Aral, l., **82** 4-5E, **88** 4-5D
Arapiraca, cid., BRA (AL), **151** 3B
Arapongas, cid., BRA (PR), **155** 2A
Araranguá, cid., BRA (SC), **155** 3B
Araraquara, cid., BRA (SP), **110** 3D, **153** 2C
Araras, aç., **150** 2A
Araras, cid., BRA (SP), **153** 2C
Ararat, p., **88** 3E, **94** 5B
Araripe, ch., **112** 4B, **150** 2-3B
Araripina, cid., BRA (PE), **151** 2B
Araruama, la., **152** 3C
Aras, rio, **94** 6B
Aravalli, cad., **92** 2B
Araxá, cid., BRA (MG), **153** 2B
Arcachon, cid., FRA, **75** 3E
Archangelsk, cid., RUS, **73** 14C, **83** 3C
Arcoverde, cid., BRA (PE), **151** 3B
Ardenas, cad., **74** 5CD
Areia Branca, cid., BRA (RN), **151** 3B
Arenápolis, cid., BRA (MT), **157** 2B

A grafia dos topônimos brasileiros segue o registro do IBGE. Em alguns casos, em respeito à tradição local, foi mantida a grafia utilizada pelos municípios.
Apresentamos entre parênteses a grafia estabelecida pelo Acordo Ortográfico da Língua Portuguesa (2009) quando houver divergência da adotada pelo IBGE e/ou pela tradição local.

GEOATLAS ÍNDICE ANALÍTICO 183

Arendal, cid., NOR, **81** 2D
Arequipa, cid., PER, **51** 10K, **53** 2D
Argel, cap., ARL, **63** 4A, **65** 3A
ARGÉLIA, **63** 3-4AB, **65** 2-3AB
ARGENTINA, **51** 11LN, **53** 3EG
Arhus, cid., DIN, **73** 8D, **81** 2-3D
Arica, cid., CHI, **53** 2D
Arica, g., **52** 2D
Arinos, rio, **156** 2B
Aripuanã, cid., BRA (MT), **157** 2B
Aripuanã, rio, **148** 3D, **156** 2AB
Ariquemes, cid., BRA (RO), **53** 3CD,
 110 2B, **149** 3D
Arkansas, rio, **50** 8F, **56** 10F
Armavir, cid., RUS, **83** 3E
ARMÊNIA, **73** 14-15G, **83** 3EF
Armênia, plto., **94** 5B
Arnes, cid., **81** enc. Islândia
Arnhem, cid., PBS, **75** 5C
Arraias, cid., BRA (TO), **149** 6E
Arta, cid., GRE, **77** 4C
Arthus, cid., DIN, **73** 7D
Aru, is., INS, **90** 5D, **91** 5D
Arua, cid., UGA, **67** 6A
Aruanã, cid., BRA (GO), **157** 3B
Aruba, i., poss. PBS, **54** 6D, **55** 6D
Arusha, cid., TAN, **67** 6B
Asahi, p., **96** 8A
Asahikawa, cid., JAP, **97** 8A
Asansol, cid., IND, **93** 3B
Ascensão, i., poss. RUN, **62** 2E, **66** 1B, **67** 1B
Ashabad, cap., TUT, **83** 4F, **89** 4E
Ash Sha'ab, cid., IEM, **95** 5G
Asmara, cap., ERI, **63** 7C, **65** 6C
Assen, cid., PBS, **75** 5C
Assis, cid., BRA (SP), **110** 3D, **153** 1C
Assis Brasil, cid., BRA (AC), **110** 1C, **149** 2E
Assis Chateaubriand, cid., BRA (PR), **155** 2A
Assuan, cid., RAE, **63** 7B, **65** 6B
Assuan, repr., **64** 6B
Assunção, cap., PAR, **51** 12L, **53** 4E
Astana, cap., CAS, **83** 6D, **89** 5-6C
Astrakhan, cid., RUS, **73** 15F, **83** 3E
Asyut, cid., RAE, **63** 7B, **65** 6B
Atacama, des., **50** 11L, **52** 3E
Atacama, puna, **52** 3E
Atar, cid., MUR, **65** 1B
Atbara, cid., SUD, **63** 7C, **65** 6C
Atbara, rio, **64** 6C
Atenas, cap., GRE, **73** 10H, **77** 4C
Athabasca, l., **56** 8-9D
Ática, pen., **76** 4C
Atlanta, cid., EUA, **51** 9F, **57** 11F
Atlântico, plto., **52** 5DE
Atlas, cad., **62** 3-4A, **64** 2-3A
Atlas Saariano, cad., **64** 2-3A
Atol das Rocas, i., BRA, **112** 5B, **150** 4A,
 150 enc., **151** enc.
Atrek, rio, **94** 8B
Auckland, cid., NZL, **101** 4I
Augsburgo, cid., ALE, **79** 2B
Aurillac, cid., FRA, **75** 4E
Austin, cid., EUA, **57** 10F
AUSTRÁLIA, **101** 1-3I
Australiana, cord., **101** 3CD
ÁUSTRIA, **73** 8-9F, **79** 2-3C
Auvergne, plto., **74** 4D
Auxerre, cid., FRA, **75** 4D
Avaré, cid., BRA (SP), **153** 2C
Aveiro, cid., POR, **75** 2E
Avellino, cid., ITA, **77** 2B
Aversa, cid., ITA, **77** 2B
Aves, i., poss. VEN, **54** 7C, **55** 7C
Avignon, cid., FRA, **75** 4E
Ávila, cid., ESP, **75** 3E
Avon, rio, **74** 3C
Awbari, cid., LIB, **65** 4B
Aweil, cid., SUD, **65** 5D
AZERBAIJÃO, **73** 15G, **83** 3EF
Azov, mar, **72** 13F, **82** 2E
Azuero, pen., **54** 3E
Azul (Yang-Tsé-Kiang), rio, **88** 10E, **96** 4-5B
Azul, sa., **156** 2-3C

B

Babar, i., INS, **90** 4D
Bab el-Mandeb, estr., **64** 7C, **94** 5G
Babol, cid., IRA, **95** 7B
Babuyan, is., FIL, **90** 4B
Bacabal, cid., BRA (MA), **110** 4B, **151** 2A
Bacabal, cid., BRA (RR), **149** 3B
Bacan, i., INS, **90** 4D
Bacau, cid., ROM, **77** 5A
Back, rio, **56** 9C
Bacolod, cid., FIL, **91** 4B
Badajoz, cid., ESP, **75** 2F
Badanah, cid., ARS, **95** 5C
Baffin, b., **50** 10-11B, **56** 12-13B
Bafing, rio, **64** 1C
Bagdá, cap., IRQ, **89** 3E, **95** 5C
Bagé (Bajé), cid., BRA (RS), **155** 2C
Baguio, cid., FIL, **91** 4B
BAHAMAS, **51** 10G, **55** 4-5B
Bahamas, is., BAA, **50** 10G, **54** 4-5AB
Bahia, est., BRA, **110** 4C, **151** 2C
Bahia, is., HON, **54** 2C
Bahía Blanca, cid., ARG, **51** 11M, **53** 3F
BAHREIN, **89** 4F, **95** 7D
Bahrein, i., BAH, **94** 7D
Bahr-el-Ghazal, rio, **64** 5-6D
Baia Mare, cid., ROM, **77** 4A
Baião, cid., BRA (PA), **149** 6C
Baicheng, cid., CHN, **97** 6A
Baidoa, cid., SOM, **65** 7D
Baikal, l., **82** 9D, **88** 9C
Bailong, rio, **96** 4B
Bairiki, cap., KIR, **101** 4G
Baixo Guandu, cid., BRA (ES), **153** 3B
Baja, cid., HUN, **79** 4C
Bakkafjördur, cid., **81** enc. Islândia
Baku, cap., AZB, **73** 15G, **83** 3E
Balabac, estr., **90** 3C
Balaton, l., **78** 4C
Balbina, repr., **148** 4C
Balcânica, pen., **76** 4BC
Bálcãs, cad., **72** 10-11G, **76** 4-5B
Baleares, is., ESP, **72** 6H, **73** 6H, **74** 4F
Baleia, pta., **150** 3D
Bali, i., INS, **90** 3D, **91** 3D
Balikesir, cid., TUQ, **95** 2B
Balikpapan, cid., INS, **91** 3D
Balkhash, l., **82** 6E, **88** 6D
Balsas, cid., BRA (MA), **110** 3B, **151** 1B
Balsas, rio, **150** 1B
Báltico, mar, **72** 9-10D, **78** 3-4A, **80** 4D,
 82 1D
Baltimore, cid., EUA, **51** 10F, **57** 12F
Bamaco, cap., MLI, **63** 3C, **65** 2C
Bambari, cid., RCA, **63** 6D, **65** 5D
Bamberg, cid., ALE, **79** 2B
Bamenda, cid., CAM, **65** 3-4D
Bananal, i., BRA, **52** 4D, **112** 3C, **148** 5E
Bananal, sa., **152** 2C
Banda, mar, **88** 11-12I, **90** 4D
Banda Aceh, cid., INS, **91** 1C
Bandama, rio, **64** 2D
Bandar'Abbas, cid., IRA, **95** 8D
Bandar Seri Begawan, cap., BRU, **91** 3C
Bandeira, p., **52** 5E, **112** 4C, **152** 3C
Bandung, cid., INS, **89** 9I, **91** 2D
Bangalore, cid., IND, **89** 6G, **93** 2C
Bangcoc, cap., TAI, **89** 9G, **91** 2B
Banggai, is., INS, **90** 4D
Bangka, i., INS, **90** 2D, **91** 2D
BANGLADESH, **89** 7-8F, **93** 3-4B
Bangui, cap., RCA, **63** 5D, **65** 4D
Bani, rio, **64** 2C
Banja Luka, cid., BOH, **77** 3B
Banjarmasin, cid., INS, **91** 3D
Banjul, cap., GAM, **63** 2C, **65** 1C
Banks, estr., **56** 7-8B
Banks, i., CAN, **56** 7B
Baoding, cid., CHN, **97** 5B
Baoji, cid., CHN, **97** 4B

Baoshan, cid., CHN, **97** 3C
Baotou, cid., CHN, **97** 5A
Barão de Melgaço, cid., BRA (MT), **157** 2C
Barat Daya, is., INS, **90** 4D
Barbacena, cid., BRA (MG), **153** 3C
BARBADOS, **55** 8D
Barbados, i., BAR, **54** 8D
Barbuda, i., ANT, **54** 7C
Barcaça, sa., **152** 2B
Barcelona, cid., ESP, **73** 6G, **75** 4E
Barcelos, cid., BRA (AM), **149** 3C
Bareilly, cid., IND, **93** 2B
Barents, mar, **72** 13-15B, **82** 2-3B
Bari, cid., ITA, **77** 3B
Bariri, cid., BRA (SP), **153** 2C
Barisan, cad., **90** 2D
Barito, rio, **90** 3D
Barnaul, cid., RUS, **83** 7D, **89** 7C
Baroda, cid., IND, **93** 2B
Barquisimeto, cid., VEN, **53** 3A
Barra, cid., BRA (BA), **151** 2C
Barra Bonita, repr., **152** 2C
Barra de São Francisco, cid., BRA (ES),
 153 3B
Barra do Corda, cid., BRA (MA), **151** 1B
Barra do Garças, cid., BRA (MT), **53** 4D,
 110 3C, **157** 3C
Barra do Pirai, cid., BRA (RJ), **153** 3C
Barra do Quarai, cid., BRA (RS), **155** 1C
Barra dos Bugres, cid., BRA (MT), **157** 2C
Barra Mansa, cid., BRA (RJ), **153** 3C
Barranquilla, cid., COL, **53** 2A
Barras, cid., BRA (PI), **151** 2A
Barre des Écrins, p., **74** 5E
Barreiras, cid., BRA (BA), **110** 4C, **151** 2C
Barreiros, cid., BRA (PE), **151** 3D
Barretos, cid., BRA (SP), **153** 2C
Barrow, c., **56** 4B
Barrow, cid., Alasca (EUA), **57** 4B
Barú, v., **54** 3E
Basey, cid., FIL, **91** 4B
Bashi, can., **96** 6C
Basilan, i., FIL, **90** 4C
Basileia, cid., SUI, **79** 1C
Basra, cid., IRQ, **89** 3E, **95** 6C
Bass, estr., **101** 3I
Bassein, cid., MIN, **89** 8G, **93** 4C
Basseterre, cap., SCN, **55** 7C
Bata, cid., GUE, **63** 4-5D, **65** 3-4D
Batabanó, g., **54** 3E
Batan, is., FIL, **90** 4A
Batanghari, rio, **90** 2D
Batatais, cid., BRA (SP), **153** 2C
Batatais, sa., **152** 2C
Bathinda, cid., IND, **93** 2A
Bathurst, i., CAN, **56** 10-11B
Batna, cid., ARL, **65** 3A
Baton Rouge, cid., EUA, **57** 10F
Battambang, cid., CAB, **89** 9G, **91** 2B
Battle Harbour, cid., CAN, **57** 14D
Batu, is., INS, **90** 1D
Batu, p., **64** 6D
Batumi, cid., GEO, **83** 3E
Baturité, cid., BRA (CE), **151** 3A
Baturité, sa., **150** 3A
Baubau, cid., INS, **91** 4D
Bauchi, plto., **62** 4CD, **64** 3C
Bauru, cid., BRA (SP), **53** 5E, **110** 3D, **153** 2C
Bávaro, plto., **78** 2B
Bayamo, cid., CUB, **55** 4B
Bayan Har, mtes., **96** 3B
Bayonne, cid., FRA, **75** 3E
Bayreuth, cid., ALE, **79** 2B
Beagle, can., **52** 2-3H
Beata, c., **54** 5C
Beaufort, mar, **56** 5-6B
Bebedouro, cid., BRA (SP), **153** 2C
Béchar, cid., ARL, **65** 2A
Bei, mtes., **96** 3A
Beihai, cid., CHN, **97** 4C
Beira, cid., MOÇ, **63** 7F, **67** 6C
Beirute, cap., LBN, **89** 2E, **95** 4C
Beja, cid., POR, **75** 2F

Békéscsaba, cid., HUN, **79** 5C
BELARUS, **73** 11-12DE, **83** 1-2D
Bela Vista, cid., BRA (MS), **157** 2D
Belaya, rio, **72** 17DE, **82** 4D
Belcher, i., CAN, **56** 11-12D
Belém, cid., BRA (PA), **51** 13J, **53** 5C,
 110 3B, **149** 6C
Belet Uen, cid., SOM, **65** 7D
Belfast, cid., RUN, **73** 4E, **75** 2C
Belfort, cid., FRA, **75** 5D
BÉLGICA, **73** 6-7EF, **75** 4-5C
Belgaum, cid., IND, **93** 2C
BÉLGICA, **73** 6-7EF, **75** 4-5C
Belgrado, cap., SER, **73** 10G, **77** 4B
Belitung, i., INS, **90** 2D, **91** 2D
BELIZE, **51** 9H, **55** 2C
Belize City, cid., BLZ, **55** 2C
Bellary, cid., IND, **93** 2C
Belle Isle, estr., **56** 14D
Belmopán, cap., BLZ, **51** 9H, **55** 2C
Belo Horizonte, cid., BRA (MG), **51** 13K,
 53 5D, **110** 4C, **153** 3B
Belomorsk, cid., RUS, **83** 2C
Belovo, cid., RUS, **83** 7D
Belukha, p., **82** 7E
Bely, i., RUS, **82** 6B
Bengala, g., **88** 7-8G, **92** 3-4C
Bengasi, cid., LIB, **63** 6A, **65** 5A
Bengbu, cid., CHN, **97** 5B
Benguela, cid., ANG, **63** 5F, **67** 4C
Benguela, g., **62** 4-5EF, **66** 3-4B
BENIN, **63** 4D, **65** 3CD
Benin, b., **64** 3D
Benjamin Constant, cid., BRA (AM),
 53 2C, **110** 1B, **149** 1C
Ben Nevis, p., **74** 3B
Benoni, cid., RAS, **67** 5D
Bento Gonçalves, cid., BRA (RS), **155** 2B
Benue, rio, **62** 4-5D, **64** 3-4D
Benxi, cid., CHN, **97** 6A
Berbera, cid., SOM, **63** 8C, **65** 7C
Berezniki, cid., RUS, **83** 4D
Bérgamo, cid., ITA, **77** 1A
Bergen, cid., NOR, **73** 7C, **81** 2C
Bergerac, cid., FRA, **75** 4E
Berhala, estr., **90** 2D
Berhampur, cid., IND, **93** 3C
Bering, estr., **50** 1C, **56** 2-3C, **82** 17C,
 88 17B
Bering, mar, **56** 1-2D, **88** 16C
Berkner, i., **104** 35-36DE
Berlim, cap., ALE, **73** 8E, **79** 3A
Bermudas, is., RUN, **50** 11F, **56** 13F
Berna, cap., SUI, **73** 7F, **79** 1C
Bernina, p., **78** 2C
Besançon, cid., FRA, **75** 5D
Béskides, cad., **78** 4-5B
Bethel, cid., Alasca (EUA), **57** 3C
Bética, cord., **74** 3F
Betim, cid., BRA (MG), **153** 3BC
Bhagalpur, cid., IND, **93** 3B
Bhaunagar, cid., IND, **93** 2B
Bhima, rio, **92** 2C
Bhopal, cid., IND, **93** 2B
Biafra, b., **64** 3D, **66** 3A
Bialystok, cid., POL, **79** 5A
Biarritz, cid., FRA, **75** 3E
Bié, plto., **62** 5F, **66** 4C
Bielefeld, cid., ALE, **79** 2A
Bielsko-Biala, cid., POL, **79** 4B
Bijagós, arq., GUB, **64** 1C
Bikaner, cid., IND, **93** 2B
Bilaspur, cid., IND, **93** 3B
Bilauktaung, cad., **90** 1B, **92** 4C
Bilbao, cid., ESP, **73** 5G, **75** 3E
Billings, repr., **152** 2C
Binjai, cid., INS, **91** 2C
Bintulu, cid., MAL, **91** 3C
Bioko, i., GUE, **64** 3D
Birganj, cid., NEP, **93** 3B
Birigui, cid., BRA (SP), **153** 1C
Birjand, cid., IRA, **95** 8C
Birlad, cid., ROM, **77** 5A
Birmingham, cid., EUA, **57** 11F

184 GEOATLAS ÍNDICE ANALÍTICO

Birmingham, cid., RUN, **73** 5E, **75** 3C
Biscaia, g., **72** 5FG, **74** 3E
Biserta, cid., TUN, **63** 4A, **65** 3A
Bishkek, cap., QUR, **83** 6E, **89** 6D
Biskra, cid., ARL, **65** 3A
Bismarck, arq., PNC, **101** 3C
Bissau, cap., GUD, **63** 2C, **65** 1C
Bitola, cid., MAN, **77** 4B
Biysk, cid., RUS, **83** 7D
Black Da, rio, **90** 2A
Blagoevgrad, cid., BUL, **77** 4B
Blagovescensk, cid., RUS, **83** 11D
Blanca, b., **53** 3-4F
Blanca, p., **50** 7F, **56** 9F
Blanquilla, i., poss. VEN, **54** 7D, **55** 7D
Blantyre, cid., MAU, **63** 7F, **67** 6C
Blida, cid., ARL, **65** 3A
Bloemfontein, cap. judiciária, RAS, **63** 6G, **67** 5D
Blois, cid., FRA, **75** 4D
Bluefields, cid., NIC, **55** 3D
Blumenau, cid., BRA (SC), **53** 5E, **110** 3D, **155** 3B
Bo, cid., SEL, **65** 1D
Boa Esperança, c., **62** 5H, **66** 4E
Boa Esperança, repr., **150** 2B
Boa Vista, cid., BRA (RR), **51** 11I, **53** 3B, **110** 2A, **149** 3B
Boa Vista, i., **64** enc. Cabo Verde
Bobo-Dioulasso, cid., BUK, **63** 3C, **65** 2C
Boca do Acre, cid., BRA (AM), **110** 1B, **149** 2D
Boca do Jari, cid., BRA (AP), **149** 5C
Boca Grande, b., **52** 3B
Bocaiuva, cid., BRA (MG), **153** 3B
Bocas del Toro, arq., PAN, **54** 3E
Bocholt, cid., ALE, **79** 1B
Boden, cid., SUE, **81** 5B
Bodö, cid., NOR, **81** 3B
Bodoquena, sa., **156** 2D
Boêmia, mtes., **78** 3B
Boghé, cid., MUR, **65** 1C
Bognes, cid., NOR, **81** 4B
Bogor, cid., INS, **91** 2D
Bogotá, cap., COL, **51** 10I, **53** 2B
Boí, pta., **152** 2-3C
Boise City, cid., EUA, **57** 8E
Bojador, c., **64** 1B
Bokna, fd., **80** 2D
Bolchevique, i., RUS, **82** 9B
BOLÍVIA, **51** 11K, **53** 3D
Bolívia, altiplano, **52** 3D
Bollnäs, cid., SUE, **81** 4C
Bolonha, cid., ITA, **77** 2B
Bolzano, cid., ITA, **77** 3A
Boma, cid., RDC, **67** 4B
Bombaim, ver Mumbai
Bom Despacho, cid., BRA (MG), **153** 2B
Bom Jesus, cid., BRA (AM), **149** 1D
Bom Jesus, cid., BRA (PI), **151** 2B
Bom Jesus, cid., BRA (RS), **155** 2B
Bom Jesus, cox., **154** 2B
Bom Jesus da Lapa, cid., BRA (BA), **110** 4C, **151** 2C
Bon, c., **62** 5A, **64** 4A
Bonaire, i., poss. PBS, **54** 6D, **55** 6D
Bonete, p., **50** 11L, **52** 3E
Bonifácio, estr., **74** 5E, **76** 1B
Bonn, cid., ALE, **73** 7E, **79** 1B
Boothia, g., **56** 10-11BC
Boqueirão da Esperança, cid., BRA (AC), **149** 1D
Bora Bora, i., poss. FRA, **101** 6C
Boras, cid., SUE, **81** 3D
Borba, cid., BRA (AM), **149** 4C
Borborema, plto., **52** 5C, **112** 4B, **150** 3B
Bordéus, cid., FRA, **73** 5G, **75** 3E
Borga, cid., FIN, **81** 6C
Borlänge, cid., SUE, **81** 4C
Borneo, i., BRU, INS, MAL, **88** 10HI, **89** 10HI, **90** 3C

Bornholm, i., DIN, **80** 3-4D, **81** 3-4D
Borujerd, cid., IRA, **95** 6C
Bosaso, cid., SOM, **65** 7C
Bósforo, estr., **76** 5B, **94** 2A
BÓSNIA-HERZEGOVINA, **73** 9G, **77** 3AB
Bossangoa, cid., RCA, **65** 4D
Bosten, l., **96** 2A
Boston, cid., EUA, **51** 10E, **57** 12E
Bótnia, g., **72** 9-10C, **80** 4-5C
BOTSUANA, **63** 6G, **67** 5D
Botucatu, cid., BRA (SP), **153** 2C
Botucatu, sa., **152** 2C
Bouaké, cid., CMA, **63** 3D, **65** 2D
Bouar, cid., RCA, **65** 4D
Bouvet, i., poss. NOR, **104** 5B
Brac, i., CRO, **76** 3B
Bradford, cid., RUN, **75** 3C
Braga, cid., POR, **75** 2E
Bragança, cid., BRA (PA), **53** 5C, **110** 3B, **149** 6C
Bragança, cid., POR, **75** 2E
Bragança Paulista, cid., BRA (SP), **153** 2C
Brahmani, rio, **93** 2B
Brahmaputra, rio, **88** 8F, **92** 4B, **96** 3C
Braila, cid., ROM, **77** 5A
Branco, c., **52** 6C, **112** 5B, **150** 4B
Branco, c., **56** 7E
Branco, c., **62** 2B, **64** 1B
Branco, mar, **72** 13B, **82** 2-3C
Branco, mte., **72** 7F, **74** 5D
Branco, rio, **52** 3BC, **112** 2A, **148** 3BC
Brandenburgo, cid., ALE, **79** 3A
BRASIL, **51** 11-13J, **53** 4-5D
Brasileia, cid., BRA (AC), **149** 2E
Brasileiro, plto., **50** 12-13K, **52** 4-5D
Brasília, cap., BRA (DF), **51** 13K, **53** 5D, **110** 3C, **157** 4C
Brasnorte, cid., BRA (MT), **157** 2B
Brasov, cid., ROM, **73** 11F, **77** 5A
Bratislava, cap., ESQ, **73** 9F, **79** 4B
Bratsk, cid., RUS, **83** 9D
Brazzaville, cap., CON, **63** 5E, **67** 4B
Breda, cid., PBS, **75** 4C
Brejo, cid., BRA (MA), **151** 2A
Brejo Santo, cid., BRA (CE), **151** 3B
Bremen, cid., ALE, **79** 2A
Bremerhaven, cid., ALE, **79** 2A
Brescia, cid., ITA, **77** 2A
Brest, cid., BER, **83** 1D
Brest, cid., FRA, **73** 5F, **75** 3D
Bretanha, pen., **74** 3D
Breves, cid., BRA (PA), **110** 3B, **149** 5C
Bridgetown, cap., BAR, **55** 8D
Brighton, cid., RUN, **75** 3C
Bríndisi, cid., ITA, **77** 3B
Brisbane, cid., AUS, **101** 3I
Bristol, b., **56** 3D
Bristol, can., **74** 3C
Bristol, cid., RUN, **75** 3C
Britânia, cid., BRA (GO), **157** 3C
Britânicas, is., RUN e IRL, **72** 4-6DE, **74** 2-3BC
Brive-la-Gaillarde, cid., FRA, **75** 4D
Brno, cid., TCH, **79** 4B
Broken Hill, cid., AUS, **101** 3I
Brokopondo, cid., SUR, **53** 4B
Brooks, cad., **56** 4-5C
Bruce, mte., **101** 1D
Brumado, cid., BRA (BA), **151** 2C
BRUNEI, **89** 10H, **91** 3C
Brunswick, cid., ALE, **79** 2A
Brusque, cid., BRA (SC), **155** 3B
Bruxelas, cap., BEL, **73** 6E, **75** 4C
Bryansk, cid., RUS, **83** 2D
Bucaramanga, cid., COL, **53** 2B
Bucareste, cap., ROM, **73** 11G, **77** 5B
Buchanan, cid., LIE, **63** 3D, **65** 1-2D
Budapeste, cap., HUN, **73** 9F, **79** 4C
Buenaventura, cid., COL, **53** 2B
Buenos Aires, cap., ARG, **51** 12M, **53** 4F
Buffalo, cid., EUA, **57** 12E

Bug, rio, **78** 5A
Bujumbura, cap., BUR, **63** 6E, **67** 5B
Bukavu, cid., RDC, **63** 6E, **67** 5B
Bukhara, cid., USB, **83** 5F
Bukittinggi, cid., INS, **91** 2D
Bulawayo, cid., ZIM, **63** 6G, **67** 5D
BULGÁRIA, **73** 10-11G, **77** 4-5D
Bunguran-Utara, is., INS, **90** 2C
Burao, cid., SOM, **65** 7CD
Burgas, cid., BUL, **77** 5B
Burgos, cid., ESP, **75** 3E
Burhanpur, cid., IND, **93** 2B
Buritis, cid., BRA (MG), **153** 2B
Burketown, cid., AUS, **101** 2H
BURKINA FASSO, **63** 3-4C, **65** 2-3C
Bursa, cid., TUQ, **95** 2A
Bur Safaga, cid., RAE, **65** 6B
Buru, i., INS, **90** 4D, **91** 4D
Buru, mar, **90** 4D
BURUNDI, **63** 6-7E, **67** 5-6B
Busan, cid., RCS, **97** 6B
Buta, cid., RDC, **67** 5A
BUTÃO, **89** 7-8F, **93** 3-4B
Butiá, cid., BRA (RS), **155** 2C
Butuan, cid., FIL, **91** 4C
Butung, i., INS, **90** 4D, **91** 4D
Buzau, cid., ROM, **77** 5A
Bydgoszcz, cid., POL, **79** 4A
Byrrang, mtes., **82** 8-9B

C

Caarapó, cid., BRA (MS), **157** 3D
Cabedelo, cid., BRA (PB), **151** 4B
Cabeluda, i., BRA, **150** enc. F. Noronha
Cabinda, cid., ANG, **63** 5E, **67** 4B
Cabo Frio, cid., BRA (RJ), **153** 3C
CABO VERDE, **63** 1C, **65** enc.
Cabo Verde, is., CBV, **50** 15H, **62** 1C, **64** enc.
Cabral, sa., **152** 3B
Cabrália, b., **150** 3D
Cabrobó, cid., BRA (PE), **151** 3B
Cabul, cap., AFG, **89** 5E, **95** 10C
Caburai, p., **112** 2A, **148** 3A
Caçador, cid., BRA (SC), **155** 2B
Caçapava do Sul, cid., BRA (RS), **155** 2C
Cáceres, cid., BRA (MT), **53** 4D, **110** 2C, **157** 2C
Cáceres, cid., ESP, **75** 2F
Cachemira, reg. contestada por IND e PAQ, **93** 2A
Cachimbo, cid., BRA (PA), **149** 5D
Cachimbo, sa., **112** 2-3B, **148** 4D
Cachoeira, ens., BRA, **152** enc. I. Trindade
Cachoeira do Sul, cid., BRA (RS), **155** 2BC
Cachoeiro de Itapemirim, cid., BRA (ES), **110** 4D, **153** 3C
Caciporé, rio, **148** 5B
Cacoal, cid., BRA (RO), **110** 2C, **149** 3E
Cádiz, cid., ESP, **75** 2F
Cádiz, g., **74** 2F
Caen, cid., FRA, **75** 3D
Caeté, cid., BRA (MG), **153** 3B
Cafelândia, cid., BRA (SP), **153** 2C
Cagayan, rio, **90** 4B
Cagliari, cid., ITA, **73** 7H, **77** 1C
Caiapó, sa., **112** 3C, **156** 3C
Caicó, cid., BRA (RN), **110** 4B, **151** 3B
Caicos, is., poss. RUN, **54** 5B, **55** 5B
Caiena, cid., Guiana Francesa (FRA), **51** 12I, **53** 4B
Cairo, cap., RAE, **63** 7A, **65** 6AB
Cajamarca, cid., PER, **53** 2C
Cajazeiras, cid., BRA (PB), **151** 3B
Caju, i., BRA, **150** 2A
Calais, cid., FRA, **75** 4C

Calais, passo, **74** 4C
Calarasi, cid., ROM, **77** 5B
Calçoene, cid., BRA (AP), **110** 3A, **149** 5B
Calcutá, ver Kolkata
Caldas Novas, cid., BRA (GO), **157** 4C
Caledônia, can., **74** 2-3B
Calgary, cid., CAN, **51** 6D, **57** 8D
Cali, cid., COL, **51** 10I, **53** 2B
Calicut, cid., IND, **93** 2C
Califórnia, g., **50** 6-7G, **56** 8-9G
Califórnia, pen., **50** 6G, **56** 8G
Callao, cid., PER, **51** 10K, **53** 2D
Caloji, sa., **150** 2-3B
Caltagirone, cid., ITA, **77** 2C
Camagüey, cid., CUB, **55** 4B
Camapuã, cid., BRA (MS), **157** 3C
Camaquã, cid., BRA (RS), **155** 2C
Camaquã, rio, **154** 2C
Camará, cid., BRA (PA), **149** 6C
CAMARÕES, **63** 5D, **65** 4D
Ca-Mau, c., **90** 2C
Cambará, cid., BRA (PR), **155** 2A
Cambay, g., **92** 2B
Cambé, cid., BRA (PR), **155** 2A
Camberra, cap., AUS, **101** 3I
CAMBOJA, **89** 9G, **91** 2B
Camboriú, cid., BRA (SC), **155** 3B
Cambrianos, mtes., **74** 3C
Cambridge, cid., RUN, **75** 4C
Cametá, cid., BRA (PA), **149** 6C
Camocim, cid., BRA (CE), **151** 2A
Campanário, p., **52** 2F
Campanha, reg., **154** 1-2BC
Campeche, cid., MEX, **57** 10H
Campeche, g., **54** 1BC, **56** 10G
Campina da Lagoa, cid., BRA (PR), **155** 2A
Campina Grande, cid., BRA (PB), **53** 6C, **110** 4B, **151** 3B
Campinápolis, cid., BRA (MT), **157** 3B
Campinas, cid., BRA (SP), **53** 5E, **110** 3D, **153** 2C
Campina Verde, cid., BRA (MG), **153** 2B
Campobasso, cid., ITA, **77** 2B
Campo Belo, cid., BRA (MG), **153** 2C
Campo Grande, cid., BRA (MS), **51** 12L, **53** 4E, **110** 3D, **157** 3D
Campo Largo, cid., BRA (PR), **155** 3B
Campo Maior, cid., BRA (PI), **110** 4B, **151** 2A
Campo Mourão, cid., BRA (PR), **155** 2A
Campos Belos, cid., BRA (GO), **157** 4B
Campos do Jordão, cid., BRA (SP), **153** 2C
Campos dos Goytacazes, cid., BRA (RJ), **53** 5E, **110** 4D, **153** 3C
Campos Gerais, reg., **154** 2-3AB
Campos Novos, cid., BRA (SC), **155** 2B
Campos Sales, cid., BRA (CE), **151** 2B
CANADÁ, **51** 5-11CD, **57** 6-14D
Canal, is., RUN, **74** 3D, **75** 3D
Cananeia, cid., BRA (SP), **153** 2CD
Canarana, cid., BRA (MT), **157** 3B
Canária, i., poss. ESP, **64** 1B
Canárias, is., poss. ESP, **62** 2B, **64** 1B, **65** 1B, **72** 2J
Canarreos, arq., CUB, **54** 3B
Canastra, sa., **112** 3C, **152** 2B
Canavieiras, cid., BRA (BA), **151** 3D
Cândia, cid., GRE, **77** 5C
Caneia, cid., GRE, **77** 4C
Canela, cid., BRA (RS), **155** 2B
Cangalha, sa., **150** 2A
Canguaretama, cid., BRA (RN), **151** 3-4B
Canguçu, cid., BRA (RS), **155** 2C
Canguçu, cid., BRA (TO), **149** 6D
Canguçu, sa., **154** 2C
Canindé, cid., BRA (CE), **151** 3A
Canindé, rio, **150** 2B
Cannes, cid., FRA, **75** 5E
Canoas, cid., BRA (RS), **155** 2B
Canoas, rio, **154** 2B
Canoinhas, cid., BRA (SC), **155** 2B
Cantábrica, cord., **74** 2-3E

A grafia dos topônimos brasileiros segue o registro do IBGE. Em alguns casos, em respeito à tradição local, foi mantida a grafia utilizada pelos municípios.
Apresentamos entre parênteses a grafia estabelecida pelo Acordo Ortográfico da Língua Portuguesa (2009) quando houver divergência da adotada pelo IBGE e/ou pela tradição local.

GEOATLAS **ÍNDICE ANALÍTICO** 185

Cantão, ver Guanyzhou
Cantareira, sa., **152** 2C
Can Tho, cid., VTN, **91** 2BC
Canto do Buriti, cid., BRA (PI), **151** 2B
Capanema, cid., BRA (PA), **110** 3B, **149** 6C
Capanema, cid., BRA (PR), **155** 2B
Capão Bonito, cid., BRA (SP), **153** 2C
Capão Doce, p., **154** 2B
Caparaó, sa., **152** 3C
Cape Breton, i., CAN, **56** 13-14E
Capelinha, cid., BRA (MG), **153** 3B
Cap-Haitien, cid., HAI, **55** 5C
Capibaribe, rio, **150** 3B
Capim, rio, **148** 6C
Capinópolis, cid., BRA (MG), **153** 2B
Capivara, repr., **152** 1C, **154** 2A
Capri, i., ITA, **76** 2B, **77** 2B
Caracaraí, cid., BRA (RR), **53** 3B, **110** 2A, **149** 3B
Caracas, cap., VEN, **51** 11H, **53** 3A
Caracas, pta., BRA, **150** enc. F. Noronha
Caracol, cid., BRA (MS), **157** 2D
Caracorum, cad., **88** 6-7E, **92** 2A, **96** 1B
Caraguatatuba, cid., BRA (SP), **153** 2C
Carajás, cid., BRA (PA), **149** 5D
Carajás, sa., **112** 3B, **148** 5D
Carangola, cid., BRA (MG), **153** 3C
Caratasca, lag., **54** 3C
Caratinga, cid., BRA (MG), **153** 3B
Carauari, cid., BRA (AM), **149** 2C
Caraúbas, cid., BRA (RN), **151** 3B
Caravelas, cid., BRA (BA), **151** 3D
Carazinho, cid., BRA (RS), **155** 2B
Carbonara, c., **76** 1C
Carcassone, cid., FRA, **75** 4E
Cárdenas, cid., CUB, **55** 3B
Cardiff, cid., RUN, **73** 5E, **75** 3C
Cardigan, b., **74** 3C
Careiro, cid., BRA (AM), **149** 4C
Careiro, i., BRA, **148** 4C
Cariacica, cid., BRA (ES), **153** 3C
Caribe, mar, **54** 4-5D
Carinhanha, cid., BRA (BA), **151** 2C
Carinhanha, rio, **152** 2-3A
Cariris Novos, sa., **150** 3B
Cariris Velhos, sa., **150** 3B
Carlisle, cid., RUN, **75** 3C
Carlos Chagas, cid., BRA (MG), **153** 3B
Carmen de Patagones, cid., ARG, **53** 3G
Carolina, cid., BRA (MA), **110** 3B, **151** 1B
Carolinas, is., MIC, **101** 2B
Cárpatos, cad., **72** 9-11F, **76** 4-5A, **78** 4-5B, **82** 1E
Cárpatos Brancos, cad., **78** 4B
Cárpatos Meridionais, cad., **76** 4-5A
Cárpatos Orientais, cad., **76** 4-5A
Carpentária, g., **101** 2-3C
Carreiro de Pedra, ens., BRA, **150** enc. F. Noronha
Cartagena, cid., COL, **51** 10H, **53** 2A
Cartagena, cid., ESP, **73** 5H, **75** 3F
Cartago, cid., CRA, **55** 3E
Cartum, cap., SUD, **63** 7C, **65** 6C
Caruaru, cid., BRA (PE), **110** 4B, **151** 3B
Casablanca, cid., MAR, **63** 3A, **65** 2A
Casa Nova, cid., BRA (BA), **151** 2B
CASAQUISTÃO, **83** 4-6DE, **89** 4-6D
Cascais, cid., POR, **75** 2F
Cascatas, cad., **50** 5E, **56** 7DE
Cascavel, cid., BRA (PR), **110** 3D, **155** 2A
Caserta, cid., ITA, **77** 2B
Caspiana, dep., **72** 15-16F, **82** 3-4E, **88** 3-4D
Cáspio, mar, **72** 15-16FH, **88** 3-4DE
Cássia, cid., BRA (MG), **153** 2C
Cassilândia, cid., BRA (MS), **157** 3C
Castanhal, cid., BRA (PA), **110** 3B, **149** 6C
Castelhanos, pta., **152** 3-4C
Castellabate, cid., ITA, **77** 2-3B
Castelo, cid., BRA (ES), **153** 3C
Castelo, sa., **152** 3C
Castelo Branco, cid., POR, **75** 2F
Castilhos, plto., **74** 2-3E
Castres, cid., FRA, **75** 4E

Castries, cap., STL, **55** 7D
Castro, cid., BRA (PR), **155** 2-3A
Cat, i., BAA, **54** 4B
Cataguases, cid., BRA (MG), **153** 3C
Catalã, cord., **74** 4E
Catalão, cid., BRA (GO), **110** 3C, **157** 4C
Catamarca, cid., ARG, **53** 3E
Catanduva, cid., BRA (SP), **153** 2C
Catânia, cid., ITA, **77** 3C
Catanzaro, cid., ITA, **77** 3C
CATAR, **89** 4F, **95** 7D
Cauca, rio, **52** 2B
Caucaia, cid., BRA (CE), **151** 3A
Cáucaso, cad., **72** 13-15G, **82** 3E
Cauvery, rio, **92** 2C
Caviana, i., BRA, **148** 6B
Cavite, cid., FIL, **91** 4B
Caxambu, cid., BRA (MG), **153** 3C
Caxias, cid., BRA (AM), **149** 1C
Caxias, cid., BRA (MA), **110** 4B, **151** 2A
Caxias do Sul, cid., BRA (RS), **53** 4E, **110** 3D, **155** 2B
Cayman, is., poss. RUN, **54** 3-4C, **55** 3C
Cayo Romano, i., CUB, **54** 4B
Cayos Miskitos, i., NIC, **54** 3D
Ceará, est., BRA, **110** 4B, **151** 2-3AB
Ceará-Mirim, cid., BRA (RN), **151** 3B
Cebu, cid., FIL, **91** 4B
Cebu, i., FIL, **91** 4B
Cedro, cid., BRA (CE), **151** 3B
Cefalônia, i., GRE, **76** 4C
Ceilão, i., SRI, **88** 6-7H, **92** 3D
Célebes, mar, **88** 11H, **90** 4C
Celjabinsk, cid., RUS, **83** 5D, **89** 5C
Celle, cid., ALE, **79** 2A
Cemitério, i., BRA, **150** enc. Atol das Rocas
Centenário do Sul, cid., BRA (PR), **155** 2A
Central, cord., **52** 2B
Central, cord., **54** 5C
Central, plan., **50** 8-9F, **56** 10EF
Central, plto., **52** 5D
Central Francês, mac., **72** 6FG, **74** 4DE
Central Russo, plto., **72** 13E, **82** 2D
Central Siberiano, plto., **82** 8-10C, **88** 8-9B
Ceremkhovo, cid., RUS, **83** 9D
Cerepovec, cid., RUS, **83** 2D
Ceres, cid., BRA (GO), **157** 4C
Cernovcy, cid., UCR, **83** 1E
Cerro las Minas, p., **54** 2D
Cervo, sa., **152** 2C
Ceské Budejovice, cid., TCH, **79** 3B
Ceuta, cid., ESP, **63** 3A, **65** 2A, **75** 2F
Chaco, plan., **52** 3-4E
CHADE, **63** 5-6C, **65** 4-5C
Chade, i., **62** 5C, **64** 4C
Chagos, arq., poss. RUN, **88** 6I, **89** 6I
Chagu, sa., **154** 2AB
Chambal, rio, **92** 2B
Chambéry, cid., FRA, **75** 5D
Changchun, cid., CHN, **97** 6A
Changpai, mtes., **96** 6-7A
Changsha, cid., CHN, **97** 5C
Changyeh, cid., CHN, **97** 4B
Changzhi, cid., CHN, **97** 5B
Chao Phraya, rio, **90** 2B
Chapada dos Guimarães, cid., BRA (MT), **157** 2C
Chapadinha, cid., BRA (MA), **151** 2A
Chapecó (Xapecó), cid., BRA (SC), **110** 3D, **155** 2B
Chapecó (Xapecó), rio, **154** 2B
Chapéu, p., **150** 2C
Chari, rio, **62** 5CD, **64** 4C
Charkhlik, cid., CHN, **97** 2B
Charleroi, cid., BEL, **75** 4C
Charlotte, cid., EUA, **57** 11F
Chartres, cid., FRA, **75** 4D
Chatham, is., NZL, **101** 5E
Chavantes, repr., **152** 2C, **154** 2-3A
Cheb, cid., TCH, **79** 3B
Cheju, i., JAP, **96** 6B
Chemnitz, cid., ALE, **79** 3B
Chengde, cid., CHN, **97** 5A

Chengdou, cid., CHN, **89** 9E, **97** 4B
Chengzhou, cid., CHN, **89** 10E, **97** 5B
Chennai (Madras), cid., IND, **89** 7G, **93** 3C
Cheongjin, cid., RCN, **97** 6A
Cherbourg, cid., FRA, **75** 3D
Cherski, cad., **82** 13C
Chesapeake, b., **56** 12F
Chiang Mai, cid., TAI, **91** 1B
Chibata, sa., **152** 3BC
Chicago, cid., EUA, **51** 9E, **57** 11E
Chiclayo, cid., PER, **53** 2C
Chihli, g., **96** 5B
Chihuahua, cid., MEX, **51** 7G, **57** 9G
CHILE, **51** 10L-N, **53** 2-3E-G
Chiloé, CHI, **52** 2G
Chilung, cid., TAW, **97** 6C
Chimborazo, p., **50** 10J, **52** 2C
Chimbote, cid., PER, **53** 2C
Chin, mtes., **92** 4C
CHINA (Rep. Popular), **89** 7-10E, **97** 2-5B
China Meridional, mar, **88** 9-10GH, **90** 2-3BC, **96** 5C
Chinandega, cid., NIC, **55** 2D
China Oriental, mar, **88** 11EF, **96** 6BC
China Oriental, plan., **96** 5B
Chindwin, rio, **92** 4B
Chingola, cid., ZAM, **67** 5C
Chipata, cid., ZAM, **67** 6C
CHIPRE, **89** 2E, **95** 3BC
Chipre, i., CHP, **94** 3BC
Chiriquí, g., **54** 3E
Chirripó, v., **54** 3E
Chisinau, cap., MOL, **73** 11F, **83** 1E
Chittagong, cid., BAD, **89** 8F, **93** 4B
Choluteca, cid., HON, **55** 2D
Chomutov, cid., TCH, **79** 3B
Chonos, arq., CHI, **52** 2G
Chövsyöl, l., **96** 4A
Christchurch, cid., NZL, **101** 4J
Christmas, i., KIR, **101** 6B
Christmas, i., poss. AUS, **90** 2E, **91** 2E
Chubut, rio, **50** 11N, **52** 3G
Chuí, arroio, **112** 3E, **154** 2C
Chuí, cid., BRA (RS), **155** 2C
Chukchi, pen., **82** 17C
Chungking, cid., CHN, **89** 9F, **97** 4C
Chur, cid., SUI, **79** 2C
Churchill, cid., CAN, **57** 10D
Churchill, rio, **56** 9D
Chushan, arq., CHN, **96** 6B
Cianorte, cid., BRA (PR), **155** 2A
Cícero Dantas, cid., BRA (BA), **151** 3C
Ciclades, is., GRE, **76** 4-5C, **77** 4-5C
Cidade do Cabo, cap. legislativa, RAS, **63** 5H, **67** 4E
Cidade do México, cap., MEX, **51** 8H, **57** 10H
Ciego de Ávila, cid., CUB, **55** 4B
Cienfuegos, cid., CUB, **55** 3B
Cimkent, cid., CAS, **83** 5E
Cina, c., **90** 2D
Cincinnati, cid., EUA, **51** 9F, **57** 11F
Cinco Irmãos, sa., **154** 2A
CINGAPURA, **89** 9H, **91** 2C
Cingapura, cid., CIN, **91** 2C
Cinto, p., **74** 5E
Cirebon, cid., INS, **91** 2D
Cisjordânia, reg. Palestina, **95** 4C
Cisnes, is., poss. HON, **54** 3C, **55** 3C
Cita, cid., RUS, **83** 10D
Citlaltépetl, v., **50** 8H, **56** 10H
Ciudad Bolivar, cid., VEN, **53** 3B
Ciudad Guayana, cid., VEN, **53** 3B
Ciudad Juárez, cid., MEX, **57** 9F
Ciudad Real, cid., ESP, **75** 3F
Clermont-Ferrand, cid., FRA, **75** 4D
Cleveland, cid., EUA, **57** 11E
Clevelândia, cid., BRA (PR), **155** 2B
Cluj Napoca, cid., ROM, **73** 10F, **77** 4A
Coari, cid., BRA (AM), **149** 3C
Cobán, cid., GUA, **55** 1C
Coburgo, cid., ALE, **79** 2B
Cochabamba, cid., BOL, **51** 11K, **53** 3D
Cochumatanes, sa., **54** 1C

Coco, rio, **54** 3D
Cocos, cid., BRA (BA), **151** 2C
Cocos, i., CRA, **52** 1B
Cod, c., **56** 12-13E
Codajás, cid., BRA (AM), **149** 3C
Codó, cid., BRA (MA), **110** 4B, **151** 2A
Cognac, cid., FRA, **75** 3D
Coiba, i., PAN, **54** 3E
Coimbatore, cid., IND, **93** 2C
Coimbra, cid., POR, **75** 2E
Cojbalsan, cid., MGL, **97** 5A
Colatina, cid., BRA (ES), **110** 4C, **153** 3B
Colider, cid., BRA (MT), **157** 2B
Colinas, cid., BRA (MA), **151** 2B
Colinas do Tocantins, cid., BRA (TO), **149** 6D
COLÔMBIA, **51** 10I, **53** 2B
Colombo, cap., SRI, **89** 6-7H, **93** 2-3D
Colón, cid., PAN, **55** 4E
Colônia, cid., ALE, **73** 7E, **79** 1B
Colorado, plto., **50** 6F, **56** 8-9F
Colorado, rio, **50** 6-7F, **56** 8-9F
Colorado, rio, **50** 11M, **52** 3F
Colorado, rio, **56** 9-10F
Colorado do Oeste, cid., BRA (RO), **149** 3E
Colorado Springs, cid., EUA, **57** 9F
Colúmbia, rio, **50** 6E, **56** 8E
Columbus, cid., EUA, **57** 11EF
Como, l., **76** 1A
Comodoro, cid., BRA (MT), **157** 2B
Comodoro Rivadávia, cid., ARG, **51** 11N, **53** 3G
COMORES, **63** 8F, **67** 7C
Comores, is., COM, **62** 8F, **66** 7C
Comorin, c., **92** 2D
Comprida, i., BRA, **152** 2C
Comunismo, p., **82** 6F, **88** 6E
Conacri, cap., GUN, **63** 2D, **65** 1D
Conceição do Araguaia, cid., BRA (PA), **53** 5C, **110** 3B, **149** 6D
Conceição do Mato Dentro, cid., BRA (MG), **153** 3B
Conceição do Maú, cid., BRA (RR), **149** 3B
Concepción, cid., CHI, **51** 10M, **53** 2F
Concepción, cid., PAR, **53** 4E
Concórdia, cid., BRA (SC), **155** 2B
CONGO, **63** 5DE, **67** 4AB
Congo, bac., **62** 5-6DE, **66** 4-5AB
Congo, rio, **62** 5E, **66** 4B
Congonhas, cid., BRA (MG), **153** 3C
Conselheiro Lafaiete, cid., BRA (MG), **153** 3C
Conselheiro Pena, cid., BRA (MG), **153** 3B
Constança, l., **78** 2C
Constantina, cid., ARL, **63** 4A, **65** 3A
Constanza, cid., ROM, **73** 11G, **77** 5B
Contagem, ch., **156** 4C
Contagem, cid., BRA (MG), **153** 3B
Contamana, sa., **112** 1B, **148** 1D
Contas, rio, **52** 5D, **112** 4C, **150** 3C
Cook, is., est. livre associado NZL, **101** 5C, **101** 5H
Cook, mte., **101** 4E
Copenhague, cap., DIN, **73** 8D, **81** 3D
Copiapó, cid., CHI, **53** 2E
Coração de Jesus, cid., BRA (MG), **153** 3B
Corais, mar, **101** 3C
Corbélia, cid., BRA (PR), **155** 2A
Cordisburgo, cid., BRA (MG), **153** 3B
Córdoba, cid., ARG, **51** 11M, **53** 3F
Córdoba, cid., ESP, **73** 5H, **75** 3F
Coreia, b., **96** 6B
Coreia, estr., **88** 11-12E, **96** 6-7B
Coreia, pen., **96** 6B
COREIA DO NORTE, **89** 11DE, **97** 6AB
COREIA DO SUL, **89** 11E, **97** 6B
Coremas, aç., **150** 3B
Corfu, i., GRE, **76** 3C, **77** 3C
Corinto, cid., BRA (MG), **153** 3B
Corinto, cid., GRE, **77** 4C
Corinto, g., **76** 4C
Cork, cid., IRL, **75** 2C
Cornélio Procópio, cid., BRA (PR), **155** 2A
Corno, p., **76** 2B

GEOATLAS ÍNDICE ANALÍTICO

Cornuália, pen., **74** 3C
Coroatá, cid., BRA (MA), **151** 2A
Coronado, b., **54** 3E
Coronel Fabriciano, cid., BRA (MG), **153** 3B
Corozal, cid., BLZ, **55** 2C
Corrente, cid., BRA (PI), **110** 3C, **161** 1C
Corrente, rio, **150** 2C
Corrientes, c., **56** 9G
Corrientes, cid., ARG, **53** 4E
Córsega, can., **76** 1B
Córsega, i., FRA, **72** 7G, **73** 7G, **74** 5E, **75** 5E
Corso, c., **74** 5E
Corumbá, cid., BRA (MS), **53** 4D, **110** 2C, **157** 2C
Corumbá, rio, **156** 4C
Cosenza, cid., ITA, **77** 3C
Costa, cad., **50** 4-5DE, **56** 6-7DE
Costa Brava, reg., ESP, **74** 4E
Costa Coromandel, **92** 3C
Costa de Arakan, **92** 4BC
COSTA DO MARFIM, **63** 3D, **65** 2D
Costa Malabar, **92** 2C
COSTA RICA, **51** 9HI, **55** 3DE
Costeira, plan., **52** 5-6CD, **112** 4BC
Costeiras, plans., **56** 10-11F
Cotabato, cid., FIL, **91** 4C
Côte d'Azur, reg., FRA, **74** 5E
Cotegipe, cid., BRA (BA), **151** 2C
Cotopaxi, p., **50** 10J, **52** 2C
Cottbus, cid., ALE, **79** 3B
Coventry, cid., RUN, **75** 3C
Covilhã, cid., POR, **75** 2E
Coxim, cid., BRA (MS), **110** 3C, **157** 3C
Cracóvia, cid., POL, **73** 10E, **79** 4-5B
Craiova, cid., ROM, **77** 4B
Crateús, cid., BRA (CE), **151** 2B
Crato, cid., BRA (CE), **110** 4B, **151** 3B
Cres, i., CRO, **76** 2B
Creta, i., GRE, **72** 10-11H, **73** 10-11H, **76** 4-5C, **77** 4-5C
Creuse, rio, **74** 4D
Criciúma, cid., BRA (SC), **110** 3D, **155** 3B
Crimeia, província, UCR pret. RUS, **73** 12FG, **83** 2E
Cristalândia, cid., BRA (TO), **149** 6E
Cristalina, cid., BRA (GO), **157** 4C
CROÁCIA, **73** 9FG, **77** 2-3A
Crooked, i., BAA, **54** 5B
Crotone, cid., ITA, **77** 3C
Crozet, is. poss. FRA, **104** 10A
Cruz Alta, cid., BRA (RS), **110** 3D, **155** 2B
Cruzeiro, cid., BRA (SP), **153** 3C
Cruzeiro do Oeste, cid., BRA (PR), **155** 2A
Cruzeiro do Sul, cid., BRA (AC), **53** 2C, **110** 1B, **149** 1D
Cuando, rio, **66** 5C
Cuanza, rio, **66** 4B
CUBA, **51** 9-10G, **55** 3-4B
Cuba, i., CUB, **54** 4B
Cubango, rio, **62** 5-6F, **66** 4C
Cubatão, cid., BRA (SP), **153** 2C
Cúcuta, cid., COL, **53** 2B
Cuenca, cid., EQU, **51** 10J, **53** 2C
Cuenca, cid., ESP, **75** 3E
Cuenca, sa., **74** 3EF
Cuernavaca, cid., MEX, **57** 10H
Cuiabá, cid., BRA (MT), **51** 12K, **53** 4D, **110** 2C, **157** 2C
Cuiabá, rio, **156** 2C
Cuilco, p., **54** 1C
Cuité, cid., BRA (PB), **151** 3B
Culiacán, cid., MEX, **57** 9G
Cumã, b., **150** 2A
Cumaná, cid., VEN, **53** 3A
Cumberland, plto., **56** 11F
Cuminá, rio, **148** 4B
Cunene, rio, **66** 4C
Cuneo, cid., ITA, **77** 1B
Curaçao, i., poss. PBS, **54** 6D, **55** 6D
Curitiba, cid., BRA (PR), **51** 13L, **53** 5E, **110** 3D, **155** 3B

Curitibanos, cid., BRA (SC), **155** 2B
Currais Novos, cid., BRA (RN), **110** 4B, **151** 3B
Curuá, rio, **148** 5D
Curuapanema, rio, **148** 5BC
Cururupu, cid., BRA (MA), **151** 2A
Curvelo, cid., BRA (MG), **153** 3B
Cuscuzeiro, sa., **152** 2C
Cuttack, cid., IND, **93** 3B
Cuzco, cid., PER, **51** 10K, **53** 2D
Czestochowa, cid., POL, **79** 4B

D

Dabie, mtes., **96** 5B
Dacar, cap., SEN, **63** 2C, **65** 1C
Dacca, cap., BAD, **89** 8F, **93** 4B
Daegu, cid., RCS, **97** 6B
Daejeon, cid., RCS, **97** 6B
Dahlak, arq., ETP, **64** 6-7C, **94** 5F
Dakhla, cid., SOC, **65** 1B
Dal, rio, **72** 8-9C, **80** 4C
Dalai, l., **96** 5A
Dalandzadgad, cid., MGL, **97** 4A
Dalbandin, cid., PAQ, **93** 1B
Dalian, cid., CHN, **89** 11E, **97** 6B
Dallas, cid., EUA, **51** 8F, **57** 10F
Dallol Bosso, rio, **64** 3C
Daloa, cid., CMA, **65** 2D
Dal Ocidental, rio, **80** 3C
Dal Oriental, rio, **80** 3C
Damasco, cap., SIR, **89** 2E, **95** 4C
D'Ambre, c., **62** 8-9F, **66** 7C
Dampier, estr., **90** 5D
Da Nang, cid., VTN, **91** 2B
Dandong, cid., CHN, **97** 6A
Dantzig, g., **78** 4A
Danúbio, rio, **72** 10-11G, **76** 5B, **78** 2-4BC
Darchan, cid., MGL, **97** 4A
Dardanelos, estr., **76** 5B, **94** 2B
Dar Es Salaam, cid., TAN, **63** 7E, **67** 6B
Darfur, plto., **62** 6C, **64** 5C
Darfur, reg., SUD, **64** 5C
Darién, g., **52** 2AB, **54** 4E
Darling, mtes., **101** 1-2D
Darling, rio, **101** 3D
Darmstadt, cid., ALE, **79** 2B
Darwin, cid., AUS, **101** 2H
Datong, cid., CHN, **97** 5B
Datu, c., **90** 2C
Davao, cid., FIL, **89** 11H, **91** 4C
Davao, g., **90** 4C
David, cid., PAN, **55** 3E
Davis, estr., **56** 13-14C
Davis, mar, **104** 13-14C
Dawna, cad., **90** 1B
Dawson, cid., CAN, **57** 6C
Dayr az Zawr, cid., SIR, **95** 5B
Debrecen, cid., HUN, **79** 5C
Decã, pen., **92** 2C
Decã, plto., **88** 6FG, **92** 2BC
Dedo de Deus, p., **152** 3C
Dehiwala, cid., SRI, **93** 2-3D
Dehra Dun, cid., IND, **93** 2A
Delagoa, b., **66** 6D
Delgado, c., **66** 7C
Del Helder, cid., PBS, **75** 4C
Délhi, cid., IND, **89** 6F, **93** 2B
Delmenhorst, cid., ALE, **79** 2A
Delta do Ganges, **92** 3-4B
Delta do Indo, **92** 1B
Delta do Mississipi, **56** 11G
Delta do Niger, **64** 3D
Delta do Nilo, **64** 6A
Demavend, p., **88** 4E, **94** 7B
Dempo, p., **90** 2D

Denizli, cid., TUQ, **95** 2B
Denpasar, cid., INS, **91** 3D
Denver, cid., EUA, **51** 7F, **57** 9EF
Depósito, cid., BRA (RR), **149** 3B
Derby, cid., RUN, **75** 3C
Dese, cid., ETP, **63** 7C, **65** 6C
Deseado, rio, **52** 2-3G
Des Moines, cid., EUA, **57** 10E
Dessau, cid., ALE, **79** 3B
Detroit, cid., EUA, **51** 9E, **57** 11E
Deva, cid., ROM, **77** 4A
Devon, i., CAN, **56** 11B
Dezful, cid., IRA, **95** 6C
Deznev, c., **82** 17C
Dharamshala, cid., IND, **93** 2A
Dhaulagiri, p., **88** 7F, **92** 3B
Diamantina, ch., **52** 5-6CD, **112** 4C, **150** 2C
Diamantina, cid., BRA (MG), **153** 3B
Diamantino, cid., BRA (MT), **157** 2B
Dianópolis, cid., BRA (TO), **149** 6E
Dibrugarh, cid., IND, **93** 4B
Diego Garcia, i., poss. RUN, **88** 6I, **89** 6I
Diego-Suárez, cid., MAD, **67** 7C
Dieppe, cid., FRA, **75** 4D
Dijon, cid., FRA, **75** 4-5D
Dili, cap., TIL, **89** 11I, **91** 4D
Dimitri Laptev, estr., **82** 12-13B
DINAMARCA, **73** 7-8D, **81** 2-3D
Dinamarca, estr., **56** 17C
Dinar, p., **94** 7C
Dingalan, b., **90** 4B
Diredaua, cid., ETP, **63** 8D, **65** 7D
Distrito Federal, BRA, **110** 3C, **157** 4C
Divinópolis, cid., BRA (MG), **110** 4D, **153** 3C
Divisões, sa., **156** 3C
Diyala, rio, **94** 6C
Diyarbakir, cid., TUQ, **95** 5B
Djado, plto., **62** 5B, **64** 4B
DJIBUTI, **63** 8C, **65** 7C
Djibuti, cap., DJI, **63** 8C, **65** 7C
Djouf, des., **64** 2B
Djugjur, mtes., **82** 12D
Dnepropetrovsk, cid., UCR, **73** 12-13F, **83** 2E
Dnieper, rio, **72** 12EF, **82** 2E
Dniester, rio, **72** 11F, **82** 1E
Doce, rio, **112** 4C, **152** 3B
Dodoma, cap., TAN, **63** 7E, **67** 6B
Doha, cap., CAT, **89** 4F, **95** 7D
Doi Inthanon, p., **90** 1B
Dois Irmãos, sa., **150** 2B
Dom Aquino, cid., BRA (MT), **157** 3C
Dombas, cid., NOR, **81** 2C
DOMINICA, **51** 11-12H, **55** 7C
Dominica, i., DOC, **54** 7C
Dom Pedrito, cid., BRA (RS), **155** 2C
Don, rio, **72** 14F, **82** 3E
Don Benito, cid., ESP, **75** 2F
Dondra, c., **92** 3D
Doneck, cid., UCR, **73** 13F, **83** 2E
Doncgol, b., **74** 2C
Dor, rio, **94** 9C
Dordonha, rio, **74** 4E
Dortmund, cid., ALE, **79** 1B
Douala, cid., CAM, **63** 4D, **65** 3D
Dourada, sa., **156** 3-4BC
Dourados, cid., BRA (MS), **53** 4E, **110** 3D, **157** 3D
Dourados, sa., **154** 2A
Douro, rio, **72** 4G, **74** 2E
Dover, cid., RUN, **75** 4C
Dracena, cid., BRA (SP), **153** 1C
Drake, estr., **52** 2-3H, **104** 34-35BC
Drakensberg, cad., **62** 6GH, **66** 5-6D
Drama, cid., GRE, **77** 4B
Drammen, cid., NOR, **81** 3D
Drava, rio, **76** 3A, **78** 3C
Dresden, cid., ALE, **73** 8E, **79** 3B
Drina, rio, **76** 3B
Duarte, p., **54** 5C
Dubai, cid., EAU, **95** 8D
Dubawnt, rio, **56** 9C

Dubbo, cid., AUS, **101** 3I
Dublin, cap., IRL, **73** 4E, **75** 2C
Dubrovnik, cid., CRO, **77** 3B
Duisburgo, cid., ALE, **79** 1B
Dulan, cid., CHN, **97** 3B
Duluth, cid., EUA, **51** 8E, **57** 10E
Dunaújváros, cid., HUN, **79** 4C
Duncansby, c., **74** 3B
Dundalk, cid., IRL, **75** 2C
Dundee, cid., RUN, **75** 3B
Dunkerque, cid., FRA, **75** 4C
Durango, cid., MEX, **57** 9G
Durban, cid., RAS, **63** 7GH, **67** 6D
Durrës, cid., ALB, **77** 3B
Dusambe, cap., TAJ, **83** 5F, **89** 5E
Düsseldorf, cid., ALE, **73** 7E, **79** 1B
Dvina, rio, **72** 11D, **82** 1-2D
Dvina do Norte, rio, **72** 14-15C, **82** 3C
Dzavchan, rio, **96** 3A
Dzezkazgan, cid., CAS, **83** 5E

E

East London, cid., RAS, **63** 6H, **67** 5E
Ebro, rio, **72** 5G, **74** 3E
Edge, i., NOR, **80** enc. ls. Spitsbergen
Edimburgo, cid., RUN, **73** 5D, **75** 3B
Edirne, cid., TUQ, **77** 5B
Edjeleh, cid., ARL, **65** 3B
Edmonton, cid., CAN, **51** 6D, **57** 8D
Eduardo, l., **66** 5B
Egersund, cid., NOR, **81** 2D
Egeu, mar, **72** 10-11GH, **76** 4-5C, **94** 2B
Egina, g., **76** 4C
EGITO, **63** 6-7B, **65** 5-6B, **89** 2EF, **95** 3CD
Eibar, cid., ESP, **75** 3E
Eindhoven, cid., PBS, **75** 5C
Eirunepé, cid., BRA (AM), **149** 2D
Ekaterinburg, cid., RUS, **83** 5D, **89** 5C
El Aaiún, cap., SOC, **63** 2B, **65** 1B
Elazig, cid., TUQ, **95** 4B
Elba, i., ITA, **76** 2B, **77** 2B
Elba, rio, **72** 7-8E, **78** 2A
Elbasan, cid., ALB, **77** 4B
El Beida, cid., LIB, **63** 6A, **65** 5A
Elbert, p., **56** 9F
Elbrus, p., **72** 14G, **82** 3E
Elburz, cad., **88** 4E, **94** 7B
Elche, cid., ESP, **75** 3F
Elda, cid., ESP, **75** 3F
Eldorado, cid., BRA (SP), **153** 2C
Elesbão Veloso, cid., BRA (PI), **151** 2B
Eleuthera, i., BAA, **54** 4AB
El-Faiyum, cid., RAE, **65** 6B
El Fasher, cid., SUD, **65** 5C
El-Giza, cid., RAE, **63** 7AB, **65** 6AB
Elgon, p., **66** 6A
Elk, cid., POL, **79** 5A
Ellice, is., TUV, **101** 4C
El-Minya, cid., RAE, **65** 6B
El Obeid, cid., SUD, **63** 7C, **65** 6C
El Paso, cid., EUA, **51** 7F, **57** 9F
EL SALVADOR, **51** 9II, **55** 2D
Emba, rio, **82** 4E
Embocação, repr., **152** 2B, **156** 4C
Emden, cid., ALE, **79** 1A
Emi Koussi, p., **62** 5BC, **64** 4BC
EMIRADOS ÁRABES UNIDOS, **89** 4F, **95** 7E
Ems, rio, **78** 1A
Encantadas, sa., **154** 2C
Encruzilhada, cid., BRA (RS), **155** 1B
Encruzilhada do Sul, cid., BRA (RS), **155** 2C
Engano, i., INS, **90** 2D
Enns, rio, **78** 3C
Enschede, cid., PBS, **75** 5C
Enugu, cid., NIA, **65** 3D

A grafia dos topônimos brasileiros segue o registro do IBGE. Em alguns casos, em respeito à tradição local, foi mantida a grafia utilizada pelos municípios.
Apresentamos entre parênteses a grafia estabelecida pelo Acordo Ortográfico da Língua Portuguesa (2009) quando houver divergência da adotada pelo IBGE e/ou pela tradição local.

GEOATLAS ÍNDICE ANALÍTICO   187

Envira, rio, **148** 1D
Épernay, cid., FRA, **75** 4D
Épinal, cid., FRA, **75** 5D
EQUADOR, **51** 9-10J, **53** 2C
Erechim (Erexim), cid., BRA (RS), **110** 3D, **155** 2B
Erechim (Erexim), rio, **154** 2B
Erfurt, cid., ALE, **79** 2B
Erg Chech, cad., **64** 2B
Erg Iguidi, cad., **64** 2B
Erie, cid., EUA, **57** 11-12E
Erie, l., **50** 9E, **56** 11E
ERITREIA, **63** 7-8C, **65** 6-7C
Ernakulam, cid., IND, **93** 2C
Ertix, rio, **96** 2A
Erval, sa., **154** 2C
Erzgebirge, ver Metaliferos
Erzurum, cid., TUQ, **95** 5B
Esbjerg, cid., DIN, **81** 2D
Escandinava, pen., **80** 3-5BD
Escarpada, pta., **90** 4B
Escócia, RUN, **73** 4-5D, **75** 2-3B
Escuintla, cid., GUA, **55** 1D
Eskilstuna, cid., SUE, **81** 4D
Eskisehir, cid., TUQ, **95** 3B
ESLOVÁQUIA, **73** 9-10F, **79** 4-5B
ESLOVÊNIA, **73** 8-9F, **77** 2-3A
Esmeraldas, cid., EQU, **53** 2B
ESPANHA, **73** 4-5GH, **75** 2-3EF
Esparta, cid., GRE, **77** 4C
Esperance, cid., AUS, **101** 2I
Espigão, sa., **154** 2B
Espigão Mestre, sa., **112** 3C, **150** 1C
Espinhaço, pta., BRA, **150** enc. F. Noronha
Espinhaço, sa., **50** 13K, **52** 5D, **112** 4C, **152** 3B
Espinosa, cid., BRA (MG), **153** 3A
Espírito Santo, est., BRA, **110** 4C, **153** 3BC
Esplanada, cid., BRA (BA), **151** 3C
Espoo, cid., FIN, **81** 5C
Esquel, cid., ARG, **53** 2G
Essen, cid., ALE, **73** 7E, **79** 1B
Estados, i., ARG, **52** 3H
ESTADOS UNIDOS, **51** 6-9EF, **57** 7-12EF
Estância, cid., BRA (SE), **151** 3C
Esteio, cid., BRA (RS), **155** 2B
Esteli, cid., NIC, **55** 2D
Estocolmo, cap., SUE, **73** 9D, **81** 4D
ESTÔNIA, **73** 10-11D, **83** 1D
Estrasburgo, cid., FRA, **73** 7F, **75** 5D
Estrela, sa., **156** 3C
Estrondo, espigão, **148** 6D
ESWATINI, **63** 7G, **67** 6D
ETIÓPIA, **63** 7-8CD, **65** 6-7CD
Etiópia, plto., **62** 7CD, **64** 6C
Etna, v., **72** 9H, **76** 2-3C
Eubeia, i., GRE, **76** 4C, **77** 4C
Euclides da Cunha, cid., BRA (BA), **151** 3C
Eufrates, rio, **88** 3E, **94** 4-5B
Eugene, cid., EUA, **57** 7E
Everest, p., **88** 7F, **92** 3B
Évora, cid., POR, **75** 2F
Exeter, cid., RUN, **75** 3C
Extrema, cid., BRA (MG), **153** 2C
Exu, cid., BRA (PE), **151** 3B
Exuma, estr., **54** 4B
Eyre, l., **101** 2D

F

Faddeyev, i., RUS, **82** 12-13B
Faeroe, is., DIN, **72** 4C, **73** 4C
Fagernes, cid., NOR, **81** 2C
Fairbanks, cid., Alasca (EUA), **57** 5C
Faisalabad, cid., PAQ, **93** 2A
Faixa de Gaza, reg. Palestina, **95** 3C
Faizabad, cid., AFG, **95** 11B
Falkland (Malvinas), is., RUN pret. ARG, **50** 12O, **52** 4H, **104** 34-35B

Falster, i., DIN, **80** 3E
Falun, cid., SUE, **81** 4C
Fan-si-pan, p., **90** 2A
Farasan, i., ARS, **94** 5F
Fargo, cid., EUA, **57** 10F
Faro, cid., POR, **75** 2F
Farofa, sa., **154** 2B
Farol, i., BRA, **150** enc. Atol das Rocas
Fartak, c., **94** 7F
Fartura, sa., **152** 2C, **154** 2B
Farvel, c., **56** 15CD
Fátima, cid., POR, **75** 2F
Fátima do Sul, cid., BRA (MS), **157** 3D
Fdérik, cid., MUR, **65** 1B
FEDERAÇÃO DOS ESTADOS DA MICRONÉSIA, **101** 2-4G
Feia, la., **152** 3C
Feijó, cid., BRA (AC), **149** 1D
Feira de Santana, cid., BRA (BA), **53** 6D, **110** 4C, **151** 3C
Fenice, is., KIR, **101** 5C
Fernando de Noronha, arq., BRA (PE), **50** 14J, **52** 6C, **53** 6C, **112** 5B, **150** 4A, **150** enc., **151** 4A, **151** enc.
Fernando de Noronha, i., BRA, **150** enc., **151** enc.
Fernandópolis, cid., BRA (SP), **153** 1C
Ferrara, cid., ITA, **77** 2B
Fez, cid., MAR, **63** 3A, **65** 2A
Fianarantsoa, cid., MAD, **63** 8G, **67** 7D
FIJI, **101** 4-5HI
Fiji, is., FJI, **101** 4C
Filadélfia, cid., EUA, **51** 10EF, **57** 12EF
Filchner, banquisa, **104** 34-35D
FILIPINAS, **89** 11GH, **91** 4BC
Filipinas, fos., **90** 4BC
Filipinas, mar, **88** 11-12G, **90** 4-5B, **101** 2B
Finisterra, c., **72** 4G, **74** 2E
Finlandesa, plan., **80** 5-6C
FINLÂNDIA, **73** 11BC, **81** 6BC
Finlândia, g., **80** 5-6CD
Fishguard, cid., RUN, **75** 2-3C
Flensburgo, cid., ALE, **79** 2A
Flinders, mtes., **101** 2D
Florença, cid., ITA, **73** 8G, **77** 2B
Flores, cid., GUA, **55** 2C
Flores, i., INS, **90** 4D, **91** 4D
Flores, i., POR, **74** enc. Arq. Açores
Floresta, cid., BRA (PE), **151** 3B
Floresta Negra, mac., **78** 1-2B
Floriano, cid., BRA (PI), **110** 4B, **151** 2B
Florianópolis, cid., BRA (SC), **51** 13L, **53** 5E, **110** 3D, **155** 3B
Flórida, estr., **54** 3-4B, **56** 11-12G
Flórida, pen., **50** 9G, **56** 11G
Flumendosa, rio, **76** 1C
Focsani, cid., ROM, **77** 5A
Foggia, cid., ITA, **77** 3B
Fogo, i., **64** enc. Cabo Verde
Fonseca, g., **54** 2D
Fonsecas, sa., **152** 3B
Fontainebleau, cid., FRA, **75** 4D
Fonte Boa, cid., BRA (AM), **149** 2C
Forel, p., **56** 16C
Forli, cid., ITA, **77** 2B
Formentera, i., ESP, **74** 4F
Formiga, cid., BRA (MG), **153** 2C
Formosa, cid., BRA (GO), **157** 4C
Formosa, estr., **88** 10-11F, **96** 5-6C
Formosa, i., TAW, **88** 11F, **96** 6C
Formosa, sa., **156** 2-3B
Formosa do Rio Preto, cid., BRA (BA), **151** 1C
Formoso, cid., BRA (MG), **153** 2AB
Fortaleza, cid., BRA (CE), **51** 14J, **53** 6C, **110** 4B, **151** 3A
Fort-de-France, cid., I. Martinica (FRA), **55** 7D
Fort Good Hope, cid., CAN, **57** 7C
Fort McPherson, cid., CAN, **57** 6C
Fort Simpson, cid., CAN, **57** 7C
Fort Worth, cid., EUA, **57** 10F
Foz do Breu, loc., BRA (AC), **149** 1D

Foz do Iguaçu, cid., BRA (PR), **155** 2B
Franca, cid., BRA (SP), **110** 3D, **153** 2C
Franca, sa., **152** 2C
FRANÇA, **73** 5-7FG, **75** 3-5DE
Francisco Beltrão, cid., BRA (PR), **155** 2B
Frankfurt, cid., ALE, **73** 7E, **77** 2D
Fraser, rio, **56** 7D
Frederico Westphalen, cid., BRA (RS), **155** 2B
Frederikshavn, cid., DIN, **81** 3D
Fredrikstad, cid., NOR, **81** 3D
Freetown, cap., SEL, **63** 2D, **65** 1D
Freising, cid., ALE, **79** 2B
Fremantle, cid., AUS, **101** 1I
Fresco, rio, **148** 5D
Fresno, cid., EUA, **57** 7-8F
Friburgo, cid., ALE, **79** 1B
Frio, c., **112** 4D, **152** 3C
Frísias Ocidentais, is., PBS, **74** 5C
Frísias Orientais, is., ALE, **78** 1A
Frutal, cid., BRA (MG), **153** 2BC
Fuji, p., **88** 12E, **96** 7B
Fukuoka, cid., JAP, **97** 7B
Fulda, cid., ALE, **79** 2B
Furnas, repr., **152** 2-3C
Furneaux, i., AUS, **101** 3DE
Fürstenwalde, cid., ALE, **79** 3A
Fushun, cid., CHN, **97** 6A
Fuzhou, cid., CHN, **97** 5C
Fyn, i., DIN, **80** 3D

G

GABAO, **63** 5E, **67** 4B
Gabès, cid., TUN, **63** 4-5A, **65** 3-4A
Gabès, g., **62** 5A, **64** 4A
Gaborone, cap., BOT, **63** 6G, **67** 5D
Gabrovo, cid., BUL, **77** 5B
Gaeta, g., **76** 2B
Galápagos, is., EQU, **50** 8-9IJ, **52** enc.
Galati, cid., ROM, **77** 5A
Galga, sa., **152** 3C
Gal. M. Belgrano, p., **52** 3E
Galo, c., **76** 2C
Galle, cid., SRI, **93** 3D
Galway, b., **74** 1-2C
Galway, cid., IRL, **75** 2C
GÂMBIA, **63** 2C, **65** 1C
Gâmbia, rio, **62** 2C, **64** 1C
Gambier, is., poss. FRA **101** 7D
Gan, rio, **96** 5C
GANA, **63** 3D, **65** 2D
Gandia, cid., ESP, **75** 3F
Gangaw, cad., **92** 4B
Ganges, plan., **88** 6-7F
Ganges, rio, **88** 6-7F, **82** 2-3B
Gao, cid., MLI, **65** 2C
Garanhuns, cid., BRA (PE), **110** 4B, **151** 3B
Garapan, cap., Is. Marianas do Norte (EUA), **101** 3G
Garça, cid., BRA (SP), **153** 2C
Garças, rio, **156** 3C
Garda, l., **76** 2A
Gardner Pinnacles, is., EUA, **56** enc. Is. Havai
Garibaldi, cid., BRA (RS), **155** 2B
Garona, rio, **74** 3-4E
Gasconha, g., **74** 3E
Gate Ocidental, cad., **88** 6G, **92** 2C
Gate Oriental, cad., **88** 6-7G, **92** 2-3C
Gauhati, cid., IND, **93** 4B
Gausta, p., **80** 2D
Gavião, rio, **150** 2C
Gävle, cid., SUE, **81** 4C
Gaya, cid., IND, **93** 3B
Gaza, cid., RAE, **65** 6A, **95** 3C
Gaziantep, cid., TUQ, **95** 4B
Gdansk, cid., POL, **73** 9E, **79** 4A
Gdynia, cid., POL, **79** 4A

Geelong, cid., AUS, **101** 3I
Gejiu, cid., CHN, **97** 4C
Gelasa, estr., **90** 2D
Gelsenkirchen, cid., ALE, **79** 1B
Genebra, cid., SUI, **73** 7F, **79** 1C
General M. Belgrano, p., **52** 3E
Gênova, cid., ITA, **73** 7G, **77** 1B
Gênova, g., **74** 5E, **76** 1B
Gent, cid., BEL, **75** 4C
Georgetown, cap., GUI, **51** 12I, **53** 4B
Georgetown, cid., Is. Cayman (RUN), **55** 3C
GEÓRGIA, **73** 14G, **83** 3E
Geórgia do Sul, i., poss. RUN pret. ARG, **50** 14O, **52** 6H, **53** 6H, **104** 1B
Gera, cid., ALE, **79** 3B
Gerais, ch., **152** 2B
Geral, sa., **52** 4-5E, **112** 3D, **150** 2CD, **152** 2C, **154** 2-3AB
Geral da Serra, cox., **154** 1BC
Geral de Goiás, sa., **156** 4B
Gerlachovsky, p., **72** 10F, **78** 5B
Germânica, plan., **72** 7-9E, **78** 1-3A
Gerona, cid., ESP, **75** 4E
Getúlio Vargas, cid., BRA (RS), **155** 2B
Ghaghara, rio, **92** 3B
Ghardaia, cid., ARL, **63** 4A, **65** 3A
Ghazni, cid., AFG, **95** 10C
Gia Dinh, cid., VTN, **91** 2B
Giamama, cid., SOM, **65** 7D
Gibraltar, cid., RUN, **73** 4H, **75** 2F
Gibraltar, estr., **62** 3A, **64** 2A, **72** 4H, **74** 2-3F
Gibson, des., **101** 2D
Gifu, cid., JAP, **97** 7B
Gijón, cid., ESP, **75** 2E
Gila, des., **56** 8F
Gila, rio, **56** 8F
Gilbert, is., KIR, **101** 4C
Gilf el-Kebir, plto., **64** 5B
Giruá, cid., BRA (RS), **155** 2B
Giziga, cid., RUS, **83** 15C
Glama, rio, **80** 3C
Glasgow, cid., RUN, **73** 5D, **75** 3B
Glittertind, p., **72** 7C, **80** 2C
Glockner, p., **72** 8F, **78** 3C
Gloucester, cid., RUN, **75** 3C
Gobi, des., **88** 8-9D, **96** 4-5A
Godavari, rio, **92** 3C
Godthab, cid., Groenlândia (DIN), **51** 12C, **57** 14C
Godwin Austen, (K2), p., **92** 2A, **96** 1B
Goianésia, cid., BRA (GO), **157** 4C
Goiânia, cid., BRA (GO), **51** 13K, **53** 5D, **110** 3C, **157** 4C
Goiás, cid., BRA (GO), **157** 3C
Goiás, est., BRA, **110** 3C, **157** 4B
Goiatuba, cid., BRA (GO), **157** 4C
Goioerê, cid., BRA (PR), **155** 2A
Gol, cid., NOR, **81** 2C
Golmo, cid., CHN, **97** 3B
Gomel, cid., BER, **83** 2D
Gonaives, cid., HAI, **55** 5C
Gonaives, g., **54** 5C
Gonaives, i., HAI, **54** 5C
Gondar, cid., ETP, **63** 7C, **65** 6C
Gora-Chen, p., **82** 13C
Gorakhpur, cid., IND, **93** 3B
Gore, cid., ETP, **65** 6D
Gorgan, cid., IRA, **95** 7B
Görlitz, cid., ALE, **79** 3B
Gorontalo, cid., INS, **91** 4C
Gorzów, cid., POL, **79** 3A
Göta, rio, **80** 3D
Göteborg, cid., SUE, **73** 8D, **81** 3D
Gotland, i., SUE, **80** 4D, **81** 4D
Göttingen, cid., ALE, **79** 2B
Gough, i., poss. RUN, **104** 4A
Governador Valadares, cid., BRA (MG), **110** 4C, **153** 3B
Grã-Bretanha, i., RUN, **72** 5-6DE, **74** 3BC
Gracias a Dios, c., **54** 3C
Graciosa, i., POR, **74** enc. Arq. Açores
Graciosa, sa., **154** 3AB

GEOATLAS ÍNDICE ANALÍTICO

Grafton, cid., AUS, **101** 3I
Grajaú, cid., BRA (MA), **151** 1B
Grajaú, rio, **52** 5C, **150** 1A
Gramado, cid., BRA (RS), **155** 2B
Grampian, mtes., **74** 3B
GRANADA, **55** 7D
Granada, cid., ESP, **75** 3F
Granada, cid., NIC, **55** 2D
Granada, i., GRA, **54** 7D
Granadinas, is., SVG, **54** 7D
Grand Ballon, p., **74** 5D
Grand Canyon, **56** 8F
Grande, b., **52** 3H
Grande, i., BRA, **112** 4D, **152** 3C
Grande, p., **156** 2C
Grande, rio, **50** 7-8G, **56** 9-10FG
Grande, rio, **52** 5D, **112** 3CD, **152** 2-3C
Grande, rio, **150** 2C
Grande, sa., **112** 4B, **150** 2B
Grande Ábaco, i., BAA, **54** 4A
Grande Bacia, des., **56** 8F
Grande Bahama, i., BAA, **54** 4A
Grande Baía Australiana, b., **101** 2D
Grande Barreira Coralina, **101** 3CD
Grande Canal, **90** 1C
Grande Canal, can., **96** 5B
Grande Cayman, i., RUN, **54** 3C
Grande de Gurupá, i., BRA, **148** 5C
Grande Deserto de Areia, des., **101** 2CD
Grande Deserto Vitória, des., **101** 2C
Grande Erg Ocidental, cad., **64** 2-3A
Grande Erg Oriental, cad., **64** 3A
Grande Exuma, i., BAA, **54** 4B
Grande Inágua, i., BAA, **54** 5B
Grande Karroo, cad., **66** 5E
Grande Khingan, mtes., **96** 6A
Grande Lago do Escravo, l., **50** 6C, **56** 8C
Grande Lago do Urso, l., **56** 7-8C
Grande Nefud, des., **94** 4-5D
Grandes Antilhas, **50** 9-10GH, **54** 3-6BC
Grandes Ilhas Sonda, is., INS, **90** 2-3D
Grandes Lagos, l., **51** 9E
Grandes Lagos, plto., **62** 7E, **66** 6B
Gran Paradiso, p., **76** 1A
Grão-Mogol, cid., BRA (MG), **153** 3B
Gravatá, cid., BRA (PE), **151** 3B
Grave, pta., **74** 3D
Graz, cid., AUT, **79** 3C
GRÉCIA, **73** 10H, **77** 4C
Gredos, sa., **74** 2-3E
Greifswald, cid., ALE, **79** 3A
Grenoble, cid., FRA, **75** 5D
Groenlândia, i., DIN, **50** 13-14BC, **56** 14-18BC, **57** 14-18BC
Groenlândia, mar, **56** 19-20AB
Groningen, cid., PBS, **75** 5C
Grootfontein, cid., NAM, **67** 4C
Grosseto, cid., ITA, **77** 2B
Grozny, cid., RUS, **83** 3E
Grytviken, cid., I. Geórgia do Sul (RUN pret. ARG), **53** 6H
Guacanayabo, g., **54** 4B
Guaçuí, cid., BRA (ES), **153** 3C
Guadalajara, cid., ESP, **75** 3E
Guadalajara, cid., MEX, **51** 7G, **57** 9G
Guadalquivir, rio, **74** 2-3F
Guadalupe, i., poss. FRA, **54** 7C, **55** 7C
Guadiana, rio, **74** 2F
Guaíba, cid., BRA (RS), **155** 2C
Guaíba, l., **154** 2C
Guaíra, cid., BRA (PR), **155** 2A
Guajará-Mirim, cid., BRA (RO), **110** 1-2C, **149** 2E
Guam, is., poss. EUA, **101** 3B
Guamá, rio, **148** 6C
Guanabara, b., **152** 3C
Guanacaste, cord., **54** 2-3D
Guanambi, cid., BRA (BA), **151** 2C
Guangzhou (Cantão), cid., CHN, **89** 10F, **97** 5C
Guanhães, cid., BRA (MG), **153** 3B

Guantánamo, base naval, EUA, **55** 4-5C
Guantánamo, cid., CUB, **55** 4B
Guaporé, cid., BRA (RS), **155** 2B
Guaporé, rio, **52** 3D, **112** 2C, **148** 3E, **156** 1B
Guarabira, cid., BRA (PB), **110** 4B, **151** 3B
Guaraí, cid., BRA (TO), **149** 6D
Guarapari, cid., BRA (ES), **153** 3C
Guarapuava, cid., BRA (PR), **155** 2B
Guaratinguetá, cid., BRA (SP), **153** 2C
Guaratuba, cid., BRA (PR), **155** 3B
Guarda, cid., POR, **75** 2E
Guarulhos, cid., BRA (SP), **153** 2C
GUATEMALA, **51** 8H, **55** 1-2C
Guatemala, cap., GUA, **51** 8H, **55** 1D
Guaxupé, cid., BRA (MG), **153** 2C
Guayaquil, cid., EQU, **51** 9J, **53** 1-2C
Guayaquil, g., **52** 1C
GUIANA, **51** 11-12I, **53** 4B
Guiana Francesa, poss. FRA, **51** 12I, **53** 4B
Guianas, plto., **50** 11-12I, **52** 3-4B
Guilin, cid., CHN, **97** 5C
GUINÉ, **63** 2-3CD, **65** 1-2CD
Guiné, g., **62** 4DE, **66** 3A
GUINÉ-BISSAU, **63** 2C, **65** 1C
GUINÉ EQUATORIAL, **63** 4-5D, **65** 3-4D
Guiratinga, cid., BRA (MT), **157** 3C
Guiyang, cid., CHN, **97** 4C
Gujranwala, cid., PAQ, **93** 2A
Gunnbjorn, p., **50** 14-15C, **56** 16-17C
Guntur, cid., IND, **93** 3C
Gurgueia, rio, **150** 2B
Guriev, cid., CAS, **83** 4E
Gurupá, cid., BRA (PA), **149** 5C
Gurupi, c., **148** 6C
Gurupi, cid., BRA (TO), **149** 6E
Gurupi, rio, **148** 6C, **150** 1A
Gurupi, sa., **150** 1B
Gurupizinho, loc., BRA (PA), **149** 6C
Gwalior, cid., IND, **93** 2B
Gwangju, cid., RCS, **97** 6B
Gwelo, cid., ZIM, **67** 5C
Györ, cid., HUN, **79** 4C

Habuna, rio, **94** 5F
Hachinohe, cid., JAP, **97** 8A
Hadramaut, cad., **94** 6 FG
Hafun, c., **64** 8C
Haia, cid., PBS, **75** 4C
Haifa, cid., ISR, **95** 4C
Haikou, cid., CHN, **97** 5CD
Hail, cid., ARS, **95** 5D
Hailar, cid., CHN, **97** 5A
Hailuoto, i., FIN, **80** 5B
Hainan, i., CHN, **96** 4-5D
Haiphong, cid., VTN, **89** 9F, **91** 2A
HAITI, **51** 10H, **55** 5C
Hakodate, cid., JAP, **97** 8A
Halberstadt, cid., ALE, **79** 2B
Halifax, cid., CAN, **51** 11E, **57** 13E
Hall, is., MIC, **101** 3B
Halle, cid., ALE, **79** 3B
Halmahera, i., INS, **90** 4C
Halmahera, mar, **90** 4D
Halmstad, cid., SUE, **81** 3D
Hamada de Dra, cad., **64** 2AB
Hamadan, cid., IRA, **95** 6C
Hamah, cid., SIR, **95** 4BC
Hamar, cid., NOR, **81** 3C
Hamburgo, cid., ALE, **73** 8E, **79** 2A
Hämeenlinna, cid., FIN, **81** 5C
Hameln, cid., ALE, **79** 2A
Hamhung, cid., RCN, **97** 6B
Hami, cid., CHN, **97** 3A
Hamilton, cid., CAN, **51** 9E, **57** 11-12E

Hammar, l., **94** 6C
Hammerfest, cid., NOR, **81** 5A
Handan, cid., CHN, **97** 5B
Hangay, mtes., **96** 3-4A
Hangzhou, cid., CHN, **89** 10-11E, **97** 6B
Hannover, cid., ALE, **79** 2A
Hanói, cap., VTN, **89** 9F, **91** 2A
Hanzhong, cid., CHN, **97** 4B
Harare, cap., ZIM, **63** 7F, **67** 6C
Harbin, cid., CHN, **89** 11D, **97** 6A
Hardanger, fd., **80** 1-2CD
Hargeisa, cid., SOM, **65** 7D
Hari, rio, **94** 9C
Härnösand, cid., SUE, **81** 4C
Harper, cid., LIE, **65** 2D
Harstad, cid., NOR, **81** 4B
Haskovo, cid., BUL, **77** 5B
Hasselt, cid., BEL, **75** 5C
Haugesund, cid., NOR, **81** 2D
Havai, i., EUA, **56** enc. Is. Havai, **101** 6B
Havai, is., EUA, **56** enc. **57** enc.
Havana, cap., CUB, **51** 9G, **55** 3B
Hawick, cid., RUN, **75** 3B
Hazar, p., **94** 8D
Hebi, cid., CHN, **97** 5B
Hébridas, is., RUN, **74** 2B, **75** 2B
Hebron, cid., CAN, **57** 13D
Hefei, cid., CHN, **97** 5B
Hegang, cid., CHN, **97** 7A
Heidelberg, cid., ALE, **79** 2B
Heidenheim, cid., ALE, **79** 2B
Heilbronn, cid., ALE, **79** 2B
Helena, cid., EUA, **57** 8E
Helgoland, b., **78** 1-2A
Helmand, rio, **94** 9C
Helsingborg, cid., SUE, **81** 3D
Helsingør, cid., DIN, **81** 3D
Helsinki, cap., FIN, **73** 10-11C, **81** 5-6C
Hengyang, cid., CHN, **97** 5C
Henzada, cid., MIN, **93** 4C
Herat, cid., AFG, **89** 5E, **95** 9C
Herford, cid., ALE, **79** 2A
Hermosillo, cid., MEX, **57** 8G
Hilo, cid., EUA, **57** enc. Is. Havaí
Himalaia, cad., **88** 6-8EF, **92** 2-4AB, **96** 2-3BC
Hindo Kush, cad., **88** 5-6E, **92** 2A, **94** 10-11B
Hingol, rio, **92** 1B
Hinnøy, i., NOR, **80** 4B
Hiroshima, cid., JAP, **89** 12E, **97** 7B
Hispaniola, i., HAI e DOM, **54** 5C
Hitra, i., NOR, **80** 2C
Hjälmaren, l., **80** 4D
Hjørring, cid., DIN, **81** 2-3D
Hkakabo Razi, p., **92** 4B
Hoang-Ho (Amarelo), rio, **88** 10E, **96** 3-5B
Hobart, cid., AUS, **101** 3J
Ho Chi Minh, cid., VTN, **89** 9G, **91** 2B
Höfn, cid., **81** enc. Islândia
Hofsjökull, gel., **80** enc. Islândia
Hofuf, cid., ARS, **89** 3F, **95** 6D
Hohhot, cid., CHN, **97** 5A
Hokkaido, i., JAP, **88** 13D, **96** 8A
Holguín, cid., CUB, **55** 4B
Holstebro, cid., DIN, **81** 2D
Holyhead, cid., RUN, **75** 3C
Homs, cid., SIR, **95** 4C
HONDURAS, **51** 9H, **55** 2D
Honduras, g., **54** 2C
Honefoss, cid., NOR, **81** 3C
Hong Kong, cid., CHN, **89** 10F, **97** 5C
Hong Kong, i., CHN, **96** 5C
Hongshui, rio, **96** 4C
Honiara, cap., SAO, **101** 3-4H
Honolulu, cap., EUA, **57** enc. Is. Havaí
Honshu, i., JAP, **88** 13E, **96** 8B
Hopedale, cid., CAN, **57** 13D
Horn, c., **52** 3H
Horsens, cid., DIN, **81** 2D
Hoste, i., CHI, **52** 2-3H

Hotan, cid., CHN, **97** 1-2B
Hotan, rio, **96** 1B
Hoting, cid., SUE, **81** 4C
Hotte, mac., **54** 5C
Houston, cid., EUA, **51** 8G, **57** 10G
Howrah, cid., IND, **93** 3B
Hradec Králové, cid., TCH, **79** 3B
Huambo, cid., ANG, **63** 5F, **67** 4C
Huancayo, cid., PER, **53** 2D
Huangshi, cid., CHN, **97** 5BC
Huascarán, p., **50** 10J, **52** 2C
Hubli, cid., IND, **93** 2C
Hudiksvall, cid., SUE, **81** 4C
Hudson, b., **50** 9CD, **56** 11CD
Hudson, estr., **50** 10-11C, **56** 12-13C
Hudson, rio, **56** 12E
Hué, cid., VTN, **91** 2B
Huelva, cid., ESP, **75** 2F
Huesca, cid., ESP, **75** 3E
Hull, cid., RUN, **75** 3C
Humaitá, cid., BRA (AM), **53** 3C, **149** 3D
HUNGRIA, **73** 9-10F, **79** 4-5C
Hungria, plan., **72** 9-10F, **78** 4-5C
Huron, l., **50** 9E, **56** 11E
Husavík, cid., **81** enc. Islândia
Hvannadalshnúkur, p., **80** enc. Islândia
Hvar, i., CRO, **76** 3B
Hvitá, rio, **80** enc. Islândia
Hyderabad, cid., IND, **89** 6G, **93** 2C
Hyderabad, cid., PAQ, **89** 5F, **93** 1B

I

Iablonovy, mtes., **82** 10D, **88** 10C
Ialomita, rio, **76** 5B
Iamal, pen., **82** 5-6BC
Iasi, cid., ROM, **73** 11F, **77** 5A
Ibadan, cid., NIA, **63** 4D, **65** 3D
Ibagué, cid., COL, **53** 2B
Ibaiti, cid., BRA (PR), **155** 2B
Ibatiba, cid., BRA (ES), **153** 3C
Ibérica, pen., **72** 4-5H, **74** 2-3EF
Ibéricos, mtes., **74** 3E
Ibiá, cid., BRA (MG), **153** 2B
Ibiapaba, sa., **52** 5C, **150** 2A
Ibicuí, rio, **154** 1B
Ibirapuitã, rio, **154** 1B
Ibitinga, cid., BRA (SP), **153** 2C
Ibiza, i., ESP, **74** 4F, **75** 4F
Ica, cid., PER, **53** 2D
Içá, rio, **148** 2C
Ida, p., **76** 4C
IÊMEN, **89** 3G, **95** 5-7FG
Ienissei, rio, **82** 7CD, **88** 8BC
Ierevan, cap., ARM, **73** 14G, **83** 3E
Igaraçu, cid., BRA (PE), **151** 4B
Iglesias, cid., ITA, **77** 1C
Igreja, p., **112** 3D, **154** 3B
Iguaçu, cat., **154** 2B
Iguaçu, rio, **52** 4E, **154** 2-3B
Iguape, cid., BRA (SP), **153** 2C
Iguariaça, sa., **154** 1-2B
Iguatemi, cid., BRA (MS), **157** 3D
Iguatu, cid., BRA (CE), **110** 4B, **151** 3B
Iisalmi, cid., FIN, **81** 6C
Ijssel, l., **74** 5C
Ijuí, cid., BRA (RS), **155** 2B
Ijuí, rio, **154** 2B
Ikopa, rio, **66** 7C
Ilha Grande, b., **152** 3C
Ilhas de Barlavento, **54** 7CD
Ilhas de Sotavento, **54** 7-8C
Ilhas Marianas do Norte, est. livre associado EUA, **101** 3G
Ilha Solteira, repr., **152** 1B, **156** 3D

A grafia dos topônimos brasileiros segue o registro do IBGE. Em alguns casos, em respeito à tradição local, foi mantida a grafia utilizada pelos municípios.
Apresentamos entre parênteses a grafia estabelecida pelo Acordo Ortográfico da Língua Portuguesa (2009) quando houver divergência da adotada pelo IBGE e/ou pela tradição local.

GEOATLAS ÍNDICE ANALÍTICO

Ilhéus, cid., BRA (BA), **53** 6D, **110** 4C, **151** 3C
Illampu, p., **52** 3D
Illimani, p., **52** 3D
Illinois, rio, **56** 10-11EF
Iloilo, cid., FIL, **91** 4B
Imarui, la., **154** 3B
Imatra, cid., FIN, **81** 6C
Imbituba, cid., BRA (SC), **155** 3B
Imeri, sa., **148** 2B
Imperatriz, cid., BRA (MA), **53** 5C, **110** 3B, **151** 1B
Imphal, cid., IND, **93** 4B
Inajá, sa., **148** 5-6D
Inari, l., **80** 6B
Incheon, cid., RCS, **97** 6B
Indals, rio, **72** 9C, **80** 4C
ÍNDIA, **89** 6-8EG, **93** 2B
Indianápolis, cid., EUA, **57** 11F
Indigirka, rio, **82** 13C
Indo, rio, **88** 5-6F, **92** 1B, **96** 2B
Indochina, pen., **88** 8-9G, **90** 2B
Indo-Gangética, plan., **92** 1-3B
INDONÉSIA, **89** 8-11I, **91** 2-4D
Indore, cid., IND, **93** 2B
Indragiri, rio, **90** 2D
Inglaterra, RUN, **73** 5-6E, **75** 3-4C
Ingolstadt, cid., ALE, **79** 2B
Inhambane, cid., MOÇ, **67** 6D
Inhumas, cid., BRA (GO), **157** 4C
Inn, rio, **78** 3B
Innsbruck, cid., AUT, **79** 2C
Invercargill, cid., NZL, **101** 4J
Inverness, cid., RUN, **75** 3B
Inyanga, mtes., **66** 6C
Ipameri, cid., BRA (GO), **157** 4C
Ipanema, cid., BRA (MG), **153** 3B
Ipatinga, cid., BRA (MG), **153** 3B
Ipiaú, cid., BRA (BA), **151** 3C
Ipixuna, cid., BRA (AM), **149** 1D
Ipoh, cid., MAL, **91** 2C
Ipswich, cid., AUS, **101** 3I
Ipswich, cid., RUN, **75** 4C
Ipu, cid., BRA (CE), **151** 2A
Iquique, cid., CHI, **51** 10L, **53** 2-3E
Iquitos, cid., PER, **53** 2C
IRÃ, **89** 3-4EF, **95** 6-9BCD
Irã, des., **88** 4-EF, **94** 7-8C
Irã, plto., **88** 4E, **94** 7CD
Iraí, cid., BRA (RS), **155** 2B
Iran, cad., **90** 3C
Irani, sa., **154** 2B
IRAQUE, **89** 3E, **95** 5C
Irati, cid., BRA (PR), **110** 3D, **155** 2B
Irazu, v., **54** 3D
Irbil, cid., IRQ, **95** 5B
Irecê, cid., BRA (BA), **151** 2C
Irian Ocidental, reg., INS, **101** 2H
Iringa, cid., TAN, **67** 6B
Iriri, rio, **148** 5CD
Irkutsk, cid., RUS, **83** 9D, **89** 9C
IRLANDA (EIRE), **73** 4E, **75** 2C
Irlanda, i., IRL e RUN, **72** 4E, **74** 2C
Irlanda, mar, **72** 4-5E, **74** 2C
Irlanda do Norte, RUN, **73** 4DE, **75** 2BC
Irrawaddy, rio, **92** 4BC
Irtysh, rio, **82** 6D
Isabela, i., EQU, **52** enc. Is. Galápagos
Isabella, cord., **54** 2D
Isafjördur, cid., **81** enc. Islândia
Isfahan, cid., IRA, **89** 4E, **95** 7C
Ishim, rio, **82** 5D
Islamabad, cap., PAQ, **89** 6E, **93** 2A
ISLÂNDIA, **72** 2BC, **73** 2BC, **81** enc.
Islândia, i., ISL, **72** 2BC
Ismailia, cid., RAE, **65** 6A
ISRAEL, **89** 2E, **95** 3-4C
Issyk-Kul, l., **82** 6E
Istambul, cid., TUQ, **73** 11G, **77** 5B, **89** 1D, **95** 2A
Ístria, pen., **76** 2A
Itabaiana, cid., BRA (PB), **151** 3B
Itabaiana, cid., BRA (SE), **151** 3C

Itabapoana, rio, **152** 3C
Itaberaba, cid., BRA (BA), **151** 2C
Itaberai, cid., BRA (GO), **157** 4C
Itabira, cid., BRA (MG), **153** 3B
Itabuna, cid., BRA (BA), **110** 4C, **151** 3C
Itacaiuna, rio, **148** 5-6D
Itacoatiara, cid., BRA (AM), **53** 4C, **110** 2B, **149** 4C
Itacolomi, p., **152** 3C
Itaiacoca, sa., **154** 2-3A
Itaipu, repr., **52** 4E, **154** 2A
Itaituba, cid., BRA (PA), **110** 2B, **149** 4C
Itajaí, cid., BRA (SC), **110** 3D, **155** 3B
Itajaí, rio, **154** 3B
Itajaí, sa., **154** 3B
Itajubá, cid., BRA (MG), **153** 2C
ITÁLIA, **73** 8G, **77** 2B
Itálica, pen., **76** 2-3B
Itamaracá, i., BRA, **150** 4B
Itamaraju, cid., BRA (BA), **151** 3D
Itamarandiba, cid., BRA (MG), **153** 3B
Itambacuri, cid., BRA (MG), **153** 3B
Itanhaém, cid., BRA (SP), **153** 2C
Itanhém, cid., BRA (BA), **151** 2D
Itapaci, cid., BRA (GO), **157** 4B
Itaparica, i., BRA, **150** 3C
Itaparica, repr., **150** 3B
Itapecuru, rio, **150** 2A
Itapecurumirim, cid., BRA (MA), **151** 2A
Itaperuna, cid., BRA (RJ), **153** 3C
Itapetinga, cid., BRA (BA), **151** 2D
Itapetininga, cid., BRA (SP), **153** 2C
Itapeva, cid., BRA (SP), **153** 2C
Itapeva, la., **154** 3B
Itapicuru, rio, **150** 3C
Itapipoca, cid., BRA (CE), **151** 3A
Itapiranga, cid., BRA (SC), **155** 2B
Itaporanga, cid., BRA (PB), **151** 3B
Itapuranga, cid., BRA (GO), **157** 4C
Itaqui, cid., BRA (RS), **155** 1B
Itararé, cid., BRA (SP), **153** 2C
Itararé, rio, **154** 3A
Itaúba, cid., BRA (MT), **157** 2B
Itaueira, rio, **150** 3B
Itaúna, cid., BRA (MG), **153** 3C
Itiquira, cid., BRA (MT), **157** 3C
Itiquira, rio, **156** 2C
Itiúba, sa., **150** 3BC
Itu, cid., BRA (SP), **153** 2C
Ituiutaba, cid., BRA (MG), **110** 3C, **153** 2B
Itumbiara, cid., BRA (GO), **110** 3C, **157** 4C
Itumbiara, repr., **152** 2B, **156** 4C
Iturama, cid., BRA (MG), **153** 1B
Iturup, i., RUS pret. JAP, **82** 13E
Ituverava, cid., BRA (SP), **153** 2C
Iucatã, estr., **54** 2B, **56** 11GH
Iucatã, pen., **50** 9GH, **56** 11GH
Ivai, rio, **154** 2A
Ivaiporã, cid., BRA (PR), **155** 2A
Ivalo, cid., FIN, **81** 6B
Ivanovo, cid., RUS, **83** 3D
Ivinheima, cid., BRA (MS), **157** 3D
Ivinheima, rio, **156** 3D
Iwaki, cid., JAP, **97** 8B
Izabal, l., **54** 2C
Izevsk, cid., RUS, **83** 4D
Izmir, cid., TUQ, **89** 1E, **95** 2B

J

Jabalpur, cid., IND, **93** 2B
Jaboatão dos Guararapes, cid., BRA (PE), **151** 4B
Jaboticabal, cid., BRA (SP), **153** 2C
Jaboticabal, sa., **152** 2C
Jabre, p., **150** 3B
Jacaré, rio, **150** 2C
Jacareacanga, cid., BRA (PA), **149** 4D
Jacareí, cid., BRA (SP), **153** 2C

Jacarezinho, cid., BRA (PR), **155** 3A
Jacarta, cap., INS, **89** 9I, **91** 2D
Jaciara, cid., BRA (MT), **157** 3C
Jaciparaná, distr., Porto Velho, BRA (RO), **149** 3D
Jacksonville, cid., EUA, **57** 11F
Jacobina, cid., BRA (BA), **110** 4C, **151** 2C
Jacobstad, cid., FIN, **81** 5C
Jacuí, rio, **154** 2B
Jacundá, cid., BRA (PA), **149** 6C
Jaén, cid., ESP, **75** 3F
Jaffna, cid., SRI, **93** 2-3D
Jaguarão, cid., BRA (RS), **155** 2C
Jaguari, repr., **152** 2C
Jaguariaiva, cid., BRA (PR), **155** 3A
Jaguaribe, cid., BRA (CE), **151** 3B
Jaguaribe, rio, **52** 6C, **112** 4B, **150** 3B
Jaipur, cid., IND, **93** 2B
Jalalabad, cid., AFG, **95** 11C
Jales, cid., BRA (SP), **153** 1C
JAMAICA, **51** 10H, **55** 4C
Jamaica, estr., **54** 4-5C
Jamaica, i., JAM, **54** 4C
Jamanxim, rio, **148** 4C
Jambi, cid., INS, **91** 2D
Jambol, cid., BUL, **77** 5B
James, b., **56** 11-12D
Jammu, cid., IND, **93** 2A
Jamnagar, cid., IND, **93** 1-2B
Jämsä, cid., FIN, **81** 5-6C
Jamshedpur, cid., IND, **93** 3B
Janaúba, cid., BRA (MG), **153** 3B
Jandaia do Sul, cid., BRA (PR), **155** 2A
Jangada, cid., BRA (MT), **157** 2C
Janina, cid., GRE, **77** 4C
Januária, cid., BRA (MG), **110** 4C, **153** 3B
JAPÃO, **89** 12E, **97** 7B
Japão, fos., **96** 8B
Japão, mar (mar do Leste), **82** 12E, **88** 12DE, **96** 7AB
Japurá, rio, **52** 3C, **112** 1B, **148** 2C
Jaraguá, cid., BRA (GO), **157** 4C
Jaraguá do Sul, cid., BRA (SC), **155** 3B
Jardim, cid., BRA (MS), **157** 2D
Jardines de la Reina, arq., CUB, **54** 4B
Jari, rio, **52** 4B, **112** 3B, **148** 5B
Jaroslavl, cid., RUS, **73** 13D, **83** 2-3D
Jaru, cid., BRA (RO), **149** 3E
Jataí, cid., BRA (GO), **110** 3C, **157** 3C
Jaú, cid., BRA (SP), **153** 2C
Jauaperi, rio, **148** 3B
Jauru, cid., BRA (MT), **157** 2C
Java, fos., **90** 2D
Java, i., INS, **88** 9-10I, **90** 2-3D, **91** 2-3D
Java, mar, **88** 10I, **90** 3D
Javari, rio, **112** 1B, **148** 1C
Jaya, p., **101** 2C
Jedda, cid., ARS, **89** 2F, **95** 4E
Jember, cid., INS, **91** 3D
Jequié, cid., BRA (BA), **53** 5D, **110** 4C, **151** 2C
Jequitai, rio, **152** 3B
Jequitinhonha, cid., BRA (MG), **153** 3B
Jequitinhonha, rio, **52** 5-6D, **150** 3D, **152** 3B
Jeremoabo, cid., BRA (BA), **151** 3B
Jerez de la Frontera, cid., ESP, **75** 2F
Jerusalém, cap., ISR, **89** 2E, **95** 4C
Jhansi, cid., IND, **93** 2B
Jhelum, rio, **92** 2A
Jiamusi, cid., CHN, **97** 7A
Jihlava, cid., TCH, **79** 3B
Jilin, cid., CHN, **97** 6A
Jinan, cid., CHN, **97** 5B
Jingdezhen, cid., CHN, **97** 5C
Jinja, cid., UGA, **63** 7D, **67** 6A
Jinzhou, cid., CHN, **97** 6A
Ji-Paraná, cid., BRA (RO), **110** 2C, **149** 3E
Jixi, cid., CHN, **97** 7A
Joaçaba, cid., BRA (SC), **110** 3D, **155** 2B
João Câmara, cid., BRA (RN), **151** 3B
João Monlevade, cid., BRA (MG), **153** 3B
João Pessoa, cap., BRA (PB), **51** 14J, **53** 6C, **110** 5B, **151** 4B

João Pinheiro, cid., BRA (MG), **153** 2B
Jodhpur, cid., IND, **93** 2B
Joensuu, cid., FIN, **81** 6C
Jogjacarta, cid., INS, **91** 3D
Johannesburgo, cid., RAS, **63** 6G, **67** 5D
Johor Baharu, cid., MAL, **91** 2C
Joinville (Joinvile), cid., BRA (SC), **53** 5E, **110** 3D, **155** 3B
Jökulsá á Brú, rio, **80** enc. Islândia
Jônicas, is., GRE, **76** 3C, **77** 3C
Jônico, mar, **72** 9H, **76** 3C
Jönköping, cid., SUE, **81** 3D
JORDÂNIA, **89** 2E, **95** 4C
Jordão, cid., BRA (AC), **149** 1D
Jordão, rio, **94** 4C
Jörn, cid., SUE, **81** 5B
Juan Fernández, is., CHI, **52** 1-2F
Juara, cid., BRA (MT), **157** 2B
Juazeiro, cid., BRA (BA), **53** 5C, **110** 4B, **151** 2B
Juazeiro do Norte, cid., BRA (CE), **53** 6C, **110** 4B, **151** 3B
Juba, cap., SDS, **63** 7D, **65** 6D
Juba, rio, **62** 8D, **64** 7D
Juína, cid., BRA (MT), **110** 2C, **157** 2B
Juiz de Fora, cid., BRA (MG), **53** 5E, **110** 4D, **153** 3C
Jujuy, cid., ARG, **53** 3E
Julianehab, cid., Groenlândia (DIN), **51** 13C, **57** 15C
Júlio de Castilhos, cid., BRA (RS), **155** 2B
Jullundur, cid., IND, **93** 2A
Jundiaí, cid., BRA (SP), **153** 2C
Juneau, cid., Alasca (EUA), **51** 4D, **57** 6D
Junggar, dep., **96** 2A
Junín, cid., ARG, **53** 3F
Jupiá, repr., **152** 1C, **156** 3D
Juquiá, sa., **154** 2B
Jura, cad., **74** 5D
Jura da Suábia, cad., **78** 2B
Jura Franconiano, cad., **78** 2B
Juruá, rio, **52** 3C, **112** 1B, **148** 2D
Juruena, cid., BRA (MT), **157** 2B
Juruena, rio, **148** 4D, **156** 2B
Jurumirim, repr., **152** 2C
Jussara, cid., BRA (GO), **157** 3C
Jutaí, cid., BRA (AM), **149** 2D
Jutaí, rio, **148** 2D
Jutlândia, pen., **80** 2D
Jyväskylä, cid., FIN, **81** 6C

K

Kaduna, cid., NIA, **65** 3C
Kafue, rio, **66** 5C
Kagoshima, cid., JAP, **97** 7B
Kai, is., INS, **90** 5D
Kaifeng, cid., CHN, **97** 5B
Kajaani, cid., FIN, **81** 6C
Kalahari, des., **62** 6G, **66** 5D
Kalámai, cid., GRE, **77** 4C
Kalemie, cid., RDC, **67** 5B
Kálfafell, cid., **81** enc. Islândia
Kalgan, cid., CHN, **97** 5A
Kalgoorlie, cid., AUS, **101** 2I
Kalinin, cid., RUS, **83** 2D
Kaliningrado, cid., RUS, **73** 10E, **83** 1D
Kalisz, cid., POL, **79** 4B
Kalix, cid., SUE, **81** 5B
Kalix, rio, **80** 5B
Kallavesi, l., **80** 6C
Kalmar, cid., SUE, **81** 4D
Kaluga, cid., RUS, **83** 2D
Kama, rio, **72** 16-17D, **82** 4D
Kamchatka, pen., **82** 14-15D, **88** 14-15C
Kamina, cid., RDC, **67** 5B
Kampala, cap., UGA, **63** 7D, **67** 6A
Kampar, rio, **90** 2C
Kampong Cham, cid., CAB, **91** 2B

GEOATLAS ÍNDICE ANALÍTICO

Kampong Saom, cid., CAB, **91** 2B
Kananga, cid., RDC, **63** 6E, **67** 5B
Kanazawa, cid., JAP, **97** 7B
Kanchenjunga, p., **92** 3B
Kandahar, cid., AFG, **89** 5E, **95** 10C
Kandalaksa, cid., RUS, **83** 2C
Kane, b., **56** 12-13B
Kanin Nos, c., **82** 3C
Kankan, cid., GUN, **63** 3C, **65** 2C
Kano, cid., NIA, **63** 4C, **65** 3C
Kanpur, cid., IND, **89** 7F, **93** 3B
Kansas City, cid., EUA, **51** 8F, **57** 10F
Kaohsiung, cid., TAW, **97** 6C
Kaolack, cid., SEN, **63** 2C, **65** 1C
Kaposvár, cid., HUN, **79** 4C
Kapuas, rio, **90** 3CD
Kapuas Hulu, cad., **90** 3C
Kara, mar, **82** 5-7B, **88** 6-7A
Karachi, cid., PAQ, **89** 5F, **93** 1B
Karaganda, cid., CAS, **83** 6E, **89** 6D
Karaginski, i., RUS, **82** 15D
Kara Kum, des., **82** 4-5EF
Karamai, cid., CHN, **97** 2A
Karas, mtes., **66** 4D
Karatau, cad., **82** 5-6E
Karbala, cid., IRQ, **95** 5C
Kariaí, cid., GRE, **77** 4B
Kariba, l., **66** 5C
Karimata, estr., **90** 2D
Karlovak, cid., CRO, **77** 3A
Karlskoga, cid., SUE, **81** 3D
Karlskrona, cid., SUE, **81** 4D
Karlsruhe, cid., ALE, **79** 2B
Karlstad, cid., SUE, **81** 3D
Kárpathos, i., GRE, **76** 5C
Kasai, rio, **62** 6E, **66** 4-5B
Kashi, cid., CHN, **97** 1B
Kassala, cid., SUD, **63** 7C, **65** 6C
Kassel, cid., ALE, **79** 2B
Kathiawar, pen., **92** 2B
Katmandu, cap., NEP, **89** 7F, **93** 3B
Katowice, cid., POL, **79** 4B
Kattegat, estr., **80** 3D
Kaunas, cid., LIU, **83** 1D
Kavála, cid., GRE, **77** 4B
Kavir, des., **94** 7-8BC
Kawasaki, cid., JAP, **97** 7B
Kayan, rio, **90** 3C
Kayes, cid., MLI, **63** 2C, **65** 1C
Kayseri, cid., TUQ, **95** 4B
Kazan, cid., RUS, **73** 15D, **83** 3D
Kazbek, p., **82** 3E
K2, ver Godwin Austen
Kebnekaise, p., **80** 4B
Keetmanshoop, cid., NAM, **67** 4D
Keflavik, cid., **81** enc. Islândia
Kelang, cid., MAL, **91** 2C
Kelantan, rio, **90** 2C
Kemerovo, cid., RUS, **83** 7D, **89** 7C
Kemi, cid., FIN, **81** 5B
Kemi, rio, **80** 5-6B
Kempten, cid., ALE, **79** 2C
Kendari, cid., INS, **91** 4D
Kenitra, cid., MAR, **65** 2A
Kerguelas, is., poss. FRA, **104** 11-12A
Kerinci, p., **88** 9I, **90** 2D
Kérkira, cid., GRE, **77** 3C
Kermadec, fos., **101** 4-5D
Kerman, cid., IRA, **95** 8C
Kermanshah, cid., IRA, **95** 6C
Kerry, mtes., **74** 2C
Kersan, rio, **94** 6C
Kerulen, rio, **96** 5A
Kesan, cid., TUQ, **77** 5B
Khabarovsk, cid., RUS, **83** 12E, **89** 12D
Khalkis, cid., GRF, **77** 4C
Kharkov, cid., UCR, **73** 13F, **83** 2E
Khios, i., GRE, **76** 5C
Khulna, cid., BAD, **93** 3B
Kiel, b., **78** 2A
Kiel, cid., ALE, **79** 2A

Kielce, cid., POL, **79** 5B
Kiev, cap., UCR, **73** 12E, **83** 2D
Kigali, cap., RUA, **63** 6-7E, **67** 5-6B
Kikinda, cid., SER, **77** 4A
Kimberley, cid., RAS, **67** 5D
Kimchaek, cid., RCN, **97** 6A
Kinabalu, p., **88** 10H, **90** 3C
Kindia, cid., GUN, **63** 2D, **65** 1C
Kingston, cap., JAM, **51** 10H, **55** 4C
Kingston, cid., CAN, **57** 12E
Kingstown, cap., SVG, **55** 7D
Kinnaird, c., **74** 3B
Kinshasa, cap., RDC, **63** 5E, **67** 4B
Kioga, l., **66** 6A
KIRIBATI, **101** 5-6H
Kirikkale, cid., TUQ, **95** 3B
Kirklareli, cid., TUQ, **77** 5B
Kirkpatrick, p., **104** 21E
Kirkuk, cid., IRQ, **95** 5B
Kirov, cid., RUS, **73** 15D, **83** 3-4D
Kirovabad, cid., AZB, **83** 3E
Kiruna, cid., SUE, **81** 5B
Kisangani, cid., RDC, **63** 6D, **67** 5A
Kitakyushu, cid., JAP, **89** 12E, **7** 7B
Kithira, i., GRE, **76** 4C
Kitwe, cid., ZAM, **63** 6F, **67** 5C
Kiushu, i., JAP, **88** 12E, **96** 7B
Kivu, l., **66** 5B
Kizil, rio, **94** 3A
Klagenfurt, cid., AUT, **79** 3C
Klar, rio, **80** 3C
Klyuchevsk, p., **82** 15D
Kobdo, cid., MGL, **97** 3A
Kobe, cid., JAP, **97** 7B
Koblenz, cid., ALE, **79** 1B
Kochi, cid., JAP, **97** 7B
Kochi (Cochin), cid., IND, **93** 2D
Kodari, cid., NEP, **93** 3B
Kokand, cid., USB, **83** 6E
Kokkola, cid., FIN, **81** 5C
Kola, pen., **72** 12-13B, **82** 2C
Kolaka, cid., INS, **91** 4D
Kolding, cid., DIN, **81** 2D
Kolguiev, i., RUS, **82** 3C
Kolhapur, cid., IND, **93** 2C
Kolkata (Calcutá), cid., IND, **89** 7F, **93** 3B
Kolyma, mtes., **82** 14C, **88** 13-15B
Kolyma, rio, **82** 14C, **88** 14B
Komandorskie, is., RUS, **82** 15D
Komering, rio, **90** 2D
Komotini, cid., GRE, **77** 5B
Kompas, p., **66** 5E
Komsomolets, i., RUS, **82** 8A
Komsomolsk, cid., RUS, **83** 12D
Kongur, p., **96** 1B
Konya, cid., TUQ, **95** 3B
Kopet Dag, cad., **94** 8B
Korçë, cid., ALB, **77** 4B
Korcula, i., CRO, **76** 3B
Koror, cap., RPA, **101** 2G
Korsakov, cid., RUS, **83** 13E
Koryak, mtes., **82** 15-16C
Kos, i., GRE, **76** 5C
Kosáni, cid., GRE, **77** 4B
Kosciusko, mte., **101** 3D
Kosice, cid., ESQ, **79** 5B
Kosovo, província, SER, **73** 10G, **77** 4B
Koszalin, cid., POL, **79** 4A
Kota Baharu, cid., MAL, **91** 2C
Kota Kinabalu, cid., MAL, **89** 10H, **91** 3C
Kotka, cid., FIN, **81** 6C
Kotlas, cid., RUS, **83** 3C
Kotuy, rio, **82** 9BC
Kouvola, cid., FIN, **81** 6C
Kra, ist., **90** 1C
Kraljevo, cid., SER, **77** 4B
Krasnodar, cid., RUS, **73** 13F, **83** 2E
Krasnoiarsk, cid., RUS, **83** 8D, **89** 8C
Krasnovodsk, cid., TUT, **83** 4EF
Krishna, rio, **92** 2C
Kristiansand, cid., NOR, **81** 2D

Kristianstad, cid., SUE, **81** 3D
Krivoï Rog, cid., UCR, **73** 12F, **83** 2E
Krusevac, cid., SER, **77** 4B
Kuala Lumpur, cap., MAL, **89** 9H, **91** 2C
Kuching, cid., MAL, **89** 10H, **91** 3C
Kudat, cid., MAL, **91** 3C
Kuh-i-baba, p., **94** 10C
Kuh-i-kala, p., **94** 9C
Kuju-San, p., **96** 7B
Kula Kangri, p., **96** 3C
Kuldja, cid., CHN, **97** 2A
Kumamoto, cid., JAP, **97** 7B
Kumasi, cid., GAN, **63** 3D, **65** 2D
Kumo, cid., NIA, **65** 4C
Kunashiri, i., RUS pret. JAP, **96** 8A
Kunlun, cad., **88** 6-8E, **96** 2-3B
Kunming, cid., CHN, **89** 9F, **97** 4C
Kuopio, cid., FIN, **81** 6C
Kupang, cid., INS, **91** 4E
Kure, i., EUA, **56** enc. Is. Havaí
Kurgan, cid., RUS, **83** 5D
Kurikka, cid., FIN, **81** 5C
Kurilas, fos., **82** 13-14E, **96** 8-9A
Kurilas, is., RUS pret. JAP, **82** 13-14E, **83** 13-14E, **89** 13-14D, **96** 8-9A, **97** 8-9A
Kushiro, cid., JAP, **97** 8A
Kutch, g., **92** 1B, **93** 1B
Kutch, pânt., **92** 1-2B
Kuusamo, cid., FIN, **81** 6B
KUWAIT, **89** 3F, **95** 6D
Kuzneck, cid., RUS, **73** 15E, **83** 3D
Kvaloy, i., NOR, **80** 4B
Kvikkjokk, cid., SUE, **81** 4B
Kwango, rio, **66** 4B
Kyoto, cid., JAP, **89** 12E, **97** 7B
Kyrön, rio, **80** 5C
Kzyl-Orda, cid., CAS, **83** 5E

Labrador, pen., **50** 10-11D, **56** 12-13D
Lábrea, cid., BRA (AM), **110** 2B, **149** 3D
Lacadivas, is., IND, **92** 2C, **93** 2C
La Ceiba, cid., HON, **55** 2C
Lacônia, g., **76** 4C
La Coruña, cid., ESP, **75** 2E
Ladakh, cad., **92** 2A
Ladário, cid., BRA (MS), **157** 2C
Ládoga, l., **72** 12C, **82** 2C
Lagan, rio, **80** 3D
Lagarto, cid., BRA (SE), **110** 4C, **151** 3C
Lagen, rio, **80** 3C
Lages (Lajes), cid., BRA (SC), **110** 3D, **155** 2B
Lagoa da Prata, cid., BRA (MG), **153** 2C
Lagoa Vermelha, cid., BRA (RS), **155** 2B
Lagos, cid., NIA, **63** 4D, **65** 3D
Laguna, cid., BRA (SC), **155** 3B
Lahore, cid., PAQ, **89** 6E, **93** 2A
Lahti, cid., FIN, **81** 6C
Lajeado, cid., BRA (RS), **155** 2B
Lajes, cid., BRA (RN), **151** 3B
Lakselv, cid., NOR, **81** 6B
La Línea, cid., ESP, **75** 2F
La Marmora, p., **76** 1B
Lambaréné, cid., GAB, **67** 4B
Lamia, cid., GRE, **77** 4C
Lampedusa, i., ITA, **76** 2C, **77** 2C
Lancaster, estr., **56** 11-12B
Land's End, c., **74** 2C
Landshut, cid., ALE, **79** 3B
Langjökull, gel., **80** enc. Islândia
Langsa, cid., INS, **91** 1C
Lanzhou, cid., CHN, **97** 4B
Laoag, cid., FIL, **91** 4B
Laon, cid., FRA, **75** 4D
LAOS, **89** 9G, **91** 2AB
Laos, plto., **90** 2A

Lapa, cid., BRA (PR), **155** 3B
La Palma, cid., PAN, **55** 4E
La Paz, cap. administrativa, BOL, **51** 11K, **53** 3D
La Paz, cid., MEX, **57** 8G
La Plata, cid., ARG, **51** 12M, **53** 4F
Lappeenranta, cid., FIN, **81** 6C
Laptev, mar, **82** 11-12B
Laranjeiras do Sul, cid., BRA (PR), **155** 2B
Larissa, cid., GRE, **77** 4C
La Rochelle, cid., FRA, **75** 3D
La Sagra, p., **74** 3F
La Serena, cid., CHI, **63** 2E
Lashio, cid., MIN, **93** 4B
Las Palmas, cid., Is. Canárias (ESP), **65** 1B
La Spezia, cid., ITA, **77** 2B
Las Tablas, cid., PAN, **55** 3E
Las Vegas, cid., EUA, **57** 8F
Latina, cid., ITA, **77** 2B
La Tortuga, i., poss. VEN, **54** 6D, **55** 6D
Lauchhammer, cid., ALE, **79** 3B
La Unión, cid., ELS, **55** 2D
Laurenciano, plto., **56** 12-13DE
Lauro Müller, cid., BRA (SC), **155** 3B
Lausanne, cid., SUI, **79** 1C
Laut, i., INS, **90** 3D
Laval, cid., FRA, **75** 3D
Lavapié, pta., **52** 2F
Lavras, cid., BRA (MG), **153** 2-3C
Laysan, i., EUA, **56** enc. Is. Havaí
Lecce, cid., ITA, **77** 3B
Lech, rio, **78** 2C
Leeds, cid., RUN, **75** 3C
Legnica, cid., POL, **79** 4B
Le Havre, cid., FRA, **73** 6F, **75** 4D
Leikanger, cid., NOR, **81** 2C
Leipzig, cid., ALE, **73** 8E, **79** 3B
Leiria, cid., POR, **75** 2F
Leman, l., **78** 1C
Le Mans, cid., FRA, **75** 4D
Lemnos, i., GRE, **76** 5C
Lena, rio, **82** 9-11CD, **88** 11B
Lens, cid., FRA, **75** 4C
Lensk, cid., RUS, **83** 10C
Leoben, cid., AUT, **79** 3C
León, cid., ESP, **75** 2E
León, cid., MEX, **57** 9G
León, cid., NIC, **55** 2D
Leopoldo II, l., **66** 4B
Le Puy, cid., FRA, **75** 4D
Lérida, cid., ESP, **75** 4E
Lerwick, cid., RUN, **75** 3A
Lesbos, i., GRE, **76** 5C
Les Cayes, cid., HAI, **55** 5C
Leskovac, cid., SER, **77** 4B
LESOTO, **63** 6GH, **67** 5DE
Leste, mar, **82** 12E, **88** 12DE, **96** 7AB
Leszno, cid., POL, **79** 4B
Leti, is., INS, **90** 4D
Leticia, cid., COL, **53** 2-3C
LETÔNIA, **73** 10-11D, **83** 1D
Lêucade, i., GRE, **76** 4C
Lévrier, b., **64** 1C
Lewis, i., RUN, **74** 2B
Leyte, i., FIL, **90** 4B
Lhasa, cid., CHN, **97** 3C
Lianyungang, cid., CHN, **97** 5B
Liao, rio, **96** 6A
Liaodong, pen., **96** 6AB
Libagon, cid., FIL, **91** 4B
LÍBANO, **89** 2E, **95** 4C
Liberec, cid., TCH, **79** 3B
LIBÉRIA, **63** 2-3D, **65** 1-2D
LÍBIA, **63** 5B, **65** 4-5AB
I íbia, des., **62** 6B, **64** 5B
Libreville, cap., GAB, **63** 4D, **67** 3A
LIECHTENSTEIN, **73** 7F, **79** 2C
Liège, cid., BEL, **73** 7E, **75** 5C
Liepaja, cid., LET, **83** 1D
Likasi, cid., RDC, **67** 5C
Lille, cid., FRA, **73** 6E, **75** 4C

GEOATLAS ÍNDICE ANALÍTICO

Lillehammer, cid., NOR, **81** 3C
Lilongue, cap., MAI, **63** 7F, **67** 6C
Lima, cap., PER, **51** 10K, **53** 2D
Limeira, cid., BRA (SP), **153** 2C
Limerick, cid., IRL, **75** 2C
Limoeiro, cid., BRA (PE), **151** 3B
Limoeiro do Norte, cid., BRA (CE), **151** 3B
Limoges, cid., FRA, **75** 4D
Limón, cid., CRA, **55** 3E
Limpopo, rio, **62** 6-7G, **66** 5-6D
Linares, cid., ESP, **75** 3F
Lincoln, cid., EUA, **57** 10E
Lingga, is., INS, **90** 2CD
Linhares, cid., BRA (ES), **153** 3B
Linköping, cid., SUE, **81** 4D
Lins, cid., BRA (SP), **153** 2C
Linxia, cid., CHN, **97** 4B
Linz, cid., AUT, **73** 8F, **79** 3B
Lípez, p., **52** 3E
Lisboa, cap., POR, **73** 4H, **75** 2F
Lisianski, i., EUA **56** enc. Is. Havai
Lisieux, cid., FRA, **75** 4D
Lisourne, cid., **56** 3C
LITUÂNIA, **73** 10D, **83** 1D
Liubliana, cap., ESV, **73** 8F, **77** 2A
Liuzhou, cid., CHN, **97** 4C
Liverpool, cid., RUN, **73** 5E, **75** 3C
Liverpool, g., **74** 3C
Livingstone, mtes., **66** 6C
Livo, rio, **80** 6B
Livorno, cid., ITA, **77** 2B
Ljungan, rio, **80** 3-4C
Ljungby, cid., SUE, **81** 3D
Ljusdal, cid., SUE, **81** 4C
Llullaillaco, v., **52** 3E
Loanda, cid., BRA (PR), **155** 2A
Loange, rio, **66** 4-5B
Lobamba, cap., EWT, **63** 7G, **67** 6D
Lobito, cid., ANG, **63** 5F, **67** 4C
Lodz, cid., POL, **79** 4B
Lofoten, is., NOR, **80** 3B
Logan, p., **50** 3C, **56** 5C
Logone, rio, **64** 4CD
Logroño, cid., ESP, **75** 3E
Loire, rio, **72** 6F, **74** 3-4D
Lolland, i., DIN, **80** 3E
Lomami, rio, **66** 5B
Lomblen, i., INS, **90** 4D
Lombok, i., INS, **90** 3D
Lomé, cid., TOG, **63** 4D, **65** 3D
Lomza, cid., POL, **79** 5A
Londonderry, cid., RUN, **75** 2BC
Londres, cap., RUN, **73** 5E, **75** 3-4C
Londrina, cid., BRA (PR), **53** 4E, **110** 3D, **155** 2A
Longá, rio, **150** 2A
Long Island, i., BAA, **54** 4-5B
Long Island, i., EUA, **56** 12E
Loop, c., **74** 1C
Lop, l., **96** 3A
Lopatka, c., **82** 14D
Lopez, c., **66** 3B
Lorca, cid., ESP, **75** 3F
Lorena, cid., BRA (SP), **153** 2C
Lorient, cid., FRA, **75** 3D
Los Angeles, cid., EUA, **51** 6F, **57** 8F
Los Roques, i., VEN, **54** 6D
Lot, rio, **74** 4E
Louisville, cid., EUA, **57** 11F
Lourdes, cid., FRA, **75** 3E
Lourenço, cid., BRA (AP), **149** 5B
Lovec, cid., BUL, **77** 4B
Lualaba, rio, **66** 5B
Luan, rio, **96** 5A
Luanda, cap., ANG, **63** 5E, **67** 4B
Luang Prabang, cid., LAO, **91** 2B
Luangwa, rio, **66** 6C
Luapula, rio, **66** 5-6C
Lubango, cid., ANG, **67** 4C
Lübeck, cid., ALE, **79** 2A
Lublin, cid., POL, **79** 5B
Lublin, plto., **79** 5B
Lubumbashi, cid., RDC, **63** 6F, **67** 5C

Lucaias, ver Bahamas
Lucas do Rio Verde, cid., BRA (MT), **157** 2B
Lucca, cid., ITA, **77** 2B
Lucena, i., BRA, **150** enc. F. Noronha
Lucerna, cid., SUI, **79** 2C
Luciara, cid., BRA (MT), **157** 3B
Lucknow, cid., IND, **93** 3B
Lüderitz, cid., NAM, **67** 4D
Ludhiana, cid., IND, **93** 2A
Ludwigshafen, cid., ALE **79** 2B
Lugano, cid., SUI, **79** 2C
Lugo, cid., ESP, **75** 2E
Lukenie, rio, **66** 4-5B
Lule, cid., SUE, **81** 5B
Lule, rio, **80** 5B
Luliang, mtes., **96** 5B
Luneburgo, cid., ALE, **79** 2A
Lungué-Bungo, rio, **66** 4-5C
Luni, rio, **92** 2B
Luoyang, cid., CHN, **97** 5B
Lusaka, cap., ZAM, **63** 6F, **67** 5C
Lut, des., **94** 8C
LUXEMBURGO, **73** 7F, **75** 5D
Luxemburgo, cap., LUX, **73** 7F, **75** 5D
Luxor, cid., RAE, **65** 6B
Luzhou, cid., CHN, **97** 4C
Luzilândia, cid., BRA (PI), **151** 2A
Luzon, estr., **90** 4A, **96** 6CD
Luzon, i., FIL, **88** 11G, **89** 11G, **90** 4B
Lvov, cid., UCR, **83** 1E
Lycksele, cid., SUE, **81** 4C
Lyme, b., **74** 3C
Lyon, cid., FRA, **73** 6F, **75** 4-5D
Lyon, g., **74** 4E
Lys, rio, **74** 4C

Ma, rio, **90** 2A
Macaé, cid., BRA (RJ), **153** 3C
Macapá, cid., BRA (AP), **51** 12I, **53** 4B, **110** 3AB, **149** 5B
Macau, cid., BRA (RN), **151** 3B
Macau, cid., CHN, **89** 10F, **97** 5C
Macdonnell, mte., **101** 2D
MACEDÔNIA DO NORTE, **73** 10G, **77** 4B
Maceió, cid., BRA (AL), **51** 14J, **53** 6C, **110** 4B, **151** 3B
Macerata, cid., ITA, **77** 2B
Mackenzie, mtes., **56** 6-7C
Mackenzie, rio, **50** 5C, **56** 7C
Mâcon, cid., FRA, **75** 4D
Macquarie, i., poss. AUS, **104** 20B
Macuapanim, is., BRA, **148** 2-3C
MADAGASCAR, **63** 8FG, **67** 7CD
Madagascar, i., MAD, **62** 8FG, **66** 7CD
Madeira, i., POR, **62** 2A, **63** 2A, **64** 1A, **72** 2I
Madeira, rio, **50** 11J, **52** 3C, **112** 2B, **148** 3D
Madison, cid., EUA, **57** 11E
Madiun, cid., INS, **91** 3D
Madraka, c., **94** 8F
Madras, ver Chennai
Madre de Dios, i., CHI, **52** 2GH
Madre Ocidental, sa., **50** 6-7FG, **56** 9G
Madre Oriental, sa., **50** 7-8G, **56** 9-10G
Madri, cap., ESP, **73** 5G, **75** 3E
Madura, i., INS, **90** 3D
Madurai, cid., IND, **93** 2D
Maestra, sa., **54** 4B
Mafia, i., TAN, **66** 6B
Mafra, cid., BRA (SC), **155** 3B
Magadan, cid., RUS, **83** 14D, **89** 14BC
Magalhães, estr., **50** 10-11O, **52** 3H
Magdalena, rio, **52** 2B
Magdeburgo, cid., ALE, **79** 2A
Magé, cid., BRA (RJ), **153** 3C
Mageroy, i., NOR, **80** 5-6A
Maggiore, l., **76** 1A
Magnitogorsk, cid., RUS, **83** 4D

Maguari, c., **148** 6C
Mahabharat, cad., **92** 3B
Mahackala, cid., RUS, **83** 3E
Mahakam, rio, **90** 3CD
Mahanadi, rio, **92** 3B
Mahé, i., SEY, **66** 8B
Maiduguri, cid., NIA, **65** 4C
Maimana, cid., AFG, **95** 9B
Mainz, cid., ALE, **79** 2B
Maiorca, i., ESP, **74** 4F, **75** 4F
Maipo, v., **52** 2-3F
Majunga, cid., MAD, **67** 7C
Makassar, estr., **90** 3D
Makeni, cid., SEL, **65** 1D
Maklakovo, cid., RUS, **83** 8D
Makoua, cid., CON, **67** 4AB
Makran, cad., **92** 1B
Malabo, cap., GUE, **63** 4D, **65** 3D
Málaca, cid., MAL, **91** 2C
Málaca, estr., **88** 8-9H, **90** 1-2C
Málaga, cid., ESP, **73** 5H, **75** 3F
Molaia, pen., **90** 2C
Malang, cid., INS, **91** 3D
Malanje, cid., ANG, **67** 4B
MALÁSIA, **89** 9-10H, **91** 2-3C
Malatya, cid., TUQ, **95** 4B
MALAUÍ, **63** 7F, **67** 6C
Malbork, cid., POL, **79** 4A
MALDIVAS, **89** 6H, **93** 2D
Maldivas, is., MDV, **88** 6H, **92** 2D
Male, cap., MDV, **89** 6H, **93** 2D
MALI, **63** 3-4C, **65** 2BC
Malin, c., **74** 2B
Mallaig, cid., RUN, **75** 2B
Malmberget, cid., SUE, **81** 5B
Malmo, cid., SUE, **73** 8D, **81** 3D
MALTA, **73** 8H, **77** 2C
Malta, estr., **76** 2-3C
Malta, i., MAT, **72** 8H, **76** 2C
Malvinas, is., ver Falkland
Mamanguape, cid., BRA (PB), **151** 3-4B
Mamoré, rio, **52** 3D, **148** 2DE
Mamry, l., **78** 5A
Man, i., RUN, **74** 3C
Manacapuru, cid., BRA (AM), **149** 3C
Manado, cid., INS, **91** 4C
Manágua, cap., NIC, **51** 9H, **55** 2D
Manágua, l., **54** 2D
Manama, cap., BAH, **95** 7D
Manaus, cid., BRA (AM), **51** 11J, **53** 3C, **110** 2B, **149** 3C
Mancha, can., **72** 4-5EF, **74** 2-3CD
Manchester, cid., RUN, **73** 5E, **75** 3C
Manchúria, plan., **96** 6A
Mand, rio, **94** 7D
Mandalay, cid., MIN, **89** 8F, **93** 4B
Manfredónia, g., **76** 3B
Manga, cid., BRA (MG), **153** 3A
Mangabeiras, ch., **52** 5CD, **148** 6D, **150** 1-2BC
Mangalore, cid., IND, **93** 2D
Mangoky, rio, **66** 7D
Mangueira, l., **154** 2C
Manhuaçu, cid., BRA (MG), **153** 3C
Manicoré, cid., BRA (AM), **149** 3D
Manila, cap., FIL, **89** 11G, **91** 4B
Manizales, cid., COL, **53** 2B
Mannar, g., **92** 2D
Mannheim, cid., ALE, **79** 2B
Manresa, cid., ESP, **75** 4E
Mantena, cid., BRA (MG), **153** 3B
Mantiqueira, sa., **52** 5E, **112** 3-4D, **152** 2-3C
Manuel Alves, rio, **148** 6E
Manzanillo, cid., CUB, **55** 4B
Manzanillo, cid., MEX, **57** 9H
Maoming, cid., CHN, **97** 5C
Mapuera, rio, **52** 4C, **148** 4BC
Maputo, cap., MOÇ, **63** 7G, **67** 6D
Mar, sa., **50** 13L, **52** 5E, **112** 3D, **152** 2-3C, **154** 3AB
Maraã, cid., BRA (AM), **149** 2C
Marabá, cid., BRA (PA), **53** 5C, **110** 3B, **149** 6D

Maracá, i., BRA, **52** 4B, **148** 5B
Maracaibo, cid., VEN, **51** 10H, **53** 2A
Maracaibo, l., **50** 10-11H, **52** 2AB
Maracaju, cid., BRA (MS), **157** 2D
Maracaju, sa., **52** 4DE, **112** 2-3D, **156** 2-3CD
Maragogipe (Maragojipe), cid., BRA (BA), **151** 3C
Marajó, i., BRA, **50** 12-13J, **52** 4-5C, **112** 3B, **148** 5-6C
Maramba, cid., ZAM, **67** 5C
Maranguape, cid., BRA (CE), **151** 3A
Maranhão, est., BRA, **110** 3-4B, **151** 1-2AB
Marañon, rio, **52** 2C
Maras, cid., TUQ, **95** 4B
Marau, cid., BRA (RS), **155** 2B
Marburgo, cid., ALE, **79** 2B
Marcelândia, cid., BRA (MT), **157** 3B
Mar del Plata, cid., ARG, **51** 12M, **53** 4F
Marechal Cândido Rondon, cid., BRA (PR), **155** 2A
Margarita, i., poss. VEN, **54** 7D, **55** 7D
Marianas, fos., **101** 3AB
Marianas do Norte, is., EUA, **101** 3B
Maribor, cid., ESV, **77** 3A
Marie Galante, i., FRA, **54** 7C
Mariehamn, cid., FIN, **81** 4C
Mariestad, cid., SUE, **81** 3D
Marília, cid., BRA (SP), **110** 3D, **153** 2C
Marimbondo, repr., **152** 2B
Maringá, cid., BRA (PR), **110** 3D, **155** 2A
Maritza, rio, **72** 10-11G, **76** 5B
Mármara, mar, **76** 5B, **94** 2A
Marne, rio, **74** 4D
Maromokotro, p., **66** 7C
Marquises, is., poss. FRA, **101** 7C
Marrakech, cid., MAR, **63** 3A, **65** 2A
MARROCOS, **63** 3A, **65** 1-2AB
Marsabit, cid., QUE, **67** 6A
Marsala, cid., ITA, **77** 2C
Marselha, cid., FRA, **73** 7G, **75** 5E
MARSHALL, **101** 3-4G
Marshall, is., MAH, **101** 4B
Martaban, g., **90** 1B, **92** 4C
Martim Vaz, is., BRA, **52** 6-7E, **152** enc.
Martinica, i., poss. FRA, **54** 7D, **55** 7D
Masaya, cid., NIC, **55** 2D
Mascarenhas, is., MAU e FRA, **66** 8D
Mascate, cap., OMA, **89** 4F, **95** 8E
Maseru, cap., LES, **63** 6G, **67** 5D
Mashhad, cid., IRA, **89** 4E, **95** 8B
Masira, g., **94** 8EF
Massapê, cid., BRA (CE), **151** 2A
Massaua, cid., ERI, **65** 6C
Matadi, cid., RDC, **63** 5E, **67** 4B
Matagalpa, cid., NIC, **55** 2D
Matanzas, cid., CUB, **55** 3B
Matão, sa., **148** 5D
Mataró, cid., ESP, **75** 4E
Matera, cid., ITA, **77** 3B
Mato Grosso, est., BRA, **110** 2-3C, **157** 2-3B
Mato Grosso do Sul, est., BRA, **110** 2-3CD, **157** 2-3CD
Matsuyama, cid., JAP, **97** 7B
Matterhorn, p., **78** 1C
Maués, cid., BRA (AM), **149** 4C
Maui, i., EUA, **56** enc. Is. Havai
MAURÍCIO, **63** 9FG, **67** 8D
Maurício, i., MAU, **62** 9G, **66** 8D
MAURITÂNIA, **63** 2-3BC, **65** 1-2BC
Maya, mtes., **54** 2C
Mayagüez, cid., Porto Rico (EUA), **55** 6C
Mayotte, i., FRA, **63** 8F, **66** 7C
Mazagão, cid., BRA (AP), **149** 5C
Mazar-i-Sharif, cid., AFG, **95** 10B
Mazatenango, cid., GUA, **55** 1D
Mbabane, cap., EWT, **63** 7G, **67** 6D
Mbala, cid., ZAM, **67** 6B
Mbale, cid., UGA, **63** 7D, **67** 6A
Mbandaka, cid., RDC, **67** 4A
Mbinda, cid., CON, **67** 4B
M'Bomou, rio, **64** 5D, **66** 5A
Mbuji-Mayi, cid., RDC, **63** 6E, **67** 5B
McKinley, p., **50** 3C, **56** 4C

GEOATLAS **ÍNDICE ANALÍTICO**

Mearim, rio, **52** 5C, **150** 1-2AB
Meaux, cid., FRA, **75** 4D
Meca, cid., ARS, **89** 2-3F, **95** 4E
Mecklenburgo, g., **78** 2-3A
Medan, cid., INS, **89** 8H, **91** 1C
Medellín, cid., COL, **51** 10I, **53** 2B
Medianeira, cid., BRA (PR), **155** 2B
Medina, cid., ARS, **89** 2-3F, **95** 4E
Mediterrâneo, mar, **62** 4-7A, **72** 5-12H, **88** 1-2E
Meerut, cid., IND, **93** 2B
Meia Ponte, rio, **156** 4C
Meio, i., BRA, **150** enc. F. Noronha
Mekambo, cid., GAB, **67** 4A
Mekele, cid., ETP, **65** 6C
Meknès, cid., MAR, **65** 2A
Mekong, rio, **88** 8-9FG, **90** 2B, **96** 3C
Mel, i., BRA, **154** 3B
Melanésia, is., **101** 2-4BC
Melbourne, cid., AUS, **101** 3I
Melilla, cid., ESP, **65** 2A
Melville, i., CAN, **56** 7-9B
Memmingen, cid., ALE, **79** 2BC
Memphis, cid., EUA, **57** 11F
Mendawai, rio, **90** 3D
Mendoza, cid., ARG, **51** 11M, **53** 3F
Meno, rio, **78** 2B
Menongue, cid., ANG, **67** 4C
Mentawai, estr., **90** 1-2D
Mentawai, is., INS, **90** 1D
Merca, cid., SOM, **63** 8D, **65** 7D
Mergui, cid., MIN, **93** 4C
Mérida, cid., MEX, **57** 11G
Mérida, cid., VEN, **53** 2B
Mérida, cord., **52** 2B
Meridional, plto., **52** 4EF
Mersin, cid., TUQ, **95** 3B
Meru, p., **66** 6B
Mesopotâmia, plan., **94** 5-6C
Messênia, g., **76** 4C
Messina, cid., ITA, **77** 3C
Messina, estr., **76** 3C
Meta, rio, **52** 3B
Metalíferos (Erzgebirge), mtes., **78** 3B
Metalíferos Eslovacos, mtes., **78** 4-5B
Metz, cid., FRA, **75** 5D
Mexiana, i., BRA, **148** 6BC
Mexicali, cid., MEX, **57** 8F
MÉXICO, **51** 7-8GH, **57** 9G
México, cap., ver *Cidade do México*
México, g., **50** 8-9G, **54** 3A, **56** 10-11G
México, plto., **50** 7G, **56** 9G
Miami, cid., EUA, **51** 9G, **57** 11G
MIANMAR, **89** 8FG, **93** 4B
Michigan, l., **50** 9E, **56** 11E
Micronésia, is., **101** 2-4B
Middlesbrough, cid., RUN, **75** 3C
Midway, i., EUA, **56** enc. Is. Havai, **101** 5A
Mielec, cid., POL, **79** 5B
Mikkeli, cid., FIN, **81** 6C
Milão, cid., ITA, **73** 7F, **77** 1A
Milwaukee, cid., EUA, **57** 11E
Mimoso, cid., BRA (MS), **157** 3D
Min, rio, **96** 5C
Minas Gerais, est., BRA, **110** 3-4C, **153** 2-3BC
Minas Novas, cid., BRA (MG), **153** 3B
Mindanao, i., FIL, **88** 11H, **90** 4C
Mindanao, mar, **90** 4C
Mindanao, rio, **90** 4C
Minden, cid., ALE, **79** 2A
Mindoro, i., FIL, **90** 4B
Mineiros, cid., BRA (GO), **157** 3C
Minho, rio, **74** 2E
Minneapolis, cid., EUA, **51** 8E, **57** 10E
Minorca, i., ESP, **74** 4EF, **75** 4FF
Minsk, cap., BER, **73** 11E, **83** 1D
Minya Konka, p., **88** 9F, **96** 4C
Miracema do Tocantins, cid., BRA (TO), **149** 6D
Miranda, cid., BRA (MS), **157** 2D

Miranda, rio, **156** 2D
Miranda de Ebro, cid., ESP, **75** 3E
Mirante, sa., **152** 1-2C
Mirim, la., **52** 4F, **112** 3E, **154** 2C
Mishmi, mtes., **92** 4B
Miskolc, cid., HUN, **73** 10F, **79** 5B
Mississipi, rio, **50** 8F, **56** 10-11F
Missouri, rio, **50** 8E, **56** 9-10E
Misurata, cid., LIB, **63** 5A, **65** 4A
Mitchell, p., **56** 11F
Mitumba, mtes., **62** 6EF, **66** 5BC
Miyazaki, cid., JAP, **97** 7B
Mjosa, l., **80** 3C
Mo, cid., NOR, **81** 3B
Mobile, cid., EUA, **57** 11F
MOÇAMBIQUE, **63** 7FG, **67** 6CD
Moçambique, can., **62** 8FG, **66** 6-7CD
Moçambique, cid., MOÇ, **67** 7C
Mococa, cid., BRA (SP), **153** 2C
Modena, cid., ITA, **77** 2B
Moe, cid., AUS, **101** 3I
Mogadíscio, cap., SOM, **63** 8D, **65** 7D
Mogi das Cruzes (Moji das Cruzes), cid., BRA (SP), **153** 2C
Mogi-Guaçu (Mojiguaçu), rio, **152** 2C
Mogi-Mirim (Mojimirim), cid., BRA (SP), **153** 2C
Mokpo, cid., RCS, **97** 6B
MOLDÁVIA, **73** 11F, **83** 1E
Molde, cid., NOR, **81** 2C
Molucas, is., INS, **90** 4-5D
Molucas, mar, **90** 4CD
Mombasa, cid., QUE, **63** 7E, **67** 6B
Mona, can., **54** 6C
MÔNACO, **73** 7G, **75** 5E
Mônaco, cap., MON, **75** 5E
MONGÓLIA, **89** 8-9D, **97** 4A
Mongólia, plto., **88** 9-10D, **96** 4A
Monróvia, cap., LIE, **63** 2D, **65** 1D
Montalto, p., **76** 3C
Montanha, cid., BRA (ES), **153** 3B
Montargis, cid., FRA, **75** 4D
Montauban, cid., FRA, **75** 4E
Monte Alegre, cid., BRA (PA), **149** 5C
Monte Alegre do Piauí, cid., BRA (PI), **151** 1B
Monte Aprazível, cid., BRA (SP), **153** 2C
Monte Azul, cid., BRA (MG), **153** 3B
Monte Carmelo, cid., BRA (MG), **153** 2B
Montecristo, i., ITA, **76** 2B
Montego Bay, cid., JAM, **55** 4C
MONTENEGRO, **73** 9-10G, **77** 3-4B
Montenegro, cid., BRA (RS), **155** 2B
Monteria, cid., COL, **53** 2B
Monterrey, cid., MEX, **51** 7G, **57** 9G
Montes Claros, cid., BRA (MG), **53** 5D, **110** 4C, **153** 3B
Montevidéu, cap., URU, **51** 12M, **53** 4F
Montluçon, cid., FRA, **75** 4D
Montpellier, cid., FRA, **75** 4E
Montreal, cid., CAN, **51** 10E, **57** 12E
Montserrat, i., poss. RUN, **54** 7C, **55** 7C
Monza, cid., ITA, **77** 1A
Moosonee, cid., CAN, **57** 11D
Mopti, cid., MLI, **65** 2C
Mora, cid., SUE, **81** 3C
Moradabad, cid., IND, **93** 2B
Morava, rio, **76** 4B, **78** 4B
Morávia, mtes., **78** 3-4B
Morelia, cid., MEX, **57** 9H
Morena, sa., **74** 2-3F
Morioka, cid., JAP, **97** 8B
Morlaix, cid., FRA, **75** 3D
Moro, g., **90** 4C
Moroni, cap., COM, **63** 8F, **67** 7C
Morotai, i., INS, **90** 4C
Morrinhos, cid., BRA (GO), **157** 4C
Morro do Pico, p., **150** enc. Fernando de Noronha
Mortes, rio, **156** 3B
Morto, mar, **94** 4C
Mosa, rio, **74** 5C

Moscou, cap., RUS, **73** 13D, **83** 2D
Mosela, rio, **74** 5D, **78** 1B
Mosquitos, g., **54** 3E
Moss, cid., NOR, **81** 3D
Mossoró, cid., BRA (RN), **53** 6C, **110** 4B, **151** 3B
Mossoró, rio, **150** 3B
Mostar, cid., BOH, **77** 3B
Mostardas, cid., BRA (RS), **155** 2C
Mosul, cid., IRQ, **89** 3E, **95** 5B
Motágua, rio, **54** 1-2CD
Moulmein, cid., MIN, **93** 4C
Moulouya, rio, **64** 2A
Mount Isa, cid., AUS, **101** 2I
Mtwara, cid., TAN, **67** 6B
Mucajaí, sa., **148** 3B
Muchinga, mtes., **62** 6-7EF, **66** 5-6C
Mucuri, rio, **152** 3B
Mucuripe, pta., **150** 3A
Mudanjiang, cid., CHN, **97** 6A
Mulhacén, p., **74** 3F
Mulhouse, cid., FRA, **75** 5D
Muller, cad., **90** 3C
Multan, cid., PAQ, **93** 2A
Mumbai (Bombaim), cid., IND, **89** 6G, **93** 2C
Muna, i., INS, **90** 4D
Mundo Novo, cid., BRA (BA), **151** 2C
Munique, cid., ALE, **73** 8F, **79** 2B
Munku Sardyk, p., **82** 9D
Münster, cid., ALE, **79** 1B
Múrcia, cid., ESP, **75** 3F
Mures, rio, **76** 4A
Muriaé, cid., BRA (MG), **110** 4D, **153** 3C
Müritz, l., **78** 3A
Murmansk, cid., RUS, **73** 12B, **83** 2C
Muroran, cid., JAP, **97** 8A
Murray, rio, **101** 3D
Murud, p., **90** 3C
Mururoa, i., poss. FRA, **101** 6-7D
Musala, p., **76** 4B
Musi, rio, **90** 2D
Mutum, cid., BRA (MS), **157** 3D
Mutumparaná, cid., BRA (RO), **149** 3D
Muzat, rio, **96** 2A
Muztag, p., **96** 2B
Mwanza, cid., TAN, **63** 7E, **67** 6B
Mweru, l., **66** 5B
Myitkyina, cid., MIN, **93** 4B
Mysore, cid., IND, **93** 2C

Nabi Shuayb, p., **94** 5F
Naestved, cid., DIN, **81** 3D
Naga, cid., FIL, **91** 4B
Nagasaki, cid., JAP, **89** 11E, **97** 6B
Nagoya, cid., JAP, **89** 12E, **97** 7B
Nagpur, cid., IND, **93** 2B
Nagqu, cid., CHN, **97** 3B
Naha, cid., JAP, **97** 6C
Nairóbi, cap., QUE, **63** 7E, **67** 6B
Najaf, cid., IRQ, **95** 5C
Nakhon Ratchasima, cid., TAI, **91** 2B
Nakhon Sawan, cid., TAI, **91** 1-2B
Nakuru, cid., QUE, **63** 7E, **67** 6B
Nam, l., **96** 3B
Namcha Barwa, p., **96** 3B
Nam Dinh, cid., VTN, **91** 2A
Namibe, cid., ANG, **67** 4C
NAMÍBIA, **63** 5FG, **67** 4D
Namíbia, des., **66** 4CD
Nampo, cid., RCN, **97** 6B
Nampula, cid., MOÇ, **67** 6C
Namsos, cid., NOR, **81** 3C
Nan, rio, **90** 2B
Nanchang, cid., CHN, **97** 5C
Nanchong, cid., CHN, **97** 4B

Nancy, cid., FRA, **75** 5D
Nanda Devi, p., **92** 2A
Nanga Parbat, p., **92** 2A
Nan Ling, cad., **96** 5C
Nanning, cid., CHN, **97** 4C
Nanquim, cid., CHN, **89** 10E, **97** 5B
Nansen, rio, **80** 3C
Nan Shan, cad., **96** 3-4B
Nantes, cid., FRA, **73** 5F, **75** 3D
Nantong, cid., CHN, **97** 6B
Nanuque, cid., BRA (MG), **153** 3B
Nanyang, cid., CHN, **97** 5B
Nao, c., **74** 4F
Napo, rio, **52** 2C
Nápoles, cid., ITA, **73** 8G, **77** 2B
Narayanganj, cid., BAD, **93** 4B
Narmada, rio, **92** 2B
Narvik, cid., NOR, **81** 4B
Nashville, cid., EUA, **57** 11F
Nasi, l., **80** 5C
Nasik, cid., IND, **93** 2B
Nassau, cap., BAA, **51** 10G, **55** 4A
Nasser, l., **62** 7B, **64** 6B
Natal, cid., BRA (RN), **51** 14J, **53** 6C, **110** 4B, **151** 3B
Natividade, cid., BRA (TO), **149** 6E
Natuna Besar, i., INS, **90** 2C
Naturaliste, c., **101** 1D
Nauplion, cid., GRE, **77** 4C
NAURU, **101** 4GH
Nauru, i., NAU, **101** 4BC
Navegantes, cid., BRA (SC), **155** 3B
Navirai, cid., BRA (MS), **157** 3D
Naxos, i., GRE, **76** 5C
Naypyidaw, cap. adm., MIN, **89** 8G
Nazaré, cid., BRA (BA), **151** 3C
N'Djamena, cap., CHA, **63** 5C, **65** 4C
Ndola, cid., ZAM, **63** 6F, **65** 5C
Neblina, p., **50** 11I, **52** 3B, **112** 1A, **148** 2B
Neckar, rio, **78** 2B
Necker, i., EUA, **56** enc. Is. Havai
Necochea, cid., ARG, **53** 4F
Negoiu, p., **76** 4A
Negra, cox., **154** 1C
Negra, pta., **52** 1C
Negra, sa., **152** 3B
Negro, mar, **72** 11-14G, **82** 2E, **88** 2D
Negro, rio, **50** 11J, **52** 3C, **112** 2B, **148** 2-3C
Negro, rio, **52** 3FG
Negro, rio, **156** 2C
Negros, i., FIL, **90** 4C, **91** 4BC
Neiva, cid., COL, **53** 2B
Nelson, rio, **50** 8D, **56** 10D
Néma, cid., MUR, **65** 2C
Nen, rio, **96** 6A
Neópolis, cid., BRA (SE), **151** 3C
NEPAL, **89** 7F, **93** 3B
Neubrandenburgo, cid., ALE, **79** 3A
Neuchâtel, l., **78** 1C
Neumünster, cid., ALE, **79** 2A
Neuquén, cid., ARG, **53** 3F
Neustrelitz, cid., ALE, **79** 3A
Nevada, sa., **56** 7-8F
Nevers, cid., FRA, **75** 4D
Névis, i., SCN, **54** 7C
Newcastle, cid., AUS, **101** 3I
Newcastle, cid., RUN, **75** 3B
New Haven, cid., EUA, **57** 12E
New Orleans, cid., EUA, **51** 8G, **57** 11G
New Providence, i., BAA, **54** 4AB
Ngami, dep., **62** 6G, **66** 5D
Ngoc Linh, p., **90** 2B
Ngoko, rio, **64** 4D
Nguru, cid., NIA, **65** 4C
Nha Trang, cid., VTN, **91** 2B
Niágara, cat., **56** 12E
Niamei, cap., NIG, **63** 4C, **65** 3C
Nias, i., INS, **90** 1C
Niassa, l., **62** 7F, **66** 6C
NICARÁGUA, **51** 9H, **55** 2-3D
Nicarágua, l., **54** 2D

A grafia dos topônimos brasileiros segue o registro do IBGE. Em alguns casos, em respeito à tradição local, foi mantida a grafia utilizada pelos municípios.
Apresentamos entre parênteses a grafia estabelecida pelo Acordo Ortográfico da Língua Portuguesa (2009) quando houver divergência da adotada pelo IBGE e/ou pela tradição local.

GEOATLAS ÍNDICE ANALÍTICO 193

Nice, cid., FRA, **73** 7G, **75** 5E
Nicobar, is., IND, **90** 1C, **92** 4D, **93** 4D
Nicósia, cap., CHP, **89** 2E, **95** 3B
Nicoya, pen., **54** 2E
NÍGER, **63** 4-5C, **65** 3-4BC
Níger, rio, **62** 3-4CD, **64** 2-3CD
NIGÉRIA, **63** 4-5CD, **65** 3-4CD
Nihoa, i., EUA, **56** enc. Is. Havaí
Niigata, cid., JAP, **97** 7B
Niihau, i., EUA, **56** enc. Is. Havaí
Niksi'c, cid., MTN, **77** 3B
Nilo, rio, **62** 7B, **64** 6C, **66** 6A
Nilo Azul, rio, **62** 7C, **64** 6C
Nilo Branco, rio, **62** 7CD, **64** 6C
Nilo de Montanha (Bahr el-Jebel), rio,
 64 6D, **66** 6A
Nîmes, cid., FRA, **75** 4E
Ningbo, cid., CHN, **97** 6C
Ningjing, mtos., **96** 3B
Nioaque, cid., BRA (MS), **157** 2D
Niort, cid., FRA, **75** 3D
Niquelândia, cid., BRA (GO) **157** 4B
Nis, cid., SER, **77** 4B
Niterói, cid., BRA (RJ), **53** 5E, **110** 4D,
 153 3C
Nitra, cid., ESQ, **79** 4B
Niue, i., est. livre associado NZL, **101** 5H
Nizni Novgorod, cid., RUS, **73** 14D, **83** 3D
Nizni Tagil, cid., RUS, **83** 4-5D
Niznyaya Tunguska, rio, **82** 8-9C
Nobres, cid., BRA (MT), **157** 2B
Nome, cid., Alasca (EUA), **57** 3C
Nonoai, cid., BRA (RS), **155** 2B
Nordhausen, cid., ALE, **79** 2B
Nordhorn, cid., ALE, **79** 1A
Nordvik, cid., RUS, **83** 10B
Norfolk, cid., EUA, **57** 12F
Norfolk, i., AUS, **101** 4D
Norilsk, cid., RUS, **83** 7C, **89** 7B
Normandia, pen., **74** 3D
Norrköping, cid., SUE, **81** 4D
Norte, c., **80** 6A
Norte, c., **148** 6B
Norte, can., **74** 2BC
Norte, i., BRA, **152** enc. Is. Martim Vaz
Norte, mar, **72** 5-7DE
Norte, pta., BRA, **152** enc. I. Trindade
Norte, sa., **156** 2AB
Norton, b., **56** 3C
NORUEGA, **73** 7-11AD, **81** 1-6AD
Noruega, mar, **80** 2B
Noruega, sa., **152** 3B
Norwich, cid., RUN, **75** 4C
Nossa Senhora da Glória, cid., BRA (SE),
 151 3C
Nossa Senhora do Socorro, cid., BRA (SE),
 151 3C
Nottingham, cid., RUN, **75** 3C
Nouadhibou, cid., MUR, **65** 1B
Nouakchott, cap., MUR, **63** 2C, **65** 1C
Nova Andradina, cid., BRA (MS), **157** 3D
Nova Bandeirantes, cid., BRA (MT), **157** 2A
Nova Brasilândia, cid., BRA (MT), **157** 3B
Nova Caledônia, i., poss. FRA, **101** 4D
Nova Canaã, cid., BRA (MT), **157** 2B
Nova Cruz, cid., BRA (RN), **151** 3B
Nova Délhi, cap., IND, **89** 6F, **93** 2B
Nova Escócia, reg., CAN, **56** 13E
Nova Esperança, cid., BRA (PR), **155** 2A
Nova Friburgo, cid., BRA (RJ), **153** 3C
Nova Guiné, i., INS/PNG, **101** 2-3C
Nova Iguaçu, cid., BRA (RJ), **153** 3C
Nova Londrina, cid., BRA (PR), **155** 2A
Nova Olinda do Norte, cid., BRA (AM),
 149 4C
Nova Paraíso, cid., BRA (RR), **149** 3B
Novara, cid., ITA, **77** 1A
Nova Sibéria, i., RUS, **82** 13-14B
Nova Sibéria, is., RUS, **82** 12-14B
Nova Venécia, cid., BRA (ES), **153** 3B
Nova Xavantina, cid., BRA (MT), **157** 3B
Nova York, cid., EUA, **51** 10E, **57** 12E
NOVA ZELÂNDIA, **101** 4IJ

Nova Zelândia, i., NZL, **101** 4DE
Nova Zembla, is., RUS, **72** 16-17A, **73** 16-17A,
 82 4B, **83** 4-5B
Novas Hébridas, is., VAN, **101** 4C
Novgorod, cid., RUS, **83** 2D
Novi Pazar, cid., SER, **77** 4B
Novi Sad, cid., SER, **77** 3A
Novo Aripuanã, cid., BRA (AM), **149** 3D
Novo Cruzeiro, cid., BRA (MG), **153** 3B
Novo Hamburgo, cid., BRA (RS), **155** 2B
Novokuzneck, cid., RUS, **83** 7D, **89** 7C
Novo Paraná, cid., BRA (MT), **157** 2B
Novo Progresso, cid., BRA (PA), **149** 4D
Novosibirsk, cid., RUS, **83** 7D, **89** 7C
Nowgong, cid., IND, **93** 4B
Nowshak, p., **94** IIB
Nowy Sacz, cid., POL, **79** 5B
Núbia, des., **62** 7B, **64** 6B
Nuevo Laredo, cid., MEX, **57** 9-10G
Nuku Alofa, cap., TON, **101** 5I
Nulato, cid., Alasca (EUA), **57** 4C
Nunjiang, cid., CHN, **97** 6A
Nuoro, cid., ITA, **77** 1B
Nuremberg, cid., ALE, **79** 2B
Nyala, cid., SUD, **65** 5C
Ny Alesund, cid., NOR, **81** enc.
 Is. Spitsbergen (SVALBARD)(NOR)
Nyenchen, cad., **96** 2-3B
Nyköbing Falster, cid., DIN, **81** 3E
Nyköping, cid., SUE, **81** 4D

O

Oahu, i., EUA, **56** enc. Ilhas Havaí
Oakland, cid., EUA, **57** 7F
Oaxaca, cid., MEX, **57** 10H
Ob, g., **82** 6BC
Ob, rio, **82** 7D, **88** 7C
Obi, is., INS, **90** 4D
Óbidos, cid., BRA (PA), **53** 4C, **110** 2B,
 149 4C
Óbidos, estr., **148** 4-5C
Ocidental, cord., **52** 2B
Ocidental, cord., **52** 2D
Odense, cid., DIN, **73** 8D, **81** 3D
Oder, rio, **72** 9E, **78** 3A
Odessa, cid., UCR, **73** 12F, **83** 2E
Oeiras, cid., BRA (PI), **151** 2B
Offenbach, cid., ALE, **79** 2B
Ogasawara, is., JAP, **101** 3A
Ogbomosho, cid., NIA, **63** 4D, **65** 3D
Ogooué, rio, **66** 4A
Ohio, rio, **50** 9F, **56** 11F
Ohrid, l., **76** 4B
Oiapoque, b., **148** 5B
Oiapoque, cid., BRA (AP), **53** 4B, **110** 3A,
 149 5B
Oiapoque, rio, **52** 4B, **112** 3A, **148** 5B
Oise, rio, **74** 4D
Ojos del Salado, p., **52** 3E
Okavango, rio, **66** 4C
Okhotsk, cid., RUS, **83** 13D
Okhotsk, mar, **82** 13D, **88** 13-14C
Okinawa, i., JAP, **96** 6C
Oklahoma City, cid., EUA, **57** 10F
Öland, i., SUE, **80** 4D
Olbia, cid., ITA, **77** 1B
Oldenburgo, cid., ALE, **79** 2A
Olenek, rio, **82** 10-11B
Oléron, i., FRA, **74** 3D
Olifants, rio, **66** 6D
Olimpo, p., **76** 4B
Olinda, cid., BRA (PE), **110** 5B, **151** 4B
Oliveira, cid., BRA (MG), **153** 3C
Olomouc, cid., TCH, **79** 4B
Olongapo, cid., FIL, **91** 4B
Olsztyn, cid., POL, **79** 5A
Olt, rio, **76** 4B
OMÃ, **89** 4FG, **95** 7-8DEF

Omã, g., **88** 4F, **94** 8E
Omaha, cid., EUA, **57** 10E
Omdurman, cid., SUD, **63** 7C, **65** 6C
Ometepe, i., NIC, **54** 2D
Omolon, rio, **82** 15C
Omsk, cid., RUS, **83** 6D, **89** 6C
Ondangua, cid., NAM, **63** 5F, **67** 4C
Ondorchaan, cid., MGL, **97** 5A
Onega, l., **72** 13C, **82** 2C
Onitsha, cid., NIA, **65** 3D
Ontário, l., **50** 10E, **56** 12E
Oradea, cid., ROM, **77** 4A
Oran, cid., ARL, **63** 3A, **65** 2A
Orange, c., **52** 4B, **112** 3A, **148** 5B
Orange, rio, **62** 5-6G, **66** 4-5D
Órcades, is., RUN, **74** 3B
Orcades do Sul, is., poss. RUN, **104** 36C
Orchila, i., poss. VEN, **54** 6D, **55** 6D
Orebro, cid., SUE, **81** 4D
Orel, cid., RUS, **83** 2D
Orenburg, cid., RUS, **73** 17E, **83** 4D
Orense, cid., ESP, **75** 2E
Orgãos, sa., **152** 3C
Oriental, cord., **52** 2B
Oriental, cord., **52** 2D
Orinoco, plan., **52** 2-3B
Orinoco, rio, **50** 1I, **52** 3B
Oristano, cid., ITA, **77** 1C
Oriximiná, cid., BRA (PA), **149** 4C
Orlândia, cid., BRA (SP), **153** 2C
Orléans, cid., FRA, **75** 4D
Ormuz, estr., **94** 8D
Örnsköldsvik, cid., SUE, **81** 4C
Orós, aç., **150** 3B
Orós, cid., BRA (CE), **151** 3B
Orsk, cid., RUS, **83** 4D
Ortegal, c., **74** 2E
Ortigueira, cid., BRA (PR), **155** 2A
Oruro, cid., BOL, **53** 3D
Os, cid., QUR, **83** 6E
Osa, pen., **54** 3E
Osaka, cid., JAP, **89** 12E, **97** 7B
Osasco, cid., BRA (SP), **153** 2C
Oshogbo, cid., NIA, **65** 3D
Osijek, cid., CRO, **77** 3A
Oslo, cap., NOR, **73** 8C, **81** 3D
Osnabrück, cid., ALE, **79** 1A
Osório, cid., BRA (RS), **155** 2B
Osorno, cid., CHI, **53** 2G
Ostersund, cid., SUE, **81** 3C
Ostrava, cid., TCH, **79** 4B
Osvaldo Cruz, cid., BRA (SP), **153** 1C
Otranto, can., **76** 3BC
Ottawa, cap., CAN, **51** 10E, **57** 12E
Ouagadougou, cap., BUK, **63** 3C, **65** 2C
Oubangui, rio, **64** 5D
Oujda, cid., MAR, **65** 2A
Oulu, cid., FIN, **81** 6B
Oulu, l., **80** 6C
Oulu, rio, **80** 6C
Ourinhos, cid., BRA (SP), **110** 3D, **153** 2C
Ouro Preto, cid., BRA (MG), **53** 5E, **110** 4D,
 153 3C
Ouro Preto do Oeste, cid., BRA (RO), **149** 3E
Oviedo, cid., ESP, **75** 2E
Oxford, cid., RUN, **75** 3C

P

Paarl, cid., RAS, **67** 4E
Pacaás Novos, sa., **112** 2C, **148** 3E
Pacajá, rio, **148** 5C
Pacaraima, sa., **52** 3B, **112** 2A, **148** 3B
Pacatuba, cid., BRA (CE), **151** 3A
Padang, cid., INS, **91** 2D
Paderborn, cid., ALE, **79** 2B
Padre Paraíso, cid., BRA (MG), **153** 3B
Pádua, cid., ITA, **77** 2A
Paektu-San, p., **96** 6A

Pagai, is., INS, **90** 2D
Pahang, rio, **90** 2C
Päijänne, l., **80** 6C
País de Gales, RUN, **73** 5E, **75** 3C
PAÍSES BAIXOS, **73** 6-7E, **75** 4-5C
Pajeú, rio, **150** 3B
Pakanbaru, cid., INS, **91** 2C
Palau, is., RPA, **101** 2B
PALAU, ver REPÚBLICA DE PALAU
Palawan, i., FIL, **90** 3BC
Palembang, cid., INS, **89** 9I, **91** 2D
Palência, cid., ESP, **75** 3E
Palermo, cid., ITA, **73** 8H, **77** 2C
PALESTINA, **95** 3-4C
Palikir, cap., MIC, **101** 3G
Palk, estr., **92** 3C
Palma, cid., ESP, **73** 6H, **75** 4F
Palma, i., ESP, **64** 1B
Palma, rio, **148** 6E
Palmares, cid., BRA (PL), **151** 3B
Palmares do Sul, cid., BRA (RS), **155** 2C
Palmas, c., **64** 2D
Palmas, cid., BRA (PR), **155** 2B
Palmas, cid., BRA (TO), **51** 13K, **63** 5D,
 110 3C, **149** 6E
Palmeira das Missões, cid., BRA (RS),
 155 2B
Palmeira dos Índios, cid., BRA (AL),
 110 4B, **151** 3B
Palmeirante, cid., BRA (TO), **149** 6D
Palmeiras de Goiás, cid., BRA (GO), **157** 4C
Palmital, cid., BRA (PR), **155** 2A
Palopo, cid., INS, **91** 4D
Palos, c., **74** 3F
Pamir, cad., **82** 6F, **88** 6E
Pampas, plan., **52** 3F
Pamplona, cid., ESP, **75** 3E
PANAMÁ, **51** 10I, **55** 3-4E
Panamá, can., **54** 4E
Panamá, cap., PAN, **51** 10I, **55** 4E
Panamá, g., **52** 2B, **54** 4E
Panamá, ist., **50** 9-10HI, **54** 3-4E
Panay, i., FIL, **90** 4B
Pantanal, plan., **52** 4D, **112** 2C, **156** 2C
Papanduva, cid., BRA (SC), **155** 2B
PAPUA-NOVA GUINÉ, **101** 3H
PAQUISTÃO, **89** 5-6EF, **93** 1-2AB
Pará, est., BRA, **110** 2-3AB, **149** 4-6B-D
Pará, rio, **152** 3C
Paracatu, cid., BRA (MG), **153** 2B
Paracatu, rio, **152** 2B
Pará de Minas, cid., BRA (MG), **153** 3B
Paragominas, cid., BRA (PA), **110** 3B,
 149 6C
Paraguaçu, rio, **150** 2-3C
PARAGUAI, **51** 11-12L, **53** 3-4E
Paraguai, rio, **50** 12K, **52** 4E, **112** 2D,
 156 2CD
Paraíba, est., BRA, **110** 4B, **151** 3B
Paraíba, rio, **150** 3B
Paraíba do Sul, rio, **112** 4D, **152** 2-3C
Paraibuna, repr., **152** 2C
Paraim, rio, **150** 2BC
Paraíso, cid., BRA (RR), **149** 3C
Paramaribo, cap., SUR, **51** 12I, **53** 4B
Paramirim, cid., BRA (BA), **151** 2C
Paramusir, i., RUS, **82** 14D
Paraná, cid., ARG, **53** 3F
Paraná, est., BRA, **110** 3D, **155** 2-3AB
Paraná, p., **154** 3B
Paraná, rio, **50** 12L, **52** 4E, **112** 3D, **152** 1C,
 154 2A, **156** 3D
Paranaguá, b., **154** 3B
Paranaguá, cid., BRA (PR), **53** 5E, **110** 3D,
 155 3B
Paranaíba, cid., BRA (MS), **157** 3C
Paranaíba, rio, **52** 4-5D, **112** 3C, **152** 1-2B,
 156 4C
Paranaíta, cid., BRA (MT), **157** 2A
Paranapanema, rio, **112** 3D, **152** 1-2C,
 154 2A
Paranapiacaba, sa., **152** 2C
Paranatinga, cid., BRA (MT), **157** 3B

194 GEOATLAS ÍNDICE ANALÍTICO

Paranavaí, cid., BRA (PR), **155** 2A
Paraopeba, rio, **152** 3B
Parati, cid., BRA (RJ), **153** 3C
Parauapebas, cid., BRA (PA), **149** 6D
Parauapebas, rio, **148** 6D
Pardo, rio, **150** 2-3D
Pardo, rio, **152** 2C
Pardo, rio, **152** 3B
Pardo, rio, **156** 3D
Parecis, ch., **52** 3-4D, **112** 2C, **148** 3E, **156** 2B
Parepare, cid., INS, **91** 3D
Parima, sa., **52** 3B, **112** 2A, **148** 3B
Parintins, cid., BRA (AM), **110** 2B, **149** 4C
Paris, cap., FRA, **73** 6F, **75** 4D
Parisiense, bac., **74** 4D
Parma, cid., ITA, **77** 2B
Parnaíba, cid., BRA (PI), **53** 5C, **110** 4B, **151** 2A
Parnaíba, rio, **52** 5C, **112** 4B, **150** 1-2AB
Parnaso, p., **72** 10H, **76** 4C
Paru, rio, **52** 4BC, **148** 5B
Páscoa, i., CHI, **50** 7L, **101** 8D
Pascoal, mte., **150** 3D
Pássaro, c., **76** 3C
Passo Fundo, cid., BRA (RS), **53** 4E, **110** 3D, **155** 2B
Passo Real, repr., **154** 2B
Passos, cid., BRA (MG), **153** 2C
Pasto, cid., COL, **53** 2B
Patagônia, des., **50** 10-11N
Patagônia, reg., ARG, **52** 2-3GH
Patan, cid., IND, **93** 2B
Patiala, cid., IND, **93** 2A
Patkai, mtes., **92** 4B
Patna, cid., IND, **93** 3B
Pato Branco, cid., BRA (PR), **110** 3D, **155** 2B
Patos, cid., BRA (PB), **110** 4B, **151** 3B
Patos, lag., **52** 4F, **112** 3E, **154** 2C
Patos de Minas, cid., BRA (MG), **110** 3C, **153** 2B
Patras, cid., GRE, **73** 10H, **77** 4C
Patrocínio, cid., BRA (MG), **153** 2B
Patuca, c., **54** 3C
Patuca, rio, **54** 2-3CD
Pau, cid., FRA, **75** 3E
Pau dos Ferros, cid., BRA (RN), **151** 3B
Paulistana, cid., BRA (PI), **151** 2B
Paulo Afonso, repr., **150** 3B
Paulo Afonso, cid., BRA (BA), **151** 3B
Pavlodar, cid., CAS, **83** 6D
Pawan, rio, **90** 3D
Paysandú, cid., URU, **53** 4F
Paz, rio, **56** 8D
Peabiru, cid., BRA (PR), **155** 2A
Pechora, g., **82** 4C
Pechora, rio, **72** 16B, **82** 4C
Pécs, cid., HUN, **79** 4C
Pedra Azul, cid., BRA (MG), **153** 3B
Pedra da Mina, p., **52** 5E, **112** 3-4D, **152** 3C
Pedras Altas, cox., **154** 2C
Pedreiras, cid., BRA (MA), **110** 4B, **151** 2A
Pedro Afonso, cid., BRA (TO), **149** 6D
Pedro Gomes, cid., BRA (MS), **157** 3C
Pegu, cid., MIN, **93** 4C
Peixe, la., **154** 2C
Peixe, rio, **152** 1C
Peixe, rio, **154** 2B
Peixoto, repr., **152** 2C
Pelada, sa., **148** 6D
Peloponeso, reg., GRE, **76** 4C
Pelotas, cid., BRA (RS), **53** 4F, **110** 3E, **155** 2C
Pelotas, rio, **154** 2B
Pematangsiantar, cid., INS, **91** 1C
Pemba, cid., MOÇ, **67** 7C
Pemba, i., TAN, **66** 6B
Penápolis, cid., BRA (SP), **153** 1C
Peña Prieta, p., **74** 3E
Penas, g., **52** 2G

Penedo, cid., BRA (AL), **151** 3B
Peninos, mtes., **74** 3BC
Penner, rio, **92** 2C
Penza, cid., RUS, **73** 14E, **83** 3D
Penzance, cid., RUN, **75** 2C
Peperiguaçu, rio, **154** 2B
Pequena Inágua, i., BAA, **54** 5B
Pequena Polônia, plto., **78** 4B
Pequenas Antilhas, **50** 11-12H, **54** 6-7CD
Pequenas Ilhas Sonda, is., INS, **90** 3-4D
Pequeno Khingan, mtes., **96** 6A
Pequim, cap., CHN, **89** 10DE, **97** 5B
Perak, rio, **90** 2C
Pereira Barreto, cid., BRA (SP), **153** 1C
Périgueux, cid., FRA, **75** 4D
Perlas, pta., **54** 3D
Perm, cid., RUS, **73** 17D, **83** 4D
Pernambuco, est., BRA, **110** 4B, **151** 2-3B
Pernik, cid., BUL, **77** 4B
Pérouse, estr., **82** 13E, **96** 7-8A
Perpignan, cid., FRA, **75** 4E
Pérsico, g., **88** 4F, **94** 7D
Perth, cid., AUS, **101** 1I
Perth, cid., RUN, **75** 3B
PERU, **51** 10JK, **53** 2CD
Peru-Chile, fos., **52** 2E
Perúgia, cid., ITA, **77** 2B
Pesaro, cid., ITA, **77** 2B
Pescara, cid., ITA, **77** 2B
Peshawar, cid., PAQ, **93** 2A
Pesqueira, cid., BRA (PE), **151** 3B
Petrolândia, cid., BRA (PE), **151** 3B
Petrolina, cid., BRA (PE), **53** 5C, **110** 4B, **151** 2B
Petropavlovski, cid., CAS, **83** 5D
Petropavlovski-Kamchatski, cid., RUS, **83** 14D, **89** 14C
Petrópolis, cid., BRA (RJ), **153** 3C
Petrozavodsk, cid., RUS, **83** 2C
Phanom Dongrak, cad., **90** 2B
Phan Thiet, cid., VTN, **91** 2B
Phetchabun, cad., **90** 2B
Phitsanulok, cid., TAI, **91** 2B
Phnom Penh, cap., CAB, **89** 9G, **91** 2B
Phoenix, cid., EUA, **57** 8F
Phou Bia, p., **90** 2B
Piacenza, cid., ITA, **77** 1A
Piauí, est., BRA, **110** 4B, **151** 1-2B
Piauí, sa., **150** 2B
Pico, i., POR, **74** enc. Arq. Açores
Picos, cid., BRA (PI), **110** 4B, **151** 2B
Pidurutalagala, p., **92** 3D
Pielinen, l., **80** 6C
Pieongyang, cap., RCN, **89** 11E, **97** 6B
Pierre, cid., EUA, **57** 9-10E
Pietermaritzburgo, cid., RAS, **67** 6D
Pietersburgo, cid., RAS, **67** 5D
Pila, cid., POL, **79** 4A
Pilão Arcado, cid., BRA (BA), **151** 2C
Pilão Arcado, rio, **150** 2B
Pilcomayo, rio, **52** 3E
Pilões, sa., **152** 2B
Pimenta Bueno, cid., BRA (RO), **149** 3E
Pimenteiras do Oeste, cid., BRA (RO), **149** 3E
Pinang, cid., MAL, **89** 9H, **91** 2C
Pinar del Rio, cid., CUB, **55** 3B
Pindaré, rio, **150** 1A
Pindaré-Mirim, cid., BRA (MA), **151** 1A
Pindo, cad., **72** 10GH, **76** 4BC
Pine Point, cid., CAN, **57** 8C
Pinerolo, cid., ITA, **77** 1B
Ping, rio, **90** 1B
Pingliang, cid., CHN, **97** 4B
Pinhal, sa., **154** 2B
Pinheiro, cid., BRA (MA), **151** 1A
Pinos, i., CUB, **54** 3B, **55** 3B
Piquiri, rio, **154** 2A
Piquiri, sa., **154** 2A
Piracicaba, cid., BRA (SP), **153** 2C
Piracicaba, rio, **152** 2C

Piracuruca, cid., BRA (PI), **151** 2A
Piraju, cid., BRA (SP), **153** 2C
Pirajuí, cid., BRA (SP), **153** 2C
Piranhas ou Açu, rio, **150** 3B
Piranji, rio, **150** 3A
Pirapora, cid., BRA (MG), **153** 3B
Pirassununga, cid., BRA (SP), **153** 2C
Piratini, rio, **154** 1B
Pireneus, cad., **72** 5-6G, **74** 3-4E
Pireneus, p., **156** 4C
Pireneus, sa., **156** 4C
Pires do Rio, cid., BRA (GO), **110** 3C, **157** 4C
Pireu, cid., GRE, **77** 4C
Pirgos, cid., GRE, **77** 4C
Piripiri, cid., BRA (PI), **151** 2A
Pisa, cid., ITA, **77** 2B
Pitanga, cid., BRA (PR), **155** 2A
Pitcairn, is., poss. RUN, **101** 7D
Pitea, cid., SUE, **81** 5B
Pitesti, cid., ROM, **77** 4B
Pittsburgh, cid., EUA, **57** 11-12E
Plácido de Castro, cid., BRA (AC), **149** 2E
Plasencia, cid., ESP, **75** 2E
Platina, plan., **50** 11-12LM, **52** 3-4EF
Plauen, cid., ALE, **79** 3B
Pleven, cid., BUL, **77** 4B
Pljevlja, cid., MTN, **77** 3B
Ploiesti, cid., ROM, **77** 5B
Plovdiv, cid., BUL, **73** 10G, **77** 4B
Plymouth, cid., RUN, **75** 3C
Plzen, cid., TCH, **79** 3B
Pó, plan., **76** 1-2AB
Pó, rio, **72** 7-8FG, **76** 1-2A
Pobedy, p., **82** 7E, **96** 1-2A
Poconé, cid., BRA (MT), **157** 2C
Poço Redondo, cid., BRA (SE), **151** 3B
Poços de Caldas, cid., BRA (MG), **153** 2C
Podgorica, cap., MTN, **73** 9G, **77** 3B
Pointe-à-Pitre, cid., I. Guadalupe, poss. FRA, **55** 7C
Pointe Noire, cid., CON, **63** 5E, **67** 4B
Poitiers, cid., FRA, **75** 4D
Polinésia, is., **101** 5-6BD
Polinésia Francesa, is., poss. FRA, **101** 6-7HI
Pollino, p., **76** 3C
Polo magnético Norte, **56** 9-10B
Polo magnético Sul, **104** 18-19C
Polonesa, plan., **78** 4-5A
POLÔNIA, **73** 9-10E, **79** 4-5AB
Polo Sul, **104** E
Poltava, cid., UCR, **83** 2E
Pomerânia, g., **78** 3A
Pomerode, cid., BRA (SC), **155** 3B
Pompéu, cid., BRA (MG), **153** 2-3B
Ponce, cid., Porto Rico (EUA), **55** 6C
Ponferrada, cid., ESP, **75** 2E
Ponta Delgada, cid., POR, **75** enc. Arq. Açores
Ponta de Pedras, cid., BRA (PA), **149** 6C
Ponta Grossa, cid., BRA (PR), **53** 4E, **110** 3D, **155** 2B
Ponta Porã, cid., BRA (MS), **110** 2D, **157** 2D
Ponte Branca, cid., BRA (MT), **157** 3C
Ponte Nova, cid., BRA (MG), **153** 3C
Pontes e Lacerda, cid., BRA (MT), **157** 2C
Pontevedra, cid., ESP, **75** 2E
Pontianak, cid., INS, **91** 2D
Pônticos, mtes., **94** 4-5A
Pontinha, c., **150** enc. Fernando de Noronha
Poopó, l., **52** 3D
Popocatépetl, v., **50** 8H, **56** 10H
Porangatu, cid., BRA (GO), **157** 4B
Porbandar, cid., IND, **93** 1B
Porecatu, cid., BRA (PR), **155** 2A
Pori, cid., FIN, **81** 5C
Porteira, cid., BRA (PA), **149** 4C
Portel, cid., BRA (PA), **149** 5C

Port Hedland, cid., AUS, **101** 1H
Portland, cid., EUA, **57** 7E
Port-Louis, cap., MAU, **63** 9G, **67** 8D
Port Moresby, cap., PNG, **101** 3H
Porto, cid., POR, **73** 4G, **75** 2E
Porto Alegre, cid., BRA (RS), **51** 12M, **53** 4E, **110** 3E, **155** 2C
Porto Alegre do Norte, cid., BRA (MT), **157** 3B
Porto Colômbia, repr., **152** 2C
Porto dos Gaúchos, cid., BRA (MT), **157** 2B
Porto Elizabeth, cid., RAS, **63** 6H, **67** 5E
Porto Esperidião, cid., BRA (MT), **157** 2C
Porto Franco, cid., BRA (MA), **151** 1B
Port of Spain, cap., TOB, **51** 11H, **55** 7D
Porto Gentil, cid., GAB, **63** 4E, **67** 3B
Porto Grande, cid., BRA (AP), **149** 5B
Porto Harcourt, cid., NIA, **63** 4D, **65** 3D
Porto Jofre, loc., BRA (MT), **157** 2C
Porto Murtinho, cid., BRA (MS), **157** 2D
Porto Nacional, cid., BRA (TO), **53** 5D, **110** 3C, **149** 6E
Porto Novo, cap., BEN, **63** 4D, **65** 3D
Porto Primavera, repr., **152** 1C, **156** 3D
Porto Príncipe, cap., HAI, **51** 10H, **55** 5C
Porto Rico, est. livre associado EUA, **51** 11H, **55** 6C
Porto Rico, fos., **54** 6C
Porto Rico, i. (PORTO RICO), **54** 6C
Port Said, cid., RAE, **63** 7A, **65** 6A
Porto Seguro, cid., BRA (BA), **151** 3D
Porto Sudão, cid., SUD, **63** 7C, **65** 6C
Porto União, cid., BRA (SC), **155** 2B
Porto Velho, cid., BRA (RO), **51** 11J, **53** 3C, **110** 2B, **149** 3D
Portsmouth, cid., RUN, **75** 3C
PORTUGAL, **73** 4GH, **75** 2EF
Portugueses, ens., BRA, **152** enc. I. Trindade
Port Vila, cap., VAN, **101** 4H
Posse, cid., BRA (GO), **157** 4B
Potenji, rio, **150** 3B
Potenza, cid., ITA, **77** 3B
Poti, rio, **150** 2B
Potosí, cid., BOL, **53** 3D
Potsdam, cid., ALE, **79** 3A
Pouso Alegre, cid., BRA (MG), **153** 2C
Poxoréo, cid., BRA (MT), **157** 3C
Poyang, l., **96** 5C
Poznan, cid., POL, **73** 9E, **79** 4A
Praga, cap., TCH, **73** 8E, **79** 3B
Praia, cap., CBV, **63** 1C, **65** enc. Cabo Verde
Prata, cid., BRA (MG), **153** 2B
Prata, rio, **50** 12M, **52** 4F
Prerov, cid., TCH, **79** 4B
Pres. Dutra, cid., BRA (MA), **151** 2B
Pres. Epitácio, cid., BRA (SP), **153** 1C
Presov, cid., ESQ, **79** 5B
Prespa, l., **76** 4B
Pres. Prudente, cid., BRA (SP), **110** 3D, **153** 1C
Pres. Venceslau, cid., BRA (SP), **153** 1C
Preto, rio, **150** 2C
Preto, rio, **152** 2B
Pretória, ver Tshwane
Prilep, cid., MAN, **77** 4B
Primeira Cruz, cid., BRA (MA), **151** 2A
Príncipe, i., STP, **62** 4D, **64** 3D, **66** 3A
Príncipe da Beira, cid., BRA (RO), **149** 3E
Príncipe de Gales, c., **56** 3C
Príncipe de Gales, i., CAN, **56** 9-10B
Príncipe Eduardo e Marion, is., poss. RAS, **104** 8A
Pripet, rio, **72** 11E, **82** 1D
Pristina, cid., KOS, **77** 4B
Prizren, cid., KOS, **77** 4B
Promissão, repr., **152** 2C
Propriá, cid., BRA (SE), **151** 3B
Providence, cid., EUA, **57** 12E
Providência, i., poss. COL, **54** 3D, **55** 3D
Prudentópolis, cid., BRA (PR), **155** 2B

A grafia dos topônimos brasileiros segue o registro do IBGE. Em alguns casos, em respeito à tradição local, foi mantida a grafia utilizada pelos municípios.
Apresentamos entre parênteses a grafia estabelecida pelo Acordo Ortográfico da Língua Portuguesa (2009) quando houver divergência da adotada pelo IBGE e/ou pela tradição local.

GEOATLAS ÍNDICE ANALÍTICO

Prut, rio, **76** 5A
Prydz, b., **104** 12C
Przemysl, cid., POL, **79** 5B
Pskov, cid., RUS, **83** 1D
Puebla, cid., MEX, **51** 8H, **57** 10H
Puerto Aisén, cid., CHI, **53** 2G
Puerto Armuelles, cid., PAN, **55** 3E
Puerto Ayacucho, cid., VEN, **53** 3B
Puerto Barrios, cid., GUA, **55** 2C
Puerto Cabezas, cid., NIC, **55** 3D
Puerto Casado, cid., PAR, **53** 4E
Puerto Cortés, cid., CRA, **55** 3E
Puerto Cortés, cid., HON, **55** 2C
Puerto de San José, cid., GUA, **55** 1D
Puerto Deseado, cid., ARG, **53** 3G
Puertollano, cid., ESP, **75** 3F
Puerto Montt, cid., CHI, **53** 2G
Puerto Natales, cid., CHI, **53** 2H
Puerto Plata, cid., DOM, **55** 5C
Puerto Santa Cruz, cid., ARG, **53** 3GH
Puerto Suárez, cid., BOL, **53** 4D
Puig Major, p., **74** 4F
Pula, cid., CRO, **77** 2B
Pulog, p., **90** 4B
Pune, cid., IND, **93** 2C
Puno, cid., PER, **53** 2D
Punta Arenas, cid., CHI, **53** 2H
Puntarenas, cid., CRA, **55** 3E
Purus, rio, **52** 3C, **112** 1B, **148** 2-3D
Putorana, plto., **82** 8C
Puttgarden, cid., ALE, **79** 2A
Putumayo, rio, **52** 2C

Qamdo, cid., CHN, **97** 3B
Qargan, rio, **96** 2B
Qasvin, cid., IRA, **95** 7B
Qattara, dep., **62** 6AB, **64** 5AB
Qinghai, l., **96** 3-4B
Qom, cid., IRA, **95** 7C
Quadros, la., **154** 2B
Quarai, cid., BRA (RS), **155** 1C
Quarai, rio, **154** 1C
Quatro Cantões, l., **78** 2C
Quebec, cid., CAN, **51** 10E, **57** 12E
Quelimane, cid., MOÇ, **63** 7F, **67** 6C
QUÊNIA, **63** 7D, **67** 6A
Quênia, mte., **62** 7DE, **66** 6B
Quetta, cid., PAQ, **93** 1A
Quezaltenango, cid., GUA, **55** 1D
Quezon City, cid., FIL, **89** 11G, **91** 4B
Quilimanjaro, mte., **62** 7E, **66** 6B
QUIRGUÍZIA, **83** 6E, **89** 6D
Quirinópolis, cid., BRA (GO), **157** 3C
Quito, cap., EQU, **51** 10J, **53** 2C
Quixadá, cid., BRA (CE), **151** 3AB
Quixeramobim, cid., BRA (CE), **151** 3B
Quixeramobim, rio, **150** 3B

Rabat, cap., MAR, **63** 3A, **65** 2A
Radom, cid., POL, **79** 5B
Radomsko, cid., POL, **79** 4B
Ragusa, cid., ITA, **77** 2C
Rainha Carlota, is., CAN, **56** 6D
Rainha Elizabeth, is., CAN, **56** 8-10B
Rainier, p., **56** 7E
Raipur, cid., IND, **93** 3B
Rajahmundry, cid., IND, **93** 3C
Rajang, rio, **90** 3C
Rajkot, cid., IND, **93** 2B
Rakaposhi, p., **92** 2A
Ramalho, sa., **150** 2C
Rancágua, cid., CHI, **53** 2F

Rancharia, cid., BRA (MT), **157** 3B
Rancharia, cid., BRA (SP), **153** 1C
Ranchi, cid., IND, **93** 3B
Randers, cid., DIN, **81** 3D
Rantekombola, p., **90** 4D
Ras Dashen, mte., **62** 7C, **64** 6C
Rasht, cid., IRA, **95** 6B
Rata, i., BRA, **150** enc. F. Noronha
Ratak, is., MAH, **101** 4B
Raufarhöfn, cid., **81** enc. Islândia
Rauma, cid., FIN, **81** 5C
Ravena, cid., ITA, **77** 2B
Rawalpindi, cid., PAQ, **93** 2A
Rawson, cid., ARG, **53** 3G
Raya, p., **90** 3D
Razgrad, cid., BUL, **77** 5B
Recife, cid., BRA (PE), **51** 14J, **53** 6C, **110** 4-5B, **151** 4B
Recifes da Pedra Grande, l., BRA, **150** 3D
Redenção, cid., BRA (PA), **149** 5D
Red Hong, rio, **90** 2A
Regência, pontal, **152** 4B
Regensburgo, cid., ALE, **79** 3B
Reggio, cid., ITA, **77** 3C
Regina, cid., CAN, **57** 9E
Registro, cid., BRA (SP), **153** 2C
Reikjavik, cap., ISL, **73** 1C, **81** enc. Islândia
Reims, cid., FRA, **75** 4D
Reindeer, l., **56** 9D
REINO UNIDO, **73** 5DE, **75** 3BC
Remanso, cid., BRA (BA), **151** 2B
Remscheid, cid., ALE, **79** 1B
Rennes, cid., FRA, **73** 5F, **75** 3D
Reno, rio, **72** 7E, **74** 5C, **78** 1-2BC
REPÚBLICA CENTRO-AFRICANA, **63** 5-6D, **65** 4-5D
REPÚBLICA DA ÁFRICA DO SUL, **63** 6GH, **67** 5DE
REPÚBLICA DEMOCRÁTICA DO CONGO, **63** 6E, **67** 5B
REPÚBLICA DE PALAU, **101** 2G
REPÚBLICA DOMINICANA, **51** 10-11H, **55** 5-6C
REPÚBLICA TCHECA, **73** 8-9EF, **79** 3-4B
Resende, cid., BRA (RJ), **153** 3C
Resistência, cid., ARG, **53** 4E
Resita, cid., ROM, **77** 4A
Reunião, i., poss. FRA, **66** 8D, **67** 8D
Reus, cid., ESP, **75** 4E
Revillagigedo, is., MEX, **56** 8H
Revolução de Outubro, i., RUS, **82** 8B
Rey, cid., IRA, **95** 7B
Rey, del, i., PAN, **54** 4E
Riad, cap., ARS, **89** 3F, **95** 6E
Ribeira, rio, **154** 3A
Ribeira do Iguape, rio, **152** 2C
Ribeirão Preto, cid., BRA (SP), **53** 5E, **110** 3D, **153** 2C
Richmond, cid., EUA, **51** 10F, **57** 12F
Rift Valley, vale, **64** 6D, **66** 5 6AB
Riga, cap., LET, **73** 10D, **83** 1D
Riga, g., **72** 10D, **82** 1D
Rijeka, cid., CRO, **77** 2A
Rimini, cid., ITA, **77** 2B
Ringvassoy, i., NOR, **80** 4AB
Rinjani, p., **90** 3D
Riobamba, cid., EQU, **53** 2C
Rio Branco, cid., BRA (AC), **51** 11JK, **53** 3CD, **110** 1B, **149** 2D
Rio Branco do Sul, cid., BRA (PR), **155** 3B
Rio Brilhante, cid., BRA (MS), **157** 3D
Rio Claro, cid., BRA (SP), **153** 2C
Rio Cuarto, cid., ARG, **53** 3F
Rio de Janeiro, cid., BRA (RJ), **51** 13L, **53** 5E, **110** 4D, **153** 3C
Rio de Janeiro, est., BRA, **110** 4D, **153** 3C
Rio do Sul, cid., BRA (SC), **155** 3B
Rio Gallegos, cid., ARG, **53** 3H
Rio Grande, cid., BRA (RS), **53** 4F, **110** 3E, **155** 2C
Rio Grande do Norte, est., BRA, **110** 4B, **151** 3B

Rio Grande do Sul, est., BRA, **110** 2-3DE, **155** 1-2BC
Rio Largo, cid., BRA (AL), **151** 3B
Rio Negrinho, cid., BRA (SC), **155** 3B
Rio Negro, cid., BRA (MS), **157** 2C
Rio Negro, cid., BRA (PR), **155** 3B
Rio Pardo, cid., BRA (RS), **155** 2C
Rio Pardo de Minas, cid., BRA (MG), **153** 3B
Rio Verde, cid., BRA (GO), **110** 3C, **157** 3C
Rio Verde de Mato Grosso, cid., BRA (MS), **157** 3C
Rivas, cid., NIC, **55** 2D
Roca, c., **74** 2F
Rocas, atol, BRA, **150** 4A, **150** enc., **151** enc.
Rochosas, monts., **50** 4-7CG, **56** 6-9DF
Rockhampton, cid., AUS, **101** 3I
Ródano, rio, **72** 6G, **74** 4DE, **78** 1C
Rodes, cid., GRE, **77** 5C
Rodes, i., GRE, **72** 11H, **73** 11H, **76** 5D, **77** 5C
Rodez, cid., FRA, **75** 4E
Rodopi, mtes., **76** 4B
Rolândia, cid., BRA (PR), **155** 2A
Rolim de Moura, cid., BRA (RO), **149** 3E
Roma, cap., ITA, **73** 8G, **77** 2B
Roman, cid., ROM, **77** 5A
ROMÊNIA, **73** 10-11F, **77** 4-5A
Roncador, sa., **52** 4CD, **112** 3C, **156** 3B
Rondônia, est., BRA, **110** 2C, **149** 2-3DE
Rondonópolis, cid., BRA (MT), **110** 3C, **157** 3C
Rönne, cid., DIN, **81** 3D
Roosevelt, rio, **156** 1B
Roraima, est., BRA, **110** 2A, **149** 3-4BC
Roraima, p., **52** 3B, **112** 2A, **148** 3A
Rosa, p., **78** 1C
Rosana, repr., **153** 1C, **154** 2A
Rosário, cid., ARG, **51** 11M, **53** 3F
Rosário, cid., BRA (MA), **151** 2A
Rosário do Sul, cid., BRA (RS), **155** 2C
Rosário Oeste, cid., BRA (MT), **157** 2B
Roseau, cap., DOC, **55** 7C
Rosignol, cid., GUI, **53** 4B
Roskilde, cid., DIN, **81** 3D
Ross, banquisa, **104** 22-25E
Ross, mar, **104** 22-24D
Rostock, cid., ALE, **73** 8E, **79** 3A
Rostov-Na-Donu, cid., RUS, **73** 13F, **83** 2E
Roterdã, cid., PBS, **73** 6E, **75** 4C
Roti, i., INS, **90** 4E
Rouen, cid., FRA, **75** 4D
Rovaniemi, cid., FIN, **81** 6B
Rovigo, cid., ITA, **77** 2A
Rovuma, rio, **66** 6C
Ruaha, rio, **66** 6B
RUANDA, **63** 6-7E, **67** 5-6B
Ruapehu, p., **101** 4Q
Rubiataba, cid., BRA (GO), **157** 4C
Rugen, i., ALE, **78** 3A
Ruhr, rio, **78** 1B
Rui Barbosa, cid., BRA (BA), **151** 2C
Rungwe, p., **66** 6B
Rupert House, cid., CAN, **57** 12D
Ruse, cid., BUL, **77** 5B
Russas, cid., BRA (CE), **110** 4B, **151** 3A
RÚSSIA, **73** 12-17BF, **83** 3-9C, **89** 6-11B
Ruwenzori, p., **62** 6D, **66** 5A
Ryazan, cid., RUS, **83** 2-3D
Ryukyu, is., JAP, **96** 6C

S

Saale, rio, **78** 2B
Saara, des., **62** 3-6B, **64** 2-5B
SAARA OCIDENTAL, **63** 2B, **65** 1B
Saarbrücken, cid., ALE, **79** 1B
Saaremaa, i., EST, **82** 1D
Sabará, cid., BRA (MG), **153** 3B
Sabat, rio, **64** 6D

Sable, c., **56** 13E
Sabzevar, cid., IRA, **95** 8B
Sacalina, i., RUS, **83** 13D, **88** 13CD, **89** 13CD
Sacramento, cid., BRA (MG), **153** 2B
Sacramento, cid., EUA, **57** 7F
Säffle, cid., SUE, **81** 3D
Safi, cid., MAR, **63** 3A, **65** 2A
Sagres, cid., POR, **75** 2F
Sagunto, cid., ESP, **75** 3F
Sagya, cid., CHN, **97** 2C
Saharanpur, cid., IND, **93** 2AB
Sahba, rio, **94** 6-7E
Saian, mtes., **82** 7-8D, **88** 8-9C
Saihut, cid., IEM, **95** 7F
Saimaa, l., **80** 6C
Saint-Croix, i., EUA, **54** 7C
Saint-Denis, cid., I. Reunião, poss. FRA, **67** 8D
Saint-Dizier, cid., FRA, **75** 4D
Saint-Étienne, cid., FRA, **75** 4D
Saint George, can., **74** 2C
Saint Georges, cap., GRA, **55** 7D
Saint John, cid., CAN, **57** 13E
Saint John's, cap., ANT, **55** 7C
Saint John's, cid., CAN, **57** 14E
Saint Louis, cid., EUA, **51** 8F, **57** 10F
Saint-Louis, cid., SEN, **65** 1C
Saint-Malo, cid., FRA, **75** 3D
Saint-Malo, g., **74** 3D
Saint-Martin, i., poss. FRA e PBS, **54** 7C, **55** 7C
Saint Paul, cid., EUA, **57** 10E
Saint Pölten, cid., AUT, **79** 3B
Sajama, p., **52** 3D
Sakarya, rio, **94** 3A
Salado, rio, **52** 3E
Salado, rio, **52** 3F
Salalah, cid., OMA, **95** 7F
Salamanca, cid., ESP, **75** 2E
Salekhard, cid., RUS, **83** 5C
Salem, cid., IND, **93** 2C
Salerno, cid., ITA, **77** 2B
Salerno, g., **76** 2B
Salgado, l., **50** 6E, **56** 8E
Salgueiro, cid., BRA (PE), **151** 3B
Salinas, cid., BRA (MG), **153** 3B
Salinópolis, cid., BRA (PA), **149** 6C
Salo, cid., FIN, **81** 5C
SALOMÃO, **101** 3-4H
Salomão, is., SAO, **101** 3-4C
Salonicco, cid., GRE, **73** 10G, **77** 4B
Salonicco, g., **76** 4BC
Salta, cid., ARG, **53** 3E
Salt Lake City, cid., EUA, **51** 6E, **57** 8E
Salto, cid., URU, **51** 12M, **53** 4F
Salto do Céu, cid., BRA (MT), **157** 2C
Salto Osório, repr., **154** 2B
Salto Santiago, repr., **154** 2B
Saluen, rio, **88** 8F, **92** 4B, **96** 3B
Salum, cid., RAE, **65** 5A
Salvador, cid., BRA (BA), **51** 14K, **53** 6D, **110** 4C, **151** 3C
Salzburgo, cid., AUT, **79** 3C
Salzgitter, cid., ALE, **79** 2A
Samar, i., FIL, **90** 4B
Samara, cid., RUS, **73** 16E, **83** 4D
Samarcanda, cid., USB, **83** 5F, **89** 5E
Samarinda, cid., INS, **91** 3D
Samarra, cid., IRQ, **95** 5C
Sambas, cid., INS, **91** 2C
Samoa, i., poss. EUA, **101** 5H
SAMOA OCIDENTAL, **101** 5H
Samoa Ocidental, is., SMO, **101** 5C
Samos, i., GRE, **76** 5C
Samotrácia, i., GRE, **76** 5B
Samsun, cid., TUQ, **95** 4A
San, cid., MLI, **65** 2C
San, rio, **78** 5B
Sana, cap., IEM, **89** 3G, **95** 5F
Sanaga, rio, **64** 4D
San Agustin, c., **90** 4C
San Andrés, i., poss. COL, **54** 3D, **55** 3D
San Antonio, c., **54** 3B

GEOATLAS ÍNDICE ANALÍTICO

San Antonio, cid., EUA, **57** 10G
San Bernardino, cid., EUA, **57** 8F
San Carlos de Bariloche, cid., ARG, **53** 2G
San Cristóbal, cid., VEN, **53** 2B
Sancti Spiritus, cid., CUB, **55** 4B
Sandakan, cid., MAL, **91** 3C
San Diego, cid., EUA, **51** 6F, **57** 8F
Sandnes, cid., NOR, **81** 2D
Sandviken, cid., SUE, **81** 4C
Sandwich do Sul, is., poss. RUN pret. ARG, **104** 2B
Sanga, rio, **66** 4A
Sangihe, is., INS, **90** 4C
Sangue, rio, **156** 2B
San Jose, cid., EUA, **57** 7F
San Juan, cid., Porto Rico (EUA), **51** 11H, **55** 6C
San Juan, cid., ARG, **53** 3F
San Juan, cid., DOM, **55** 5C
San Juan, rio, **54** 3D
San Juan del Norte, b., **54** 3D
Sankuru, rio, **66** 5B
San Luis Potosí, cid., MEX, **57** 9G
SAN MARINO, **73** 8G, **77** 2B
San Miguel de Tucumán (antigo Tucumán), cid., ARG, **51** 11L, **53** 3E
San Rafael, cid., ARG, **53** 3F
San Remo, cid., ITA, **77** 1B
San Salvador, cap., ELS, **51** 9H, **55** 2D
San Sebastián, cid., ESP, **75** 3E
San Severo, cid., ITA, **77** 3B
Santa Ana, cid., ELS, **55** 2D
Santa Bárbara, sa., **156** 2C
Santa Catarina, est., BRA, **110** 3D, **155** 2-3B
Santa Catarina, i., BRA, **52** 5E, **112** 3D, **154** 3B
Santa Clara, cid., CUB, **55** 3-4B
Santa Cruz, i., EQU, **52** enc. Is. Galápagos
Santa Cruz de la Sierra, cid., BOL, **51** 11K, **53** 3D
Santa Cruz de Tenerife, cid., Is. Canárias (ESP), **65** 1B
Santa Cruz do Sul, cid., BRA (RS), **155** 2B
Santa Elena, b., **66** 4E
Santa Elena, c., **54** 2D
Santa Eufêmia, g., **76** 3C
Santa Fé, cid., ARG, **53** 3F
Santa Helena, i., poss. RUN, **62** 3F, **63** 3F, **66** 2C
Santa Helena de Goiás, cid., BRA (GO), **110** 3C, **157** 3C
Santa Inês, i., CHI, **52** 2H
SANTA LÚCIA, **51** 11H, **55** 7D
Santa Lúcia, i., STL, **54** 7D
Santa Maria, c., **62** 8G, **66** 7D
Santa Maria, cid., BRA (RS), **53** 4E, **110** 3D, **155** 2B
Santa Maria, rio, **154** 2C
Santa Maria da Vitória, cid., BRA (BA), **151** 2C
Santa Maria de Leuca, c., **76** 3C
Santa Marta, c., **154** 3B
Santa Marta, cid., COL, **53** 2A
Santana, cid., BRA (BA), **151** 2C
Santana, cox., **154** 1-2C
Santana do Araguaia, cid., BRA (PA), **149** 6D
Santana do Ipanema, cid., BRA (AL), **151** 3B
Santana do Livramento, cid., BRA (RS), **53** 4F, **110** 2E, **155** 1C
Santander, cid., ESP, **75** 3E
Santar, is., RUS, **82** 12D
Santarém, cid., BRA (PA), **53** 4C, **110** 3B, **149** 5C
Santa Rita, cid., BRA (PB), **151** 4B
Santa Rosa, cid., BRA (RS), **155** 2B
Santa Tereza do Tocantins, cid., BRA (TO), **149** 6E
Santa Terezinha, cid., BRA (MT), **157** 3B
Santa Vitória, cid., BRA (MG), **153** 1B

Santa Vitória do Palmar, cid., BRA (RS), **155** 2C
Santiago, cap. adm., CHI, **51** 10M, **53** 2F
Santiago, cid., BRA (RS), **155** 2B
Santiago, cid., DOM, **55** 5C
Santiago, cid., PAN, **55** 3E
Santiago, rio, **56** 9G
Santiago de Cuba, cid., CUB, **55** 4C
Santiago del Estero, cid., ARG, **53** 3E
Santo Agostinho, c., **150** 4B
Santo Amaro, cid., BRA (BA), **151** 3C
Santo Amaro, i., BRA, **152** 2C
Santo André, c., **66** 7C
Santo André, cid., BRA (SP), **153** 2C
Santo Ângelo, cid., BRA (RS), **110** 3D, **155** 2B
Santo Antão, i., **64** enc. Cabo Verde
Santo Antônio, b., BRA, **150** enc. F. Noronha
Santo Antônio, cid., BRA (RO), **149** 3E
Santo Antônio, pta., BRA, **150** enc. F. Noronha
Santo Antônio da Platina, cid., BRA (PR), **155** 2A
Santo Antônio do Içá, cid., BRA (AM), **149** 2C
Santos, cid., BRA (SP), **53** 5E, **110** 3D, **153** 2C
Santos Dumont, cid., BRA (MG), **153** 3C
São Bento, cid., BRA (MA), **151** 2A
São Bernardo do Campo, cid., BRA (SP), **153** 2C
São Borja, cid., BRA (RS), **155** 1B
São Carlos, cid., BRA (SP), **153** 2C
São Carlos, cid., NIC, **55** 3D
São Cristóvão, i., SCN, **54** 7C
SÃO CRISTÓVÃO E NÉVIS, **55** 7C
São Domingo, cap., DOM, **51** 11H, **55** 6C
São Domingos, ch., **152** 3B
São Félix, cid., BRA (PA), **149** 6D
São Félix do Araguaia, cid., BRA (MT), **110** 3C, **157** 3B
São Félix do Xingu, cid., BRA (PA), **53** 4C, **149** 5D
São Fidélis, cid., BRA (RJ), **153** 3C
São Francisco, cid., BRA (MG), **153** 3B
São Francisco, cid., EUA, **51** 5F, **57** 7F
São Francisco, i., BRA, **154** 3B
São Francisco, rio, **50** 13JK, **52** 5D, **112** 4BC, **150** 2-3BC, **152** 2-3B
São Francisco de Assis, cid., BRA (RS), **155** 1B
São Francisco de Macoris, cid., DOM, **55** 5C
São Francisco do Sul, cid., BRA (SC), **155** 3B
São Gabriel, cid., BRA (RS), **155** 2C
São Gabriel da Cachoeira, cid., BRA (AM), **110** 1B, **149** 2C
São Gonçalo, can., **154** 2C
São Gonçalo, cid., BRA (RJ), **153** 3C
São João da Baliza, cid., BRA (RR), **149** 4B
São João da Barra, cid., BRA (RJ), **153** 3C
São João da Boa Vista, cid., BRA (SP), **153** 2C
São João da Ponte, cid., BRA (MG), **153** 3B
São João del-Rei, cid., BRA (MG), **153** 3C
São João do Ivaí, BRA (PR), **155** 2A
São João do Piauí, cid., BRA (PI), **151** 2B
São João dos Patos, cid., BRA (MA), **151** 2B
São Joaquim, cid., BRA (SC), **155** 3B
São Jorge, g., **52** 3G
São Jorge, i., POR, **74** enc. Arq. Açores
São José, cap., CRA, **51** 9HI, **55** 3E
São José, cid., BRA (SC), **155** 3B
São José do Anauá, cid., BRA (RR), **149** 3B
São José do Norte, cid., BRA (RS), **155** 2C
São José do Rio Claro, cid., BRA (MT), **157** 2B
São José do Rio Preto, cid., BRA (SP), **53** 5E, **110** 3D, **153** 2C
São José do Xingu, cid., BRA (MT), **157** 3B

São José dos Campos, cid., BRA (SP), **110** 3D, **153** 2C
São José dos Pinhais, cid., BRA (PR), **155** 3B
São José dos Quatro Marcos, cid., BRA (MT), **157** 2C
São Leopoldo, cid., BRA (RS), **155** 2B
São Lourenço, cid., BRA (MG), **153** 2C
São Lourenço, g., **50** 11E, **56** 13E
São Lourenço, i., EUA, **56** 2-3C, **83** 17C
São Lourenço, rio, **50** 10E, **56** 12E
São Lourenço D'Oeste, cid., BRA (SC), **155** 2B
São Lucas, c., **56** 8-9G
São Luís, cid., BRA (MA), **51** 13J, **53** 5C, **110** 4B, **151** 2A
São Luís, i., BRA, **150** 2A
São Luís de Montes Belos, cid., BRA (GO), **157** 3C
São Luís Gonzaga, cid., BRA (RS), **155** 2B
São Manuel, cid., BRA (SP), **153** 2C
São Marcos, b., **52** 5C, **150** 2A
São Mateus, c., **74** 3D
São Mateus, cid., BRA (ES), **153** 4B
São Mateus, rio, **152** 3B
São Mateus do Sul, cid., BRA (PR), **155** 2B
São Matias, g., **52** 3G
São Miguel, cid., ELS, **55** 2D
São Miguel, i., POR, **74** enc. Arq. Açores
São Miguel do Araguaia, cid., BRA (GO), **157** 3B
São Miguel do Guamá, cid., BRA (PA), **149** 6C
São Miguel D'Oeste, cid., BRA (SC), **155** 2B
São Miguel dos Campos, cid., BRA (AL), **151** 3B
Saône, rio, **74** 4-5D
São Nicolau, i., **64** enc. Cabo Verde
São Paulo, cid., BRA (SP), **51** 13L, **53** 5E, **110** 3D, **153** 2C
São Paulo, est., BRA, **110** 3D, **153** 1-3C
São Paulo de Olivença, cid., BRA (AM), **149** 2C
São Pedro de Macoris, cid., DOM, **55** 6C
São Pedro e São Paulo, arq., BRA, **52** 6B, **150** enc., **151** enc.
São Pedro Sula, cid., HON, **55** 2C
São Petersburgo, cid., RUS, **73** 12D, **83** 2D
São Raimundo Nonato, cid., BRA (PI), **110** 4B, **151** 2B
São Roque, c., **112** 4B, **150** 3B
São Sebastião, can., **152** 2C
São Sebastião, cid., BRA (SP), **153** 2C
São Sebastião, i., BRA, **52** 5E, **112** 3D, **152** 2C
São Sebastião do Paraíso, cid., BRA (MG), **153** 2C
São Simão, repr., **152** 1B, **156** 3C
São Tiago, i., **64** enc. Cabo Verde
São Tomé, c., **112** 4D, **152** 3C
São Tomé, cap., STP, **63** 4D, **67** 3A
São Tomé, i., STP, **62** 4D, **64** 3D, **66** 3A
SÃO TOMÉ E PRÍNCIPE, **63** 4D, **67** 3A
São Vicente, c., **74** 2F
São Vicente, cid., BRA (SP), **153** 2C
São Vicente, i., SVG, **54** 7D
SÃO VICENTE E GRANADINAS, **55** 7D
Sapata, pta., **150** enc. F. Noronha (BRA)
Sapé, cid., BRA (PB), **151** 3B
Sapporo, cid., JAP, **89** 13D, **97** 8A
Sapucai, rio, **152** 2C
Saragoza, cid., ESP, **73** 5G, **75** 3E
Sarajevo, cap., BOH, **73** 9G, **77** 3B
Saransk, cid., RUS, **83** 3D
Saratov, cid., RUS, **73** 15E, **83** 3D
Sardenha, i., ITA, **72** 7GH, **73** 7GH, **76** 1BC, **77** 1BC
Sarh, cid., CHA, **63** 5D, **65** 4D
Sarmática, plan., **72** 12-16CD, **82** 2-4CD
Saskatchewan, rio, **56** 9D
Saskatoon, cid., CAN, **57** 9D

Sassari, cid., ITA, **77** 1B
Satpura, cad., **92** 2-3B
Satu Mare, cid., ROM, **77** 4A
Saudarkrokur, cid., **81** enc. Islândia
Saúde, cid., BRA (BA), **151** 2C
Sault St. Marie, cid., CAN, **57** 11E
Sava, rio, **76** 3AB
Savannah, cid., EUA, **57** 11F
Savona, cid., ITA, **77** 1B
Sawu, i., INS, **90** 4E
Sawu, mar, **90** 4D
Saynshand, cid., MGL, **97** 5A
Schwaner, cad., **90** 3D
Schweinfurt, cid., ALE, **79** 2B
Schwerin, cid., ALE, **79** 2A
Scilly, is., RUN, **74** 2D
Scoresbysund, cid., Groenlândia (DIN), **57** 17B
Scutari, l., **76** 3B
Seabra, cid., BRA (BA), **151** 2C
Seattle, cid., EUA, **51** 5E, **57** 7E
Sebastopol, cid., UCR, **73** 12G, **83** 2E
Sebha, cid., LIB, **63** 5B, **65** 4B
Segou, cid., MLI, **65** 2C
Segóvia, cid., ESP, **75** 3E
Seinäjoki, cid., FIN, **81** 5C
Seixas, pta., **112** 5B, **150** 4B
Sekondi-Takoradi, cid., GAN, **65** 2D
Selatan, c., **90** 3D
Selenge, rio, **96** 4A
Selfoss, cid., **81** enc. Islândia
Selihov, g., **82** 14C
Semara, cid., SOC, **65** 1B
Semarang, cid., INS, **91** 3D
Semeru, p., **90** 3D
Semipalatinsk, cid., CAS, **83** 7D
Semnan, cid., IRA, **95** 7B
Sena, rio, **72** 6F, **74** 4D
Senador Pompeu, cid., BRA (CE), **151** 3B
Sena Madureira, cid., BRA (AC), **53** 3C, **149** 2D
Sendai, cid., JAP, **97** 8B
SENEGAL, **63** 2C, **65** 1C
Senegal, rio, **62** 2C, **64** 1C
Senhor do Bonfim, cid., BRA (BA), **110** 4C, **151** 2C
Senja, i., NOR, **80** 4B
Seram, i., INS, **90** 4D, **91** 4-5D
Seram, mar, **90** 4D
Serang, cid., INS, **91** 2D
Seremban, cid., MAL, **91** 2C
Sergipe, est., BRA, **110** 4C, **151** 3BC
Serov, cid., RUS, **83** 5D
Serowe, cid., BOT, **63** 6G, **67** 5D
Serra da Mesa, repr., **156** 4B
Serra do Navio, cid., BRA (AP), **149** 5B
Sérrai, cid., GRE, **77** 4B
SERRA LEOA, **63** 2D, **65** 1D
Serra Pelada, loc., BRA (PA), **149** 6D
Serra Talhada, cid., BRA (PE), **151** 3B
Serrinha, cid., BRA (BA), **151** 3C
SÉRVIA, **73** 10G, **77** 4B
Sete Lagoas, cid., BRA (MG), **153** 3B
Sete Quedas, i., BRA, **154** 2A
Setúbal, cid., POR, **75** 2F
Seul, cap., RCS, **89** 11E, **97** 6B
Sevannakhet, cid., LAO, **91** 2B
Severn, rio, **56** 10-11D
Severn, rio, **74** 3C
Severodvinsk, cid., RUS, **83** 2C
Sevilha, cid., ESP, **73** 4H, **75** 2F
SEYCHELLES, **63** 8-9E, **67** 8B
Seychelles, is., SEY, **62** 8-9E, **66** 8BC
Seydisfjördur, cid., **81** enc. Islândia
Seyhan, rio, **94** 4B
Sfax, cid., TUN, **63** 5A, **65** 4A
Shache, cid., CHN, **97** 1B
Shannon, rio, **74** 2C
Shantou, cid., CHN, **97** 5C
Shantung, pen., **96** 6B

A grafia dos topônimos brasileiros segue o registro do IBGE. Em alguns casos, em respeito à tradição local, foi mantida a grafia utilizada pelos municípios.
Apresentamos entre parênteses a grafia estabelecida pelo Acordo Ortográfico da Língua Portuguesa (2009) quando houver divergência da adotada pelo IBGE e/ou pela tradição local.

GEOATLAS ÍNDICE ANALÍTICO 197

Shaoguan, cid., CHN, **97** 5C
Shaoyang, cid., CHN, **97** 5C
Shebele, rio, **62** 8D, **64** 7D
Sheffield, cid., RUN, **75** 3C
Shenyang, cid., CHN, **89** 11D, **97** 6A
Shenzhen, cid., CHN, **97** 5C
Shetland, is., RUN, **72** 5C, **73** 5C, **74** 3A
Shijiazhuang, cid., CHN, **97** 5B
Shikoku, i., JAP, **96** 7B
Shimoga, cid., IND, **93** 2C
Shiraz, cid., IRA, **95** 7D
Shkodër, cid., ALB, **77** 3B
Sholapur, cid., IND, **93** 2C
Sian, cid., CHN, **89** 9E, **97** 4B
Sião, g., **88** 9GH, **90** 2BC
Sibenik, cid., CRO, **77** 3B
Sibéria, plan., **88** 5 7C, **89** 6-7B
Sibéria Oriental, mar, **82** 15D, **89** 14-15A
Siberut, i., INS, **90** 1D
Sibiu, cid., ROM, **77** 4A
Sibu, cid., MAL, **91** 3C
Sicília, estr., **76** 2C
Sicília, i., ITA, **72** 8H, **73** 8H, **76** 2C, **77** 2C
Sidley, mte., **104** 28D
Sidra, g., **64** 4A
Sidrolândia, cid., BRA (MS), **157** 2D
Siedlce, cid., POL, **79** 5A
Siegen, cid., ALE, **79** 1B
Siena, cid., ITA, **77** 2B
Siglufjördur, cid., **81** enc. Islândia
Siguiri, cid., GUN, **65** 2C
Sikhote Alin, mtes., **82** 12E
Sikiang, rio, **88** 9-10F, **96** 5C
Siliguri, cid., IND, **93** 3B
Silistra, cid., BUL, **77** 5B
Silkeborg, cid., DIN, **81** 2D
Simeulue, i., INS, **90** 1C
Simplício Mendes, cid., BRA (PI), **151** 2B
Sinai, mte., **94** 3D
Sinai, pen., **94** 3CD
Sincorá, sa., **150** 2C
Sinop, cid., BRA (MT), **110** 2C, **157** 2B
Sinos, rio, **154** 2B
Sintang, cid., INS, **91** 3CD
Siping, cid., CHN, **97** 6A
Siqueira Campos, cid., BRA (PR), **155** 3A
Siracusa, cid., ITA, **77** 3C
Siret, rio, **76** 5A
SÍRIA, **89** 2-3E, **95** 4-5BC
Síria, des., **94** 4C
Sitapur, cid., IND, **93** 3B
Sítio D'Abadia, cid., BRA (GO), **157** 4B
Sítio Novo do Tocantins, cid., BRA (TO), **149** 6D
Sitka, cid., Alasca (EUA), **57** 6D
Sittwe, cid., MIN, **93** 4B
Sivas, cid., TUQ, **95** 4B
Sjaelland, i., DIN, **80** 3D
Skagerrak, estr., **80** 2D
Skellefte, rio, **72** 9C, **80** 4B
Skelleftea, cid., SUE, **81** 5C
Skien, cid., NOR, **81** 2D
Skiros, i., GRE, **76** 4C
Skjálfand á Fljót, rio, **80** enc. Islândia
Skopje, cap., MAN, **73** 10G, **77** 4B
Skövde, cid., SUE, **81** 3D
Skovorodino, cid., RUS, **83** 11D
Skye, i., RUN, **74** 2B
Sligo, cid., IRL, **75** 2C
Sliven, cid., BUL, **77** 5B
Smederevo, cid., SER, **77** 4B
Snake, rio, **56** 8E
Snezka, p., **78** 3B
Sniardwy, l., **78** 5A
Snohetta, p., **80** 2C
Sobradinho, cid., BRA (RS), **155** 2B
Sobradinho, repr., **52** 5C, **150** 2BC
Sobral, cid., BRA (CE), **53** 5C, **110** 4B, **151** 2A
Socotra, i., IEM, **62** 9C, **63** 9C, **64** 8C
Sodankylä, cid., FIN, **81** 6B
Söderhamn, cid., SUE, **81** 4C
Södertälje, cid., SUE, **81** 4D

Sofala, b., **66** 6CD
Sófia, cap., BUL, **73** 10G, **77** 4B
Sogne, fd., **80** 2C
Sokodé, cid., TOG, **65** 3D
Sokoto, cid., NIA, **65** 3C
Sol, p., **152** 3C
Soledade, cid., BRA (RS), **155** 2B
Solimões, rio, **50** 11J, **52** 3C, **112** 2B, **148** 2-3C
Solleftea, cid., SUE, **81** 4C
SOMÁLIA, **63** 8D, **65** 7D
Somália, b., **62** 8E, **66** 7B
Somália, pen., **62** 8-9CD, **64** 7-8CD
Sombor, cid., SER, **77** 3A
Somme, rio, **74** 4CD
Son, rio, **92** 3B
Sonda, estr., **90** 2D
Sonda, ver Pequenas Ilhas Sonda e Grandes Ilhas Sonda
Songhua, rio, **96** 6A
Songkhla, cid., TAI, **91** 2C
Sono, rio, **148** 6DE
Sonsonate, cid., ELS, **55** 2D
Soria, cid., ESP, **75** 3E
Sorocaba, cid., BRA (SP), **53** 5E, **110** 3D, **153** 2C
Soroy, i., NOR, **80** 5A
Sorriso, cid., BRA (MT), **157** 2B
Soure, cid., BRA (PA), **149** 6C
Sousa, cid., BRA (PB), **151** 3B
Southampton, cid., RUN, **75** 3C
Southampton, i., CAN, **56** 11C
Southport, cid., AUS, **101** 3I
Sovetskaya Gavan, cid., RUS, **83** 12-13E
Spanish Town, cid., JAM, **55** 4C
Spartivento, c., **76** 3C
Spitsbergen, is., NOR, **80** enc., **83** 1B
Spitsbergen Ocidental, i., NOR, **80** enc. Is. Spitsbergen
Split, cid., CRO, **77** 3B
Spokane, cid., EUA, **57** 8E
Spurn, c., **74** 4C
Squillace, g., **76** 3C
Sredinny, mtes., **82** 14-15D
SRI LANKA, **89** 7H, **93** 3D
Srinagar, cid., IND, **93** 2A
Stad, c., **80** 2C
Stade, cid., ALE, **79** 2A
Stanley, cid., Is. Falkland, RUN, pret. ARG, **53** 4H
Stann Creek, cid., BLZ, **55** 2C
Stanovoi, mtes., **82** 11D, **88** 11-12C
Stara Zagora, cid., BUL, **77** 5B
Stargard, cid., POL, **79** 3A
Stavanger, cid., NOR, **73** 7D, **81** 2D
Steinkjer, cid., NOR, **81** 3C
Steyr, cid., AUT, **79** 3B
Stirling, cid., AUS, **101** 1I
Stoke, cid., RUN, **75** 3C
Stora Lulevatten, l., **80** 4B
Storuman, cid., SUE, **81** 4B
Stralsund, cid., ALE, **79** 3A
Strömsund, cid., SUE, **81** 4C
Struma, rio, **76** 4B
Stuttgart, cid., ALE, **73** 7F, **79** 2B
Subotica, cid., SER, **77** 3A
Suceava, cid., ROM, **77** 5A
Sucre, cap. legal, BOL, **51** 11K, **53** 3D
Sucunduri, cid., BRA (AM), **149** 4D
Sucuriú, rio, **156** 3C
SUDÃO, **63** 6-7BC, **65** 5-6BC
SUDÃO DO SUL, **63** 6-7D, **65** 5-6CD
Sudetos, mtes., **78** 4B
Sueca, plan., **80** 4-5BC
SUÉCIA, **73** 8-10BD, **81** 3-5BD
Suez, can., **62** 7A, **64** 6A, **88** 2EF, **94** 3C
Suez, cid., RAE, **63** 7B, **65** 6A
Suez, g., **64** 6B, **94** 3D
Suhe Bator, cid., MGL, **89** 9D, **97** 4A
Suhl, cid., ALE, **79** 2B
SUÍÇA, **73** 7F, **79** 1-2C
Suining, cid., CHN, **97** 4B
Suir, rio, **74** 2C

Sukhona, rio, **72** 14C, **82** 3C
Sukkur, cid., PAQ, **93** 1B
Sul, i., BRA, **152** enc. Is. Martim Vaz
Sul, pta., BRA, **152** enc. I. Trindade
Sula, is., INS, **90** 4D
Sulaiman, cad., **92** 1-2AB
Sulawesi, i., INS, **88** 10-11I, **90** 3-4D
Sulu, arq., FIL, **90** 4C
Sulu, mar, **90** 3-4C
Sumatra, i., INS, **88** 8-9HI, **89** 8-9HI, **90** 1-2CD
Sumba, i., INS, **90** 3-4DE
Sumbawa, i., INS, **90** 3D
Sunderland, cid., RUN, **75** 3C
Sundsvall, cid., SUE, **81** 4C
Suntar, cid., RUS, **83** 10C
Superior, l., **50** 9E, **56** 10-11E
Sur, cid., OMA, **95** 8E
Surabaia, cid., INS, **89** 10I, **91** 3D
Surakarta, cid., INS, **91** 3D
Surat, cid., IND, **93** 2B
Surat Thani, cid., TAI, **91** 1C
SURINAME, **51** 12I, **53** 4B
Sutlej, rio, **92** 2A
Suva, cap., FJI, **101** 4H
Suzhou, cid., CHN, **97** 6B
Svalbard (Spitsbergen), is., NOR, **80** enc., **81** enc.
Svendborg, cid., DIN, **81** 3D
Svobodny, cid., RUS, **83** 11D
Swakopmund, cid., NAM, **67** 4D
Swansea, cid., RUN, **75** 3C
Sydney, cid., AUS, **101** 3I
Syktyvkar, cid., RUS, **83** 4C
Syr Daria, rio, **82** 5E, **88** 5D
Syzran, cid., RUS, **83** 3D
Szczecin, cid., POL, **79** 3A
Szczecinek, cid., POL, **79** 4A
Szeged, cid., HUN, **73** 10F, **79** 5C
Szombathely, cid., HUN, **79** 4C

T

Tabatinga, cid., BRA (AM), **110** 1B, **149** 2C
Tabatinga, sa., **150** 2C
Tabora, cid., TAN, **67** 6B
Tabou, cid., CMA, **65** 2D
Tabriz, cid., IRA, **89** 3E, **95** 6B
Tabuk, cid., ARS, **95** 4D
Tabuleiro, sa., **152** 2C
Tacna, cid., PER, **53** 2D
Tacoma, cid., EUA, **57** 7E
Tademait, plto., **62** 4B, **64** 3B
Tahat, p., **64** 3B
Tahiti, is., poss. FRA, **101** 6C
Tahoua, cid., NIG, **65** 3C
Tai, l., **96** 5-6B
Taichung, cid., TAW, **97** 6C
Taihang, mtes., **96** 5B
TAILÂNDIA, **89** 8-9G, **91** 2B
Taimir, l., **82** 9B
Taimir, pen., **82** 8-9B, **88** 8-9A
Tainan, cid., TAW, **97** 6C
Taió, cid., BRA (SC), **155** 3B
Taipé, cap., TAW, **89** 11F, **97** 6C
Taitao, pen., **52** 2G
TAIWAN (Rep. da China Nac.), **89** 11F, **97** 6C
Taiyuan, cid., CHN, **89** 10E, **97** 5B
Taizhou, cid., CHN, **97** 6B
TAJIQUISTÃO, **83** 5-6F, **89** 6E
Tajumulco, v., **54** 1C
Takla Makan, des., **88** 7E, **96** 2AB
Talamanca, cord., **54** 3E
Talaud, is., INS, **90** 4C
Talca, cid., CHI, **53** 2F
Taliang, mtes., **96** 4C
Tallin, cap., EST, **73** 10D, **83** 1D
Talo, p., **64** 6C

Taltal, cid., CHI, **53** 2E
Tamale, cid., GAN, **65** 2D
Tamanrasset, cid., ARL, **63** 4B, **65** 3B
Tamatave, cid., MAD, **63** 8F, **67** 7C
Tambacounda, cid., SEN, **65** 1C
Tambov, cid., RUS, **83** 3D
Tâmisa, rio, **74** 3C
Tampa, cid., EUA, **57** 11G
Tampere, cid., FIN, **73** 10C, **81** 5C
Tampico, cid., MEX, **51** 8G, **57** 10G
Tana, cid., NOR, **81** 6A
Tana, l., **64** 6C
Tana, rio, **66** 6B
Tana, rio, **80** 6B
Tánaro, rio, **76** 1B
Tanga, cid., TAN, **67** 6B
Tanganica, l., **62** 6-7E, **66** 5-6B
Tangará da Serra, cid., BRA (MT), **157** 2B
Tânger, cid., MAR, **63** 3A, **65** 2A
Tanggula, mtes., **96** 2 3B
Tangshan, cid., CHN, **97** 5B
Tanimbar, is., INS, **90** 5D
Tanta, cid., RAE, **65** 6A
TANZÂNIA, **63** 7E, **67** 6B
Tapajós, rio, **50** 12J, **52** 4C, **112** 2B, **148** 4CD
Tapará, sa., **148** 5C
Tapa Shan, cad., **96** 4-5B
Tapauá, cid., BRA (AM), **149** 3D
Tapauá, rio, **148** 2D
Tapirapecó, sa., **148** 3B
Taquara, pta., **154** 3B
Taquari, rio, **154** 2B
Taquari, rio, **156** 2C
Tarbagatai, mtes., **82** 7E
Tarento, cid., ITA, **77** 3B
Tarento, g., **76** 3BC
Tarim, rio, **96** 2A
Tarnow, cid., POL, **79** 5B
Tarragona, cid., ESP, **75** 4E
Tartária, estr., **82** 13D
Tasikmalaya, cid., INS, **91** 2D
Taskent, cap., USB, **83** 5E, **89** 5D
Tasmânia, i., AUS, **101** 3E
Tasmânia, mar, **101** 3-4DE
Tassili, mtes., **64** 3B
Tasso Fragoso, cid., BRA (MA), **151** 1B
Tatuí, cid., BRA (SP), **153** 2C
Tauá, cid., BRA (CE), **151** 2B
Taubaté, cid., BRA (SP), **153** 2C
Taurus, cad., **88** 2E, **94** 3B
Tavda, rio, **82** 5D
Tavoy, cid., MIN, **93** 4C
Tayshet, cid., RUS, **83** 8D
Taz, rio, **82** 7C
Tbilisi, cap., GEO, **73** 14G, **83** 3E
Tchukotsk, cad., **82** 16C
Tchukotsk, mar, **82** 17BC
Teerã, cap., IRA, **89** 4E, **95** 7B
Tefé, cid., BRA (AM), **110** 2B, **149** 3C
Tegucigalpa, cap., HON, **51** 9H, **55** 2D
Tehuantepec, ist., **56** 10H
Tejo, rio, **72** 4-5H, **74** 2F
Tekirdag, cid., TUQ, **77** 5B
Telavive, cap. oficial, ISR, **89** 2E, **95** 3C
Telêmaco Borba, cid., BRA (PR), **155** 2A
Teles Pires, rio, **148** 4D, **156** 2B
Telukbetung, cid., INS, **91** 2D
Temuco, cid., CHI, **53** 2F
Tenerife, i., poss. ESP, **64** 1B
Tennessee, rio, **56** 11F
Teodoro Sampaio, cid., BRA (SP), **153** 1C
Teófilo Otoni, cid., BRA (MG), **110** 4C, **153** 3B
Teramo, cid., ITA, **77** 2B
Terceira, i., POR, **74** enc. Arq. Açores
Terenos, cid., BRA (MS), **157** 3D
Teresina, cid., BRA (PI), **51** 13J, **53** 5C, **110** 4B, **151** 2B
Teresópolis, cid., BRA (RJ), **153** 3C
Terni, cid., ITA, **77** 2B
Terra de Arnhem, reg., AUS, **101** 2C

GEOATLAS ÍNDICE ANALÍTICO

Terra de Baffin, reg., CAN, **50** 10-11C, **56** 11-13BC
Terra de Ellesmere, reg., CAN, **56** 11-12AB
Terra de Francisco José, is., RUS, **82** 3-4A
Terra de Tasman, reg., AUS, **101** 2C
Terra do Fogo, reg., CHI e ARG, **50** 11O, **52** 3H, **53** 3H, **104** 34B
Terra do Nordeste, i., NOR, **80** enc. Is. Spitsbergen
Terra do Norte, is., **82** 8-9AB, **88** 9A
Terra Enderby, reg., poss. AUS, **104** 9-10D
Terra Graham, reg., poss. RUN, **104** 33-34C
Terra Marie Byrd, reg., poss. EUA, **104** 29-30DE
Terra Nova, reg., CAN, **50** 12E, **56** 14E, **57** 14E
Terra Nova do Norte, cid., BRA (MT), **157** 2B
Terra Rainha Maud, reg., poss. NOR, **104** 5-7D
Terra Vitória, reg., poss. AUS, **104** 19-20D
Terra Wilkes, reg., poss. AUS, **104** 16-17D
Terras Baixas do Chade, **64** 4C
Teruel, cid., ESP, **75** 3E
Tetuán, cid., MAR, **65** 2A
Teulada, c., **76** 1C
Thabana Ntlenyana, mte., **62** 6G, **66** 5D
Thanjavur, cid., IND, **93** 2C
Thar, des., **92** 2B
Thasos, i., GRE, **76** 4B
Thiès, cid., SEN, **65** 1C
Thimphu, cap., BUT, **89** 7F, **93** 3B
Thjörsá, rio, **80** enc. Islândia
Thule, cid., Groenlândia (DIN), **57** 13B
Thun, cid., SUI, **79** 1C
Thunder Bay, cid., CAN, **57** 11E
Thurso, cid., RUN, **75** 3B
Thurston, i., poss. EUA, **104** 30-31D
Tian Shan, cad., **82** 6-7E, **88** 6-7D, **96** 2A
Tibaji, rio, **154** 2A
Tibesti, mtes., **62** 5B, **64** 4B
Tibete, plto., **88** 7E, **96** 2B
Tibre, rio, **72** 8G, **76** 2B
Tientsin, cid., CHN, **89** 10E, **97** 5B
Tietê, rio, **52** 4-5E, **112** 3D, **152** 1C
Tigre, rio, **88** 3E, **94** 5B
Tijuana, cid., MEX, **57** 8F
Tijucas, cid., BRA (SC), **155** 3B
Tijuco, rio, **152** 2B
Tiksi, cid., RUS, **83** 11B
Timbaúba, cid., BRA (PE), **151** 3B
Timisoara, cid., ROM, **77** 4A
Timor, i., INS, **88** 11I, **90** 4D
Timor, mar, **90** 4DE, **101** 1-2C
TIMOR-LESTE, **89** 11I, **91** 4D
Timóteo, cid., BRA (MG), **153** 3B
Tiracambu, sa., **150** 1A
Tirana, cap., ALB, **73** 9-10G, **77** 3B
Tîrgu Jiu, cid., ROM, **77** 4A
Tîrgu Mures, cid., ROM, **77** 4A
Tirreno, mar, **72** 8GH, **76** 2BC
Tiruchchirappalli, cid., IND, **93** 2C
Tirunelveli, cid., IND, **93** 2D
Tisa, rio, **76** 4A, **78** 5C
Titicaca, l., **50** 11K, **52** 3D
Titov Veles, cid., MAN, **77** 4B
Tivoli, cid., ITA, **77** 2B
Toba, l., **90** 1C
Toba Kakar, cad., **92** 1A
Tobago, i., TOB, **52** 3-4A, **54** 7D
Tobias Barreto, cid., BRA (SE), **151** 3C
Tobol, rio, **82** 5D, **88** 5C
Tocantinópolis, cid., BRA (TO), **110** 3B, **149** 6D
Tocantins, est., BRA, **110** 3BC, **149** 6DE
Tocantins, rio, **50** 13J, **52** 5C, **112** 3B, **148** 6CE, **150** 1B, **156** 4B
Todos-os-Santos, b., **52** 6D, **150** 3C
TOGO, **63** 4D, **65** 3D
Tokelau, is., poss. NZL, **101** 5H
Toledo, cid., BRA (PR), **155** 2A

Toledo, cid., ESP, **75** 3F
Tolima, v., **52** 2B
Tombador, sa., **156** 2B
Tombouctou, cid., MLI, **63** 3C, **65** 2C
Tomelloso, cid., ESP, **75** 3F
Tomsk, cid., RUS, **83** 7D, **89** 7C
TONGA, **101** 5HI
Tonga, fos., **101** 5CD
Tonga, is. TON, **101** 5CD
Tongtian, rio, **96** 3B
Tonkin, g., **88** 9-10G, **90** 2-3AB, **96** 4CD
Tonle Sap, l., **90** 2B
Tóquio, cap., JAP, **89** 12-13E, **97** 7-8B
Toronto, cid., CAN, **51** 10E, **57** 12E
Torreón, cid., MEX, **57** 9G
Torres, cid., BRA (RS), **155** 3B
Torres, estr., **101** 2-3C
Tortosa, c., **74** 4E
Tortosa, cid., ESP, **75** 4E
Tortuga, i., HAI, **54** 5B
Torun, cid., POL, **79** 4A
Toubkal, mte., **62** 3A, **64** 2A
Toulon, cid., FRA, **75** 5E
Toulouse, cid., FRA, **73** 6G, **75** 4E
Tours, cid., FRA, **75** 4D
Toussidé, p., **64** 4B
Trabzon, cid., TUQ, **95** 4A
Tralee, cid., IRL, **75** 2C
Tramandai, cid., BRA (RS), **155** 2B
Trapani, cid., ITA, **77** 2C
Trento, cid., ITA, **77** 2A
Três Corações, cid., BRA (MG), **153** 2C
Três de Maio, cid., BRA (RS), **155** 2B
Três Irmãos, repr., **152** 1C
Três Lagoas, cid., BRA (MS), **157** 3D
Três Marias, cid., BRA (MG), **153** 2B
Três Marias, repr., **152** 2B
Três Passos, cid., BRA (RS), **155** 2B
Três Pontas, c., **52** 3G
Três Pontas, c., **64** 2D
Três Rios, cid., BRA (RJ), **153** 3C
Treviso, cid., ITA, **77** 2A
Trier, cid., ALE, **79** 1B
Trieste, cid., ITA, **77** 2A
Trikala, cid., GRE, **77** 4C
Trincomalee, cid., SRI, **93** 3D
Trindade, i., BRA, **52** 6E, **53** 7E, **152** enc.
Trindade, p., BRA, **152** enc. I. Trindade
Trinidad, i., TOB, **50** 11H, **54** 7D
TRINIDAD E TOBAGO, **51** 11H, **55** 7D
31 de Março, p., **52** 3B, **112** 1A, **148** 2B
Trípoli, cap., LIB, **63** 5A, **65** 4A
Trípoli, cid., LBN, **95** 4C
Trípolis, cid., GRE, **77** 4C
Tristão da Cunha, i., poss. RUN, **66** 1E, **67** 1E
Trivandrum, cid., IND, **93** 2D
Trois-Rivières, cid., CAN, **57** 12E
Trollhättan, cid., SUE, **81** 3D
Trombetas, rio, **148** 4C
Tromso, cid., NOR, **81** 4B
Tronador, p., **52** 2G
Trondheim, cid., NOR, **73** 8C, **81** 3C
Trondheim, fd., **80** 3C
Tropeiros, sa., **152** 2-3AB
Troyes, cid., FRA, **75** 4D
Trujillo, cid., HON, **55** 2C
Trujillo, cid., PER, **51** 10J, **53** 2C
Truk, is., MIC, **101** 3B
Truro, cid., RUN, **75** 2-3C
Tsaidam, bac., **96** 3B
Tshuapa, rio, **66** 5B
Tshwane (Pretória), cap. administrativa, RAS, **63** 6G, **67** 5D
Tsingtao, cid., CHN, **97** 6B
Tsin Ling, cad., **96** 4-5B
Tsitsihar, cid., CHN, **97** 6A
Tuamotu, is., poss. FRA, **101** 6-7C
Tubarão, cid., BRA (SC), **110** 3D, **155** 3B
Tubarão, rio, **154** 3B
Tucson, cid., EUA, **57** 8F

Tucurui, cid., BRA (PA) **53** 5C, **110** 3B, **149** 6C
Tucurui, repr., **148** 6C
Tula, cid., RUS, **73** 13E, **83** 2D
Tulcea, cid., ROM, **77** 5A
Tulear, cid., MAD, **67** 7D
Tulsa, cid., EUA, **57** 10F
Tumaco, cid., COL, **53** 2B
Tumucumaque, sa., **52** 4B, **112** 2-3A, **148** 4-5B
Túnel, pta., BRA, **152** enc. I. Trindade
Tungting, l., **96** 5C
Túnis, cap., TUN, **63** 5A, **65** 4A
TUNÍSIA, **63** 4A, **65** 3-4A
Tupã, cid., BRA (SP), **153** 1C
Tupaciguara, cid., BRA (MG), **153** 2B
Tupanciretã, cid., BRA (RS), **155** 2B
Tupinambaranas, i., BRA, **148** 4C
Turaniana, plan., **82** 4-5E
TURCOMENISTÃO, **83** 4-5EF, **89** 4-5DE
Turiaçu, b., **150** 1A
Turiaçu, cid., BRA (MA), **151** 1A
Turim, cid., ITA, **73** 7F, **77** 1A
Turingia, mtes., **78** 2B
Turkana, l., **62** 7D, **64** 6D, **66** 6A
Turks, is., poss. RUN, **54** 5B, **55** 5B
Turku, cid., FIN, **73** 10C, **81** 5C
Turneffe, i., BEL, **54** 2C
Turnu-Magurele, cid., ROM, **77** 4-5B
Turpan, cid., CHN, **97** 2A
Turpan, dep., **96** 2-3A
TURQUIA, **73** 11G, **77** 5B, **89** 1-3DE, **95** 2-5AB
Turquino, p., **54** 4B
Turukhansk, cid., RUS, **83** 7C
Turvo, rio, **152** 2C
Tutoia, cid., BRA (MA), **151** 2A
TUVALU, **101** 4-5H
Tuz, l., **94** 3B
Tweed, rio, **74** 3B
Tyumen, cid., RUS, **83** 5D

U. al Amilhayat, rio, **94** 7F
Uatumã, rio, **148** 4C
Uauá, cid., BRA (BA), **151** 3B
Uaupés, rio, **148** 2B
Ubá, cid., BRA (MG), **153** 3C
Ubajara, cid., BRA (CE), **151** 2A
Ubangui, rio, **66** 4A
Ubatuba, cid., BRA (SP), **153** 2C
Uberaba, cid., BRA (MG), **53** 5D, **110** 3C, **153** 2B
Uberlândia, cid., BRA (MG), **53** 5D, **110** 3C, **153** 2B
Ubon Ratchathani, cid., TAI, **91** 2B
Ucayali, rio, **50** 10J, **52** 2C
UCRÂNIA, **73** 10-13EF, **83** 1-2DE
Uddevalla, cid., SUE, **81** 3D
Uddjaure, l., **80** 4B
Udine, cid., ITA, **77** 2A
Udon Thani, cid., TAI, **91** 2B
Uele, rio, **66** 5A
Uelen, cid., RUS, **83** 17C
Ufa, cid., RUS, **73** 17E, **83** 4D
UGANDA, **63** 7D, **67** 6A
Ujain, cid., IND, **93** 2B
Ujung Pandang, cid., INS, **91** 3D
Ulaangom, cid., MGL, **97** 3A
Ulan Bator, cap., MGL, **89** 9D, **97** 4A
Ulan-Ude, cid., RUS, **83** 9D, **89** 9C
Ulhasnagar, cid., IND, **93** 2C
Uliga, cap., MAH, **101** 4G
Ulm, cid., ALE, **79** 2B
Ulyanovsk, cid., RUS, **83** 3D
Ume, rio, **80** 4C

Umea, cid., SUE, **81** 5C
Umfors, cid., SUE, **81** 4B
Umtali, cid., ZIM, **67** 6C
Umuarama, cid., BRA (PR), **155** 2A
Una, rio, **76** 3A
Una, rio, **150** 3B
Unai, cid., BRA (MG), **153** 2B
Ungava, pen., **56** 12C
União da Vitória, cid., BRA (PR), **155** 2B
União dos Palmares, cid., BRA (AL), **151** 3B
Uppsala, cid., SUE, **73** 9C, **81** 4D
Urais, mtes., **72** 17-18BE, **82** 4-5CD, **88** 4-5BC
Ural, rio, **72** 16-17E, **82** 4DE, **88** 4CD
Uralsk, cid., CAS, **83** 4D
Uraricoera, cid., BRA (RR), **149** 3B
Urariquera, rio, **148** 3B
Urmia, cid., IRA, **95** 6B
Urmia, l., **94** 6B
Urtigueira, sa., **154** 2AB
Uruaçu, cid., BRA (GO), **157** 4B
Urubici, cid., BRA (SC), **155** 3B
Urubupungá, repr., **152** 1C, **156** 3D
Uruçui, cid., BRA (PI), **151** 2B
Uruçui, sa., **150** 1-2B
Urucuia, rio, **152** 2B
Urucum, sa., **156** 2C
URUGUAI, **51** 12M, **53** 4F
Uruguai, rio, **50** 12L, **52** 4F, **112** 2-3D, **154** 1-2B
Uruguaiana, cid., BRA (RS), **53** 4E, **110** 2D, **155** 1B
Urumchi, cid., CHN, **97** 2A
Urussanga (Uruçanga), cid., BRA (SC), **155** 3B
Usak, cid., TUQ, **95** 2B
USBEQUISTÃO, **83** 4-5EF, **89** 5DE
Usedom, i., ALE e POL, **78** 3A, **79** 3A
Ushuaia, cid., ARG, **53** 3H
Ussuriysk, cid., RUS, **83** 12E
Ust-Kamchatsk, cid., RUS, **83** 15D
Ust-Kamenogorsk, cid., CAS, **83** 7DE
Ust-Kut, cid., RUS, **83** 9D
Usumacinta, rio, **54** 1C
Utrecht, cid., PBS, **75** 5C
Uvs, l., **96** 3A

Vaal, rio, **62** 6G, **66** 5D
Vaasa, cid., FIN, **81** 5C
Vác, cid., HUN, **79** 4C
Vacacai, rio, **154** 2B
Vacaria, cid., BRA (RS), **155** 2B
Vadso, cid., NOR, **81** 6A
Vaduz, cap., LIT, **79** 2C
Váh, rio, **78** 4B
Vaiaku, cap., TUV, **101** 4H
Vaigach, i., RUS, **82** 4B
Valdai, plto., **72** 12D, **82** 2D
Valdívia, cid., CHI, **51** 10M, **53** 2F
Valença, cid., BRA (BA), **151** 3C
Valença, cid., BRA (RJ), **153** 3C
Valença do Piauí, cid., BRA (PI), **151** 2B
Valência, cid., ESP, **73** 5H, **75** 3F
Valência, cid., VEN, **51** 11HI, **53** 3A
Valência, g., **74** 4F
Valeta, cap., MAT, **73** 8H, **77** 2C
Valjevo, cid., SER, **77** 3B
Valladolid, cid., ESP, **73** 5G, **75** 3E
Valparaíso, cap. leg., CHI, **51** 10M, **53** 2F
Van, l., **94** 5B
Vancouver, cid., CAN, **51** 5E, **57** 7E
Vancouver, i., CAN, **56** 7E

A grafia dos topônimos brasileiros segue o registro do IBGE. Em alguns casos, em respeito à tradição local, foi mantida a grafia utilizada pelos municípios.
Apresentamos entre parênteses a grafia estabelecida pelo Acordo Ortográfico da Língua Portuguesa (2009) quando houver divergência da adotada pelo IBGE e/ou pela tradição local.

GEOATLAS ÍNDICE ANALÍTICO

Vänern, l., **80** 3D
Vanna, i., NOR, **80** 4A
Vannes, cid., FRA, **75** 3D
VANUATU, **101** 4H
Varanasi, cid., IND, **93** 3B
Varanger, fd., **80** 6A
Varazdin, cid., CRO, **77** 3A
Vardar, rio, **76** 4B
Vardo, cid., NOR, **81** 7A
Varginha, cid., BRA (MG), **110** 3D, **153** 2C
Varkaus, cid., FIN, **81** 6C
Varna, cid., BUL, **73** 11G, **77** 5B
Varsóvia, cap., POL, **73** 10E, **79** 5A
Várzea, rio, **154** 2B
Várzea da Palma, cid., BRA (MG), **153** 3B
Várzea Grande, cid., BRA (MT), **157** 2C
Västeras, cid., SUE, **81** 4D
VATICANO, **73** 9C, **77** 2B
Vatnajökull, gel., **80** enc. Islândia
Vatneyri, cid., **81** enc. Islândia
Vättern, l., **80** 3D
Växjö, cid., SUE, **81** 3D
Vaza-Barris, rio, **150** 3C
Veadeiros, ch., **156** 4B
Vejle, cid., DIN, **81** 2D
Velhas, rio, **152** 3B
Venceslau Brás, cid., BRA (PR), **155** 3A
Vêneta, plan., **76** 2A
Veneza, cid., ITA, **73** 8F, **77** 2A
Veneza, g., **76** 2A
VENEZUELA, **51** 11l, **53** 3B
Venezuela, g., **52** 2A
Veracruz, cid., MEX, **57** 10H
Verde, c., **62** 2C, **64** 1C
Verde, rio, **156** 3C
Verde Grande, rio, **152** 3B
Verde Pequeno, rio, **152** 3A
Verdun, cid., FRA, **75** 5D
Veríssimo, sa., **152** 1-2B
Verkhoïansk, cid., RUS, **83** 12C, **89** 12B
Verkhoïansk, mtes., **82** 11-12C, **88** 11-12B
Vermelho, mar, **62** 7BC, **88** 2-3FG
Vermelho, rio, **52** 3E
Vermelho, rio, **56** 10F
Véroia, cid., GRE, **77** 4B
Verona, cid., ITA, **77** 2A
Versalhes, cid., FRA, **75** 4D
Vertentes, sa., **152** 3C
Vest, fd., **80** 4B
Vesteralen, is., NOR, **80** 3-4B
Vesúvio, v., **72** 8G, **76** 2B
Vetlanda, cid., SUE, **81** 4D
Viborg, cid., DIN, **81** 2D
Vicenza, cid., ITA, **77** 2A
Vich, cid., ESP, **75** 4E
Vichy, cid., FRA, **75** 4D
Viçosa, cid., BRA (AL), **151** 3B
Viçosa, cid., BRA (MG), **153** 3C
Victoria, cid., CAN, **57** 7E
Videira, cid., BRA (SC), **155** 2B
Viedma, cid., ARG, **53** 3G
Viena, cap., AUT, **73** 9F, **79** 4B
Vientiane, cap., LAO, **89** 9G, **91** 2B
VIETNÃ, **89** 9FG, **91** 2AB
Vigia, cid., BRA (PA), **149** 6C
Vigo, cid., ESP, **75** 2E
Vijayawada, cid., IND, **93** 3C
Vila Bela da Santíssima Trindade, cid., BRA (MT), **157** 2B
Vila dos Remédios, loc., BRA, **151** enc. F. Noronha
Vila Real, cid., POR, **75** 2E
Vila Rica, cid., BRA (MT), **157** 3B
Vila Velha, cid., BRA (AP), **149** 5B
Vila Velha, cid., BRA (ES), **153** 3C

Vilhelmina, cid., SUE, **81** 4C
Vilhena, cid., BRA (RO), **53** 3D, **110** 2C, **149** 3E
Villach, cid., AUT, **79** 3C
Vilnius, cap., LIU, **73** 11E, **83** 1D
Vilyuy, rio, **82** 11C
Viña del Mar, cid., CHI, **53** 2F
Vindhya, cad., **92** 2B
Vinh, cid., VTN, **91** 2B
Vinh Loi, cid., VTN, **91** 2C
Vinnitsa, cid., UCR, **83** 1E
Vinson, mte., **104** 32D
Virgens, c., **52** 3H
Virgens, is., poss. EUA e RUN, **54** 6-7C, **55** 7C
Visby, cid., SUE, **81** 4D
Vishakhapatnam, cid., IND, **93** 3C
Vista Alegre, cid., BRA (AM), **149** 2B
Vístula, rio, **72** 10E, **78** 4-5AB
Vitebsk, cid., BER, **83** 1-2D
Viterbo, cid., ITA, **77** 2B
Vitim, rio, **82** 10D
Vitória, cap., SEY, **63** 9E, **67** 8B
Vitória, cat., **66** 5C
Vitória, cid., BRA (ES), **51** 13K-L, **53** 5E, **110** 4D, **153** 2C
Vitória, cid., CAM, **65** 3D
Vitória, cid., ESP, **75** 3E
Vitória, i., CAN, **50** 7B, **56** 8-9B
Vitória, l., **62** 7E, **66** 6B
Vitória, mte., **101** 3C
Vitória da Conquista, cid., BRA (BA), **53** 5D, **110** 4C, **151** 2C
Vladimir, cid., RUS, **83** 3D
Vladivostok, cid., RUS, **83** 12E, **89** 12D
Vlorë, cid., ALB, **77** 3B
Vltava, rio, **78** 3B
Volga, plto., **72** 14-15E, **82** 3D
Volga, rio, **72** 15DF, **82** 2-3D
Volgogrado, cid., RUS, **73** 14F, **83** 3E
Vologda, cid., RUS, **83** 2D
Vólos, cid., GRE, **77** 4C
Volta, l., **64** 3D
Volta, rio, **62** 3C, **64** 2D
Volta Branco, rio, **64** 2CD
Volta Negro, rio, **64** 2C
Volta Redonda, cid., BRA (RJ), **110** 4D, **153** 3C
Vorkuta, cid., RUS, **83** 5C
Voronez, cid., RUS, **73** 13E, **83** 2D
Vosges, cad., **74** 5D
Voss, cid., NOR, **81** 2C
Votuporanga, cid., BRA (SP), **153** 2C
Vraca, cid., BUL, **77** 4B
Vrsac, cid., SER, **77** 4A
Vukovar, cid., CRO, **77** 3A
Vyborg, cid., RUS, **83** 1C
Vychegda, rio, **72** 16C, **82** 3-4C

Waddington, p., **56** 7D
Wadi el-Malik, rio, **64** 5C
Wadi Halfa, cid., SUD, **65** 6B
Wad Medani, cid., SUD, **65** 6C
Waha, cid., LIB, **65** 4-5B
Waigeo, i., INS, **90** 5D
Wakayama, cid., JAP, **97** 7B
Wakkanai, cid., JAP, **97** 8A
Walbrzych, cid., POL, **79** 4B

Wallis e Futuna, is., poss. FRA, **101** 4-5H
Walvisbaai, cid., NAM, **63** 5G, **67** 4D
Warangal, cid., IND, **93** 2C
Warta, rio, **78** 4A
Wasatch, mtes., **56** 8EF
Wash, g., **74** 4C
Washington, cap., EUA, **51** 10F, **57** 12F
Watampone, cid., INS, **91** 4D
Waterford, cid., IRL, **75** 2C
Weddell, mar, **104** 36-1D
Weifang, cid., CHN, **97** 5B
Weimar, cid., ALE, **79** 2B
Wellington, cap., NZL, **101** 4J
Wenzhou, cid., CHN, **97** 6C
Weser, rio, **78** 2A
Westport, cid., IRL, **75** 2C
Wetzlar, cid., ALE, **79** 2B
Whitehorse, cid., CAN, **57** 6C
Whitney, p., **50** 6F, **56** 8F
Wichita, cid., EUA, **57** 10F
Wiener Neustadt, cid., AUT, **79** 4C
Wiesbaden, cid., ALE, **79** 2B
Wight, i., RUN, **74** 3C
Wilhelm, p., **101** 3C
Windhoek, cap., NAM, **63** 5G, **67** 4D
Windward, pas., **54** 5BC
Winnipeg, cid., CAN, **51** 8D, **57** 10D
Winnipeg, l., **50** 8D, **56** 10D
Wismar, cid., ALE, **79** 2A
Wittenberge, cid., ALE, **79** 2A
Wloclawek, cid., POL, **79** 4A
Wolin, i., POL, **78** 3A, **79** 3A
Wollongong, cid., AUS, **101** 3I
Worcester, cid., RUN, **75** 3C
Wrangel, i., RUS, **82** 16B, **83** 16B
Wroclaw, cid., POL, **79** 9C, **79** 4B
Wuhan, cid., CHN, **97** 5B
Wuhu, cid., CHN, **97** 5B
Wuppertal, cid., ALE, **79** 1B
Würzburgo, cid., ALE, **79** 2B
Wusuli, rio, **96** 7A
Wutai, p., **96** 5B
Wutongqiao, cid., CHN, **97** 4C
Wuxi, cid., CHN, **97** 6B
Wuzhou, cid., CHN, **97** 5C

Xangai, cid., CHN, **89** 11E, **97** 6B
Xanxerê, cid., BRA (SC), **155** 2B
Xapuri, cid., BRA (AC), **149** 2E
Xiamen, cid., CHN, **97** 5C
Xiang, rio, **96** 5C
Xiangtan, cid., CHN, **97** 5C
Xigaze, cid., CHN, **97** 2C
Xingkai, l., **96** 7A
Xingu, rio, **52** 4C, **112** 3B, **148** 5D, **156** 3B
Xining, cid., CHN, **97** 4B
Xique-Xique, cid., BRA (BA), **151** 2C
Xistoso Renano, mac., **78** 1B
Xuzhou, cid., CHN, **97** 5B

Yakutsk, cid., RUS, **83** 12C, **89** 11B
Yalong, rio, **96** 3-4B
Yamantau, p., **82** 4D

Yamdena, i., INS, **90** 5D
Yamoussoukro, cap., CMA, **63** 3D, **65** 2D
Yamuna, rio, **92** 2B
Yana, rio, **82** 12C
Yang-Tsé-Kiang (Azul), rio, **88** 9-10EF, **96** 4BC
Yangon (Rangum), cap., MIN, **89** 8G, **93** 4C
Yanqi, cid., CHN, **97** 2A
Yantai, cid., CHN, **97** 6B
Yaoundé, cap., CAM, **63** 5D, **65** 4D
Yaren, cap., NAU, **101** 4H
Yarim, cid., IEM, **95** 5G
Yazd, cid., IRA, **95** 7C
Yellowstone, rio, **56** 9E
Yibin, cid., CHN, **97** 4C
Yichang, cid., CHN, **97** 5B
Yinchuan, cid., CHN, **97** 4B
Yokohama, cid., JAP, **89** 12E, **97** 7B
Yolaina, cord., **54** 3D
Yom, rio, **90** 2B
York, c., **101** 3C
Yukon, rio, **50** 2C, **56** 4C
Yumen, cid., CHN, **97** 3A
Yushu, cid., CHN, **97** 3B
Yutian, cid., CHN, **97** 2B
Yuzhno-Sacalinsk, cid., RUS, **83** 13E

Zabid, cid., IEM, **95** 5G
Zabrze, cid., POL, **79** 4D
Zacapa, cid., GUA, **55** 2D
Zadar, cid., CRO, **77** 3B
Zagreb, cap., CRO, **73** 9F, **77** 3A
Zagros, mtes., **88** 4EF, **94** 6-7CD
Zahedan, cid., IRA, **95** 9D
Zaisan, l., **82** 7E
Zákinthos, i., GRE, **76** 4C
Zambeze, rio, **62** 6-7F, **66** 5-6C
ZÂMBIA, **63** 6-7F, **67** 5C
Zamboanga, cid., FIL, **91** 4C
Zamora, cid., ESP, **75** 2E
Zamosc, cid., POL, **79** 5B
Zanjan, cid., IRA, **95** 6B
Zanzibar, cid., TAN, **63** 7E, **67** 6B
Zanzibar, i., TAN, **66** 6B
Zaporozhye, cid., UCR, **83** 2E
Zaria, cid., NIA, **65** 3C
Zaskar, mtes., **92** 2A
Zenica, cid., BOH, **77** 3B
Zhanjiang, cid., CHN, **97** 5C
Zhaxigang, cid., CHN, **97** 1B
Zhongba, cid., CHN, **97** 2C
Zhuzhou, cid., CHN, **97** 5C
Zielona Gora, cid., POL, **79** 3B
Zigong, cid., CHN, **97** 4C
Ziguinchor, cid., SEN, **65** 1C
Zilina, cid., ESQ, **79** 4B
Zilling, l., **96** 2B
ZIMBÁBUE, **63** 6-7FG, **67** 5-6CD
Zinder, cid., NIG, **63** 4C, **65** 3C
Zomba, cid., MAI, **67** 6C
Zuiderzee (Ijssel), l., **74** 5C
Zunyi, cid., CHN, **97** 4C
Zurique, cap., SUI, **73** 7F, **79** 2C
Zurique, l., **78** 2C
Zutiuá, rio, **150** 1A
Zvolen, cid., ESQ, **79** 4B
Zwickau, cid., ALE, **79** 3B

GEOATLAS **BIBLIOGRAFIA BÁSICA**

- Antônio Teixeira Guerra, *Dicionário Geológico-Geomorfológico*, 1993.
- *Atlas do trabalho escravo no Brasil*. Disponível em: http://amazonia.org.br. Acesso em: out. 2018.
- Autrement, *Grand Atlas 2018*, 2017.
- Carlos Milani [et al.], *Atlas da política externa brasileira*, 2014.
- Ceurio de Oliveira, *Dicionário cartográfico*, 1993.
- Éditions du Rocher, *Atlas Géopolitique Mondial*, 2018.
- H. Théry e N. A. de Mello, *Atlas do Brasil*, Edusp, 2005.
- IBGE (Instituto Brasileiro de Geografia e Estatística).
- IBGE, *Anuário Estatístico do Brasil*, 2003, 2005, 2010 e 2017.
- IBGE, *Arranjos populacionais e concentrações urbanas no Brasil*, 2015.
- IBGE, *Atlas Geográfico Escolar*, 2016.
- IBGE, *Atlas Nacional do Brasil*, 2010.
- IBGE, *Brasil em números*, 2018.
- IBGE, *Brasil: uma visão geográfica e ambiental no início do século XXI*, 2016.
- IBGE, *Censo agropecuário*, 2017.
- IBGE, *Indicadores de Desenvolvimento Sustentável*, 2015.
- IBGE, *Mudança demográfica no Brasil no início do século XXI*, 2015.
- IBGE, *Panorama nacional e internacional da produção de indicadores sociais*, 2018.
- IBGE, *Síntese de Indicadores Sociais*, 2017.
- INMET (Instituto Nacional de Meteorologia).
- ISA (Instituto Socioambiental).
- Istituto Geografico De Agostini, *Atlante Geografico Metodico De Agostini*, 2017/2018.
- Istituto Geografico De Agostini, *Calendario Atlante De Agostini*, 2018.
- Jurandyr Ross (Org.), *Geografia do Brasil*, Edusp, 2005.
- Larousse, *Atlas socio-économique des pays du monde*, 2018.
- Maria Elena Simielli. Cartografia no Ensino Fundamental e Médio. In: Carlos, A. F. A. *A Geografia na sala de aula*. Contexto, 2008.
- Ministério do Desenvolvimento, Indústria e Comércio Exterior.
- Ministério dos Transportes.
- Nathan, *Atlas du 21ᵉ siècle*, 2014.
- NERA (Núcleo de Estudos, Pesquisas e Projetos de Reforma Agrária), Unesp – Presidente Prudente.
- ONU (Organização das Nações Unidas).
- PNUD (Programa das Nações Unidas para o Desenvolvimento), Brasil.
- UNDP (United Nations Development Programme), *Human Development Report*, 2018.
- Westermann Schulbuch, *Diercke Drei Universalatlas*, 2017.

SITES CONSULTADOS
(Em dezembro de 2018)

- http://amazonia.org.br
- https://atlas.media.mit.edu
- http://bch.cbd.int
- https://cib.org.br
- https://cimi.org.br
- https://coralreefwatch.noaa.gov
- http://cpisp.org.br
- http://cprm.gov.br
- https://data.footprintnetwork.org
- http://inep.gov.br
- https://iwc.int
- https://terrasindigenas.org.br
- http://treaties.un.org
- http://unfccc.int
- https://wad.jrc.ec.europa.eu
- http://web.antaq.gov.br

- http://womensuffrage.org
- www2.fct.unesp.br
- www.anac.gov.br
- www.anp.gov.br
- www.atlasbrasil.org.br
- www.biodieselbr.com
- www.brasil.gov.br
- www.camara.gov.br
- www.cbd.int
- www.cpisp.org.br
- www.cptnacional.org.br
- www.data.worldbank.org
- www.dnit.gov.br
- www.europa.eu
- www.fao.org
- www.globalcarbonproject.org

- www.globalforestwatch.org
- www.iag.usp.br
- www.ibama.gov.br
- www.ibge.gov.br
- www.igeo.ufrj.br
- www.iirsa.org/proyectos
- www.inmet.gov.br
- www.opec.org
- www.planejamento.gov.br
- www.pnud.org.br
- www.systemicpeace.org
- www.transportes.gov.br
- www.un.org
- www.unesco.org
- www.wto.org
- www.wwf.org.br

Créditos das fotos da página **26** (Planisfério **vegetação**), da esquerda para a direita: R. Kiedrowski/Arco Images/Alamy/Fotoarena; Ihlow/ullstein bild/Getty Images; Wolfgang Kaehler/LightRocket/Getty Images; Fabio Colombini/Acervo do fotógrafo; James Steinberg/Science Source/Getty Images; Gail Mooney/Corbis/VCG/Corbis/Getty Images; Mandy2110/Shutterstock; Wolfgang Kaehler/LightRocket/Getty Images; Frans Lemmens/Corbis/Getty Images.

Créditos das fotos da página **30** (Planisfério **agropecuária**), da esquerda para a direita: Ian Murphy/The Image Bank/Getty Images; John Henry Claude Wilson/robertharding/Getty Images; Salvador Aznar/Shutterstock; Leonid Eremeychuk/Shutterstock; ibrahim kavus/Shutterstock; Michael Kraushaar/ImageBROKER/Glow Images; Alf Ribeiro/Shutterstock; Oleksandr Yuchynskyi/Shutterstock; Cesar Diniz/Pulsar Imagens; railway fx/Shutterstock.

Créditos das fotos da página **36** (Planisfério **urbanização**), da esquerda para a direita: Bachelier/Fundação Biblioteca Nacional, Rio de Janeiro, RJ.; Reprodução/Biblioteca Pública do Rio de Janeiro, Rio de Janeiro, RJ; Carlos Botelho/Arquivo da Editora; José Roberto Couto/Tyba.

Créditos das fotos da página **114** (Brasil **relevo**), da esquerda para a direita: Jacek/Kino.com.br; vitormarigo/Shutterstock; Fabio Colombini/Acervo do fotógrafo.

Créditos das fotos da página **120** (Brasil **vegetação natural**), da esquerda para a direita: Herton Escobar/Agência Estado; Fabio Colombini/Acervo do fotógrafo; Fabio Colombini/Acervo do fotógrafo; Fabio Colombini/Acervo do fotógrafo; Fabio Colombini/Acervo do fotógrafo; Paula Montenegro/Shutterstock; Fabio Colombini/Acervo do fotógrafo; Fabio Colombini/Acervo do fotógrafo; Fabio Colombini/Acervo do fotógrafo.

Crédito da foto da página **144** (Brasil **espaço geográfico**): Planet Observer/UIG/Alamy/Fotoarena.

NOTA: As indicações de livros, atlas, *sites* e dados estatísticos dos temas mapeados estão presentes nas fontes dos mapas.